❶❷ スーパーセル竜巻の最盛期
❸ ロープ状の漏斗雲
❹ 竜巻渦（漏斗雲）と親渦
❺ 海上竜巻

❻❼❽ さまざまな形態のアーク
❾ 可視化されたガストフロント
❿⓫⓬ かなとこ雲
⓭ 特殊なアーク
⓮ ちぎれ雲

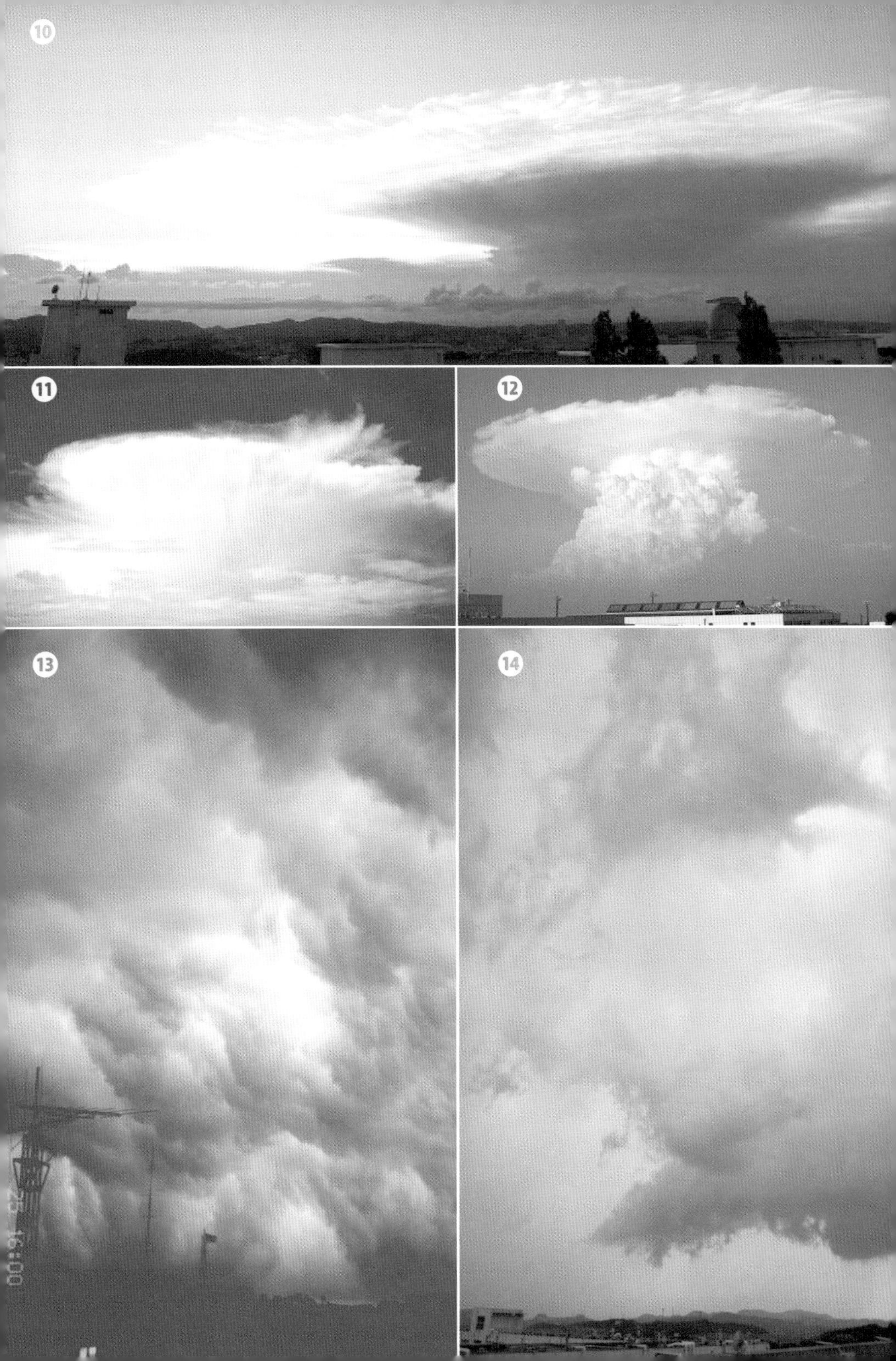
10
11
12
13
14

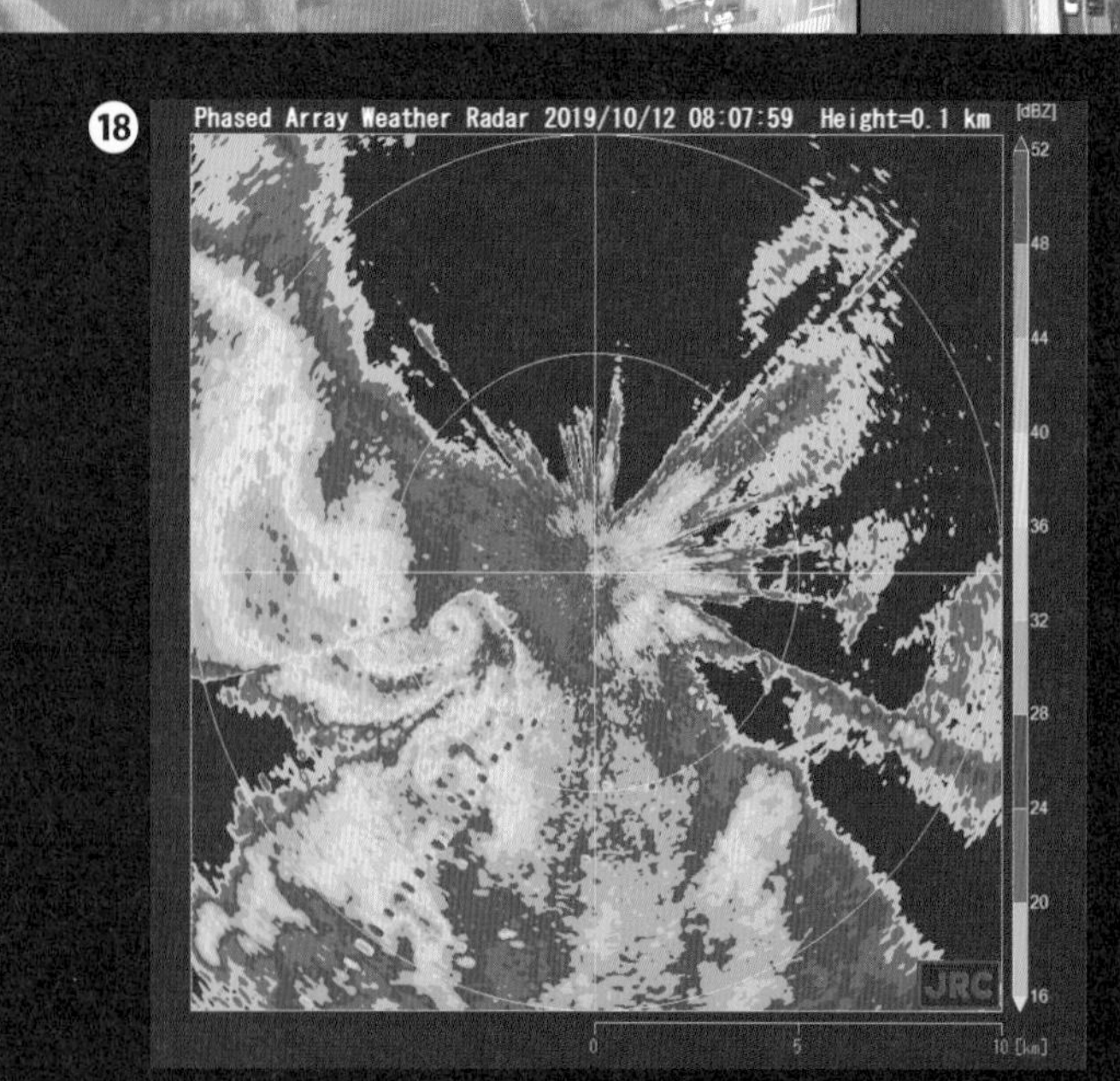

⑮ レーダーサイトで観測中の著者
⑯ 2006 年 11 月 7 日の佐呂間竜巻による被害
⑰ 2012 年 5 月 6 日につくば市で発生した竜巻による被害
⑱ フェーズドアレイ気象レーダーで捉えた竜巻渦

（提供：井上武久、小山孝則、高間裕一、深田元司、諸富和臣、小林文明）

はじめに

『竜巻―メカニズム・被害・身の守り方』（初版）は、ちょうど10年前の東日本大震災（２０１１年）をきっかけに〝極端気象から身を守る〟ことを念頭に執筆を始めました。この10年間、毎年のように甚大な気象災害に見舞われ、命を守る行動が求められています。科学的な観点からも、フェーズドアレイ気象レーダーの開発や日本版改良フジタスケール（ＪＥＦスケール）の策定など、新たな取り組みが行われています。

今回の全面改訂にあたっては、竜巻を生み出すスーパーセルに伴うダウンバースト（2章）、ガストフロント（3章）について、新たに章立てして詳しく記述しました。具体的な観測事例もこの10年間に発生した特徴的な事例で構成し直しました（4章）。２０１６年から気象庁が運用を始めたＪＥＦスケールについて6章でまとめました。フェーズドアレイ気象レーダーによる観測結果（5章）やポーラーロウに伴う竜巻発生（7章）など、最新の研究成果を盛り込みました。

『新訂 竜巻』は、既刊『ダウンバースト―発見・メカニズム・予測』（２０１６年）、『積乱雲―都市型豪雨はなぜ発生する？』（２０１８年）のいいとこ取りをした、リニューアルな新刊を目指しました。あらためて目を通して頂ければ幸いです。

２０２１年10月　**小林文明**

目次

知っているようで知らない竜巻。竜巻のような渦との違いや発生メカニズムにせまるよ！

せきちゃん

なるやま君®

ダウンバーストも竜巻と同じくある特別な積乱雲がもたらす現象だよ！

3章 謎の雲アーク

低い高度に突然現れる異様な黒い雲に要注意！

4章 近年の観測事例

日本のあちこちで発生した竜巻はさまざまな被害をもたらしたんだ。具体的にみてみよう。

5章 竜巻から身を守る

いざというときのために！小林教授の竜巻からの避難ポイント紹介。

竜巻の被害と風速を段階的に示したスケールだよ。

日本で起こりうる竜巻を知っておこう！

1章　竜巻

1.1 竜巻とつむじ風（大気中の渦）の違い

竜巻の定義

つむじ風と竜巻の最大の違いは
上空に積乱雲があるかどうか
ということだね。

キリッ

昔から竜巻は珍しい大気現象として記述されてきました。身近な現象としては、つむじ風*なども存在します。竜巻もつむじ風も大気中の鉛直渦*であり、〝渦が立つ〟という現象自体が珍しいために、注目されてきたのでしょう。

竜巻は、積乱雲に伴う上昇流の渦であり、雲底から地面（海面）までつながったものをいいます。竜巻の中心は気圧が低くなるため、周囲の空気がらせん状に集まり渦が形成され、竜巻渦は凝結*した雲（漏斗雲）や巻き上げられた塵や砂により可視化されます。日本では、陸上で発生するもの、海上で発生するもの、すべてを総称して「竜巻」といいますが、アメリカでは、スーパーセル*に伴う竜巻をトルネードとよぶのに対して、積雲系の雲に伴う陸上竜巻や海上竜巻をスパウトとよぶことがあります。スーパーセル型トルネード*では、積乱雲内に直径約10km

＊つむじ風

親雲が存在せず、地上付近で形成された渦は、竜巻と区別して、つむじ風あるいは、塵旋風（じんせんぷう）とよばれる。英語では、whirlwind（旋風）あるいはdust devil（ダストデビル）。つまり、親雲の中にメソサイクロンが存在する竜巻（トルネード）とは構造が異なる。世の中には、〝つむじ風のように竜巻ではないが竜巻に似た渦〟がさまざまな形態で存在する。例えば、ガストフロント上の2次的竜巻（ガストネード）、火山の噴火に伴う竜巻（火山の噴火に伴う上昇流で発生した竜巻のような漏斗雲が報告されている。また火山の噴火では火山雷も発生する）、火災旋風、山竜巻などが知られている。竜巻のような鉛直方向の渦（鉛直渦）は、何らかの外力によって水平渦が立ち上がることが必要であるため、自然界では珍しい現象として認識される。

のメソサイクロン*が形成されるのが特徴です。なぜメソサイクロンが生じるのか、なぜ雲の下で強い渦が生まれるのかが、竜巻の謎なのです。

積乱雲に伴う竜巻と、上空に雲を伴わないつむじ風とは学術的には明確に区別されます。よく、「晴れた日の運動会で竜巻のような突風が生じてテントが飛ばされた」というニュースを目にしますが、多くの場合、積乱雲のない状況で発生しています。このように、親雲が存在せず、地上付近で形成された渦は、つむじ風（whirlwind）あるいは、塵旋風*（じんせんぷう）とよばれます。英語では、ダストデビル（dust devil）といいます。塵旋風の発生原因は、強い日射で暖められた地上付近の空気の塊が、上昇する際に周囲の風の変化を受け渦が形成されることですから、親雲の中にメソサイクロンが存在する、竜巻（トルネード）とは発生原因が大きく異なっています。

世の中には、〝つむじ風のように竜巻ではないが竜巻に似た渦〟が存在します。例えば、火山の噴火に伴う竜巻（volcano tornado）、火災旋風*（fire whirlwind）、山竜巻*（mountainado）などが知られています。これらの竜巻に似た鉛直渦は、地表面付近における何らかの外力*によって渦が形成され、自然界で珍しい現象として認識されるのです（図1・1）。

つむじ風

日射の影響で発生するつむじ風（ダストデビル）は、比較的風が弱く晴れた日中

＊**鉛直渦**
自然界に存在する渦は、連続した管（筒）状の構造を有し、流体力学では渦管あるいは渦糸とよぶ。渦管が水平になっている状態を水平渦、垂直に立っている状態を鉛直渦とよぶ。

＊**凝結**
気体である水蒸気が液体である水滴になること。凝結時には相変化に伴う潜熱（凝結熱）が放出される。

＊**スーパーセル（supercell）**
日本語では単一巨大積乱雲とよぶ。スーパーセルの形成には、気温、水蒸気、周囲の風の場という環境条件が重要である。スーパーセル内には、強い上昇流と下降流が住み分ける結果、衰弱することなく長続きする。メソサイクロンを有する積乱雲をスーパーセルと定義することもある。

＊**スーパーセル型トルネード**
スーパーセル型の竜巻は、雲内に存在するメソサイクロンが親渦となり、そこから発生する。トルネードという場合、スーパーセル型トルネードを指すことが多い。

＊**メソサイクロン**
積乱雲内に存在する直径数㎞から10㎞程度の渦（鉛直渦）。竜巻の親渦（parent vortex）に相当することから、「竜巻低気圧」とよばれる。

に発生するため、空が急に暗くなって降る雨とは違い、前兆現象や予測は不可能といえます。強いて挙げるなら、日射が強く上昇気流が発生しやすい日、地上付近の空気が乾いている、すなわちカラッとした天気が続いた日に発生しやすいといえます。つむじ風は、校庭などその場で発生し、渦は砂ぼこりで確認されます。では、なぜ運動会でつむじ風がよく発生するのでしょうか。その理由としては、晴れた日に行うことが多く、広い運動場が存在し、周囲には風に変化を与える校舎が存在し、被害を受けやすいテントが数多く存在するなどの要因が考えられます。しかし、スマートフォンの普及により目撃者によって動画や写真などでその証拠が残されることが一番の理由ではないでしょうか。つむじ風は、寿命が短く、それほど移動しませんが、地上付近では複雑な動きをしますので、運動会などでは気が付いたら直ちにテントから離れてけがを防ぐことが大事です。つむじ風の風速*は20ｍ／ｓ程度であり、弱い竜巻（Ｆ０）と同じクラスです。

　強い日射が原因で発生するつむじ風は、広大な砂漠で強い日射などの条件が整えば、おそらく1日で何十個、何百個と日中多数観察することができるでしょう。木枯らしが吹き、枯葉が渦巻く現象もつむじ風です。ビル風や走行する車の後方にできる渦は、発生原因は異なりますが、現象としては、広義のつむじ風といえます。広大な砂漠で発生するつむじ風は、日射による加熱、上昇流の発生が主な原因となり、わずかな風の乱れで渦が発生すると考えられます。校庭で発生するつむじ風は、日射の影響と校舎など構造物で生じる渦*の両方が効いているといえます。また、木

＊塵旋風
広義には「つむじ風」と同じであるが、熱的な原因（地表面の加熱）で発生するものを指す場合もある。運動会の校庭でしばしば発生するように、強い日射で温められた地上付近の空気塊が、上昇する際に周囲の風の変化を受け渦が形成される。

＊火災旋風（fire whirlwind）
大規模な火災に伴う渦。森林火災や油田の火災時などでしばしば発生する。関東大震災時には巨大な火災旋風が複数発生し、多くの人が犠牲になった。

＊山竜巻（mountainado）
山の斜面で発生する大規模な渦。地形の影響で発生すると考えられているが、実態は不明。滑落事故の原因にもなる。

＊何らかの外力
加熱による浮力、地形による上昇流などにより、渦の形成や水平渦の立ち上がり、竜巻に似た鉛直渦が形成される。

＊つむじ風の風速
地上付近の回線速度は、10～30ｍ／ｓ程度。ただし、渦の中には飛散物が存在しているため、つむじ風の中に入るのは危険。

＊構造物で生じる渦
建物や車の後面で生じる渦。孤立した建物や島の風下では規則的な渦が発生し、カルマン渦とよばれる。

枯らしで枯葉が舞うような渦は、構造物で生じる渦のみで発生すると考えらえます。砂漠で発生するつむじ風は、スケールが大きく寿命も長い一方で、構造物で生じるつむじ風はスケールが小さく、寿命は短いと考えられます。つむじ風の回転方向は、構造物の影響などがなければ、右回り（高気圧性）と左回り（低気圧性）が五分五分となります。*

火災旋風

火災旋風とは、火災による加熱、上昇流の発生により渦が形成されることです。個々の火災で生じる上昇流は小規模ですが、大規模な火災になると個々の上昇流がまとまり、周囲の風の影響で巨大な渦に成長していきます。海上油田施設の火災時に、竜巻のような渦が発生したという報告や、火山の噴火時に発生した竜巻の事例もあります。

巨大地震による大規模な火災では、巨大な火災旋風の可能性があります。有名なのは、関東大震災時の火災旋風であり、逃げ遅れた多くの人が犠牲になりました。これは、地震直後に同時多発的に発生した火災が巨大な火災旋風となり、さらにいくつもの火災旋風が各地で生じたためです。当時の目撃者から、「積乱雲と

つむじ風

図1.1　竜巻のような渦

火災の煙と火災旋風が相まって異様な光景だった」、「地震より火災旋風の方が怖かった」という証言があるほどです。今後発生が予想される首都直下型地震でも、火災旋風が防災上の課題のひとつとしてクローズアップされていますが、どのような条件で火災旋風が発生するかなど、詳細はよくわかっていません。

1.2 竜巻を生むスーパーセル

アメリカ中西部で暖候期に発生する巨大な竜巻は、トルネード（tornado）とよばれます。巨大な竜巻を生み出すのは、組織化され巨大に発達した特別な積乱雲*（図1・2）であり、スーパーセル（supercell）とよばれます。スーパーセルは、積乱雲自体が回転するのが特徴で、この雲内の回転は直径10㎞のスケールを持ち、メソサイクロン（竜巻低気圧）とよばれます。言い換えると、スーパーセル型トルネードは、〝親雲内にメソサイクロンを有するもの〟と定義することができます。スーパーセルから生まれるトルネードを、スーパーセルトルネード（supercell tornado）、そうでない竜巻を非スーパーセルトルネード（non-supercell tornado）と区別することにしましょう。

スーパーセル内では、どのようにしてメソサイクロンが形成されるのでしょうか。一般に、積乱雲の雲底下では風の鉛直シ

*つむじ風の回転方向
台風や巨大積乱雲など数百㎞から千㎞程度の大規模な大気現象には、地球の自転の効果であるコリオリ力（転向力）が働く。コリコリ力は、北半球では運動する物体の右向きに働き、南半球では逆（左向き）に働き、赤道ではゼロとなる。北半球と南半球で台風の回転方向が逆（赤道では台風は発生しない）なのもこの効果による。北半球では、竜巻低気圧（メソサイクロン）の回転方向は反時計回り（左回り）であり、その結果トルネードも大部分が左回りとなる。それに対して、スケールの小さなつむじ風にはコリオリ力が働かないため、回転方向は、右回り、左回りどちらでも起こり得る。

*特別な積乱雲
アメリカでは大規模な雷雨を、サンダーストーム（thunderstorm）とよぶ。サンダーストームの中で、「直径2センチ以上の雹」、「時速93キロメートル（58マイル）以上の風」、または「竜巻」の一つ以上が伴った場合に、「激しい（severe）」と判定される。日本語訳は正確には「雷雨嵐」だが、一般には「雷雨」と訳されることが多い。

オクラホマでは日本よりもはるかに大きな
竜巻が発生するけど、
人が多く住んでいないから
竜巻の規模の割に
人的被害は少ないんだよ。

アー*により、車軸のような水平渦*が形成されます。積乱雲の強い上昇流が水平渦を持ち上げ、渦を立ち上がらせるわけです。その結果、立ち上がった水平渦は鉛直渦として雲内で存在し、竜巻の親渦（メソサイクロン）となります。このような力学的なメカニズムは、１９８０年代以降さまざまな観測や数値実験により明らかになっています。ただし、この直径10㎞程度のスケールを有するメソサイクロンから、直径１００mの竜巻渦がどのようなメカニズムで形成されるのか、あるいはどのタイミングで発生するのかは、未だに不明な点が残されており、〝竜巻の謎〟です。

　一方、非スーパーセル竜巻のメカニズムは大きく異なります。地上付近で風がぶつかり風の水平シアー*が生じると、このシアーライン上は、不安定になって（シアー不安定）いくつもの渦が地上付近で形成されます。たまたまそこに通りかかった、発達中の積雲・積乱雲の上昇流とこの

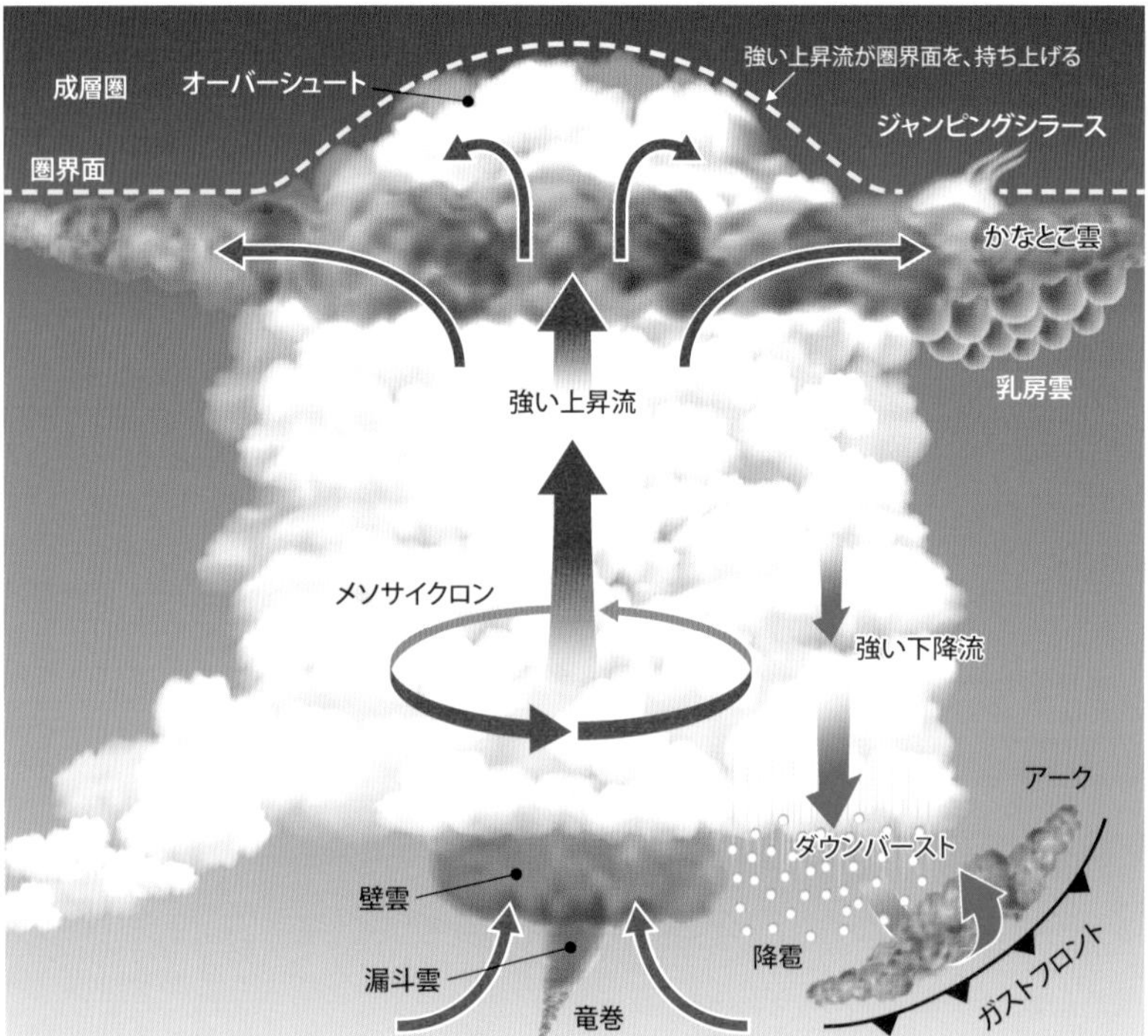

図1.2　積乱雲（スーパーセル）の模式図

渦がカップリングすると、渦は上昇流により引き伸ばされて、竜巻（鉛直渦）となります。数ある積雲・積乱雲と数ある渦が、積雲の発達段階で偶然出会うことが非スーパーセル竜巻に必要な条件です。自分の中で渦を作って自分の上昇流で竜巻を生み出すスーパーセルと違って、非スーパーセル竜巻の誕生は、他力本願、確率の問題といえます。陸上でも、海上においてでも、このような条件が整えば、非スーパーセル竜巻は発生し、同時に複数本の竜巻が形成される可能性もあるといえます。

古典的なスーパーセル竜巻発生理論は、渦の起源は上空の雲内にあり、積乱雲自身が渦を作り、積乱雲の上昇気流がその渦を立ち上がらせる効果が主なメカニズムです。それに対して、非スーパーセル竜巻は、渦の起源は地上にあり、その渦とは無関係な積雲・積乱雲がたまたま渦と手を取り合った時に、渦が引き伸ばされる（ストレッチ）効果で発生するという違いがあります。最近の観測研究からは、スーパーセル内に複数の親渦（メソサイクロン）が存在する、竜巻渦そのものの構造が多重渦として変化していく、スーパーセルの構造にもいくつかの型があることなどが報告され、スーパーセル竜巻がより複雑であることが理解されています（図1・3、1・4）。さらに、スーパーセル竜巻が発生するためには、上空のメソサイクロンの存在だけでなく、地上の渦（ガストネード）の存在が重要であることが指摘され、複雑なメカニズムが明らかにされつつあります。

アメリカのトルネードに関しては、このようなメカニズムが提唱され、理解されていますが、日本の竜巻はどうでしょうか。親雲であるスーパーセル自体のスケールが

＊風の鉛直シアー
高度方向に風向・風速が変化すること。一般に、風向・風速が変化することを、ウィンドシアー（wind shear）とよぶが、高度方向に風が変化する場合「鉛直シアー」、同一高度で変化する場合を「水平シアー」とよぶ。

＊水平渦
渦管には水平渦と鉛直渦が存在。

＊風の水平シアー
同一高度で異なった風向・風速の風が存在する状態。特に地表面付近で形成されるウィンドシアーは、「低層ウィンドシアー」とよばれ、航空機の離着陸に大きな影響を与える。低層ウィンドシアーの原因は、積乱雲（ダウンバースト）以外にも、地形の影響や局地前線などさまざまである。

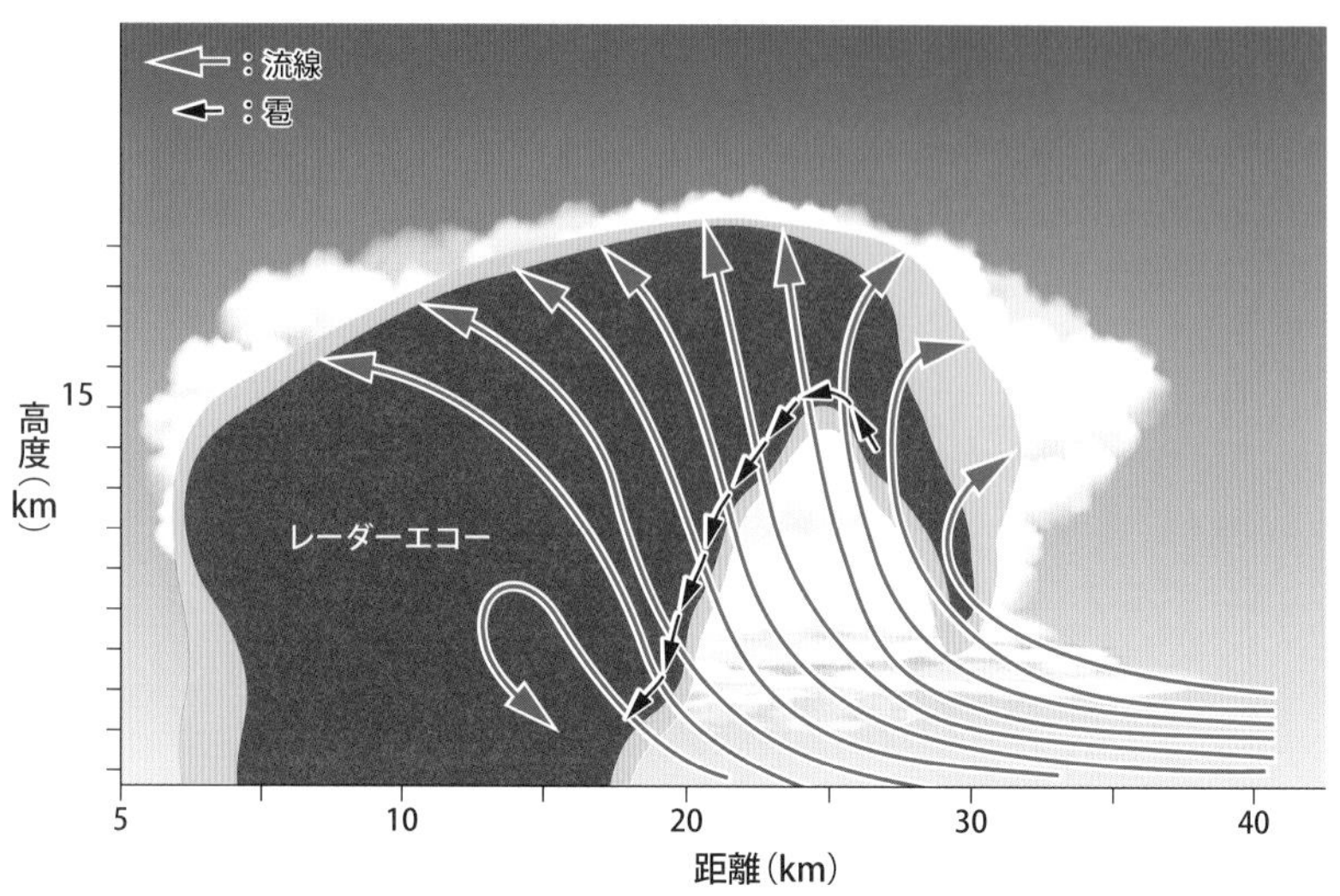

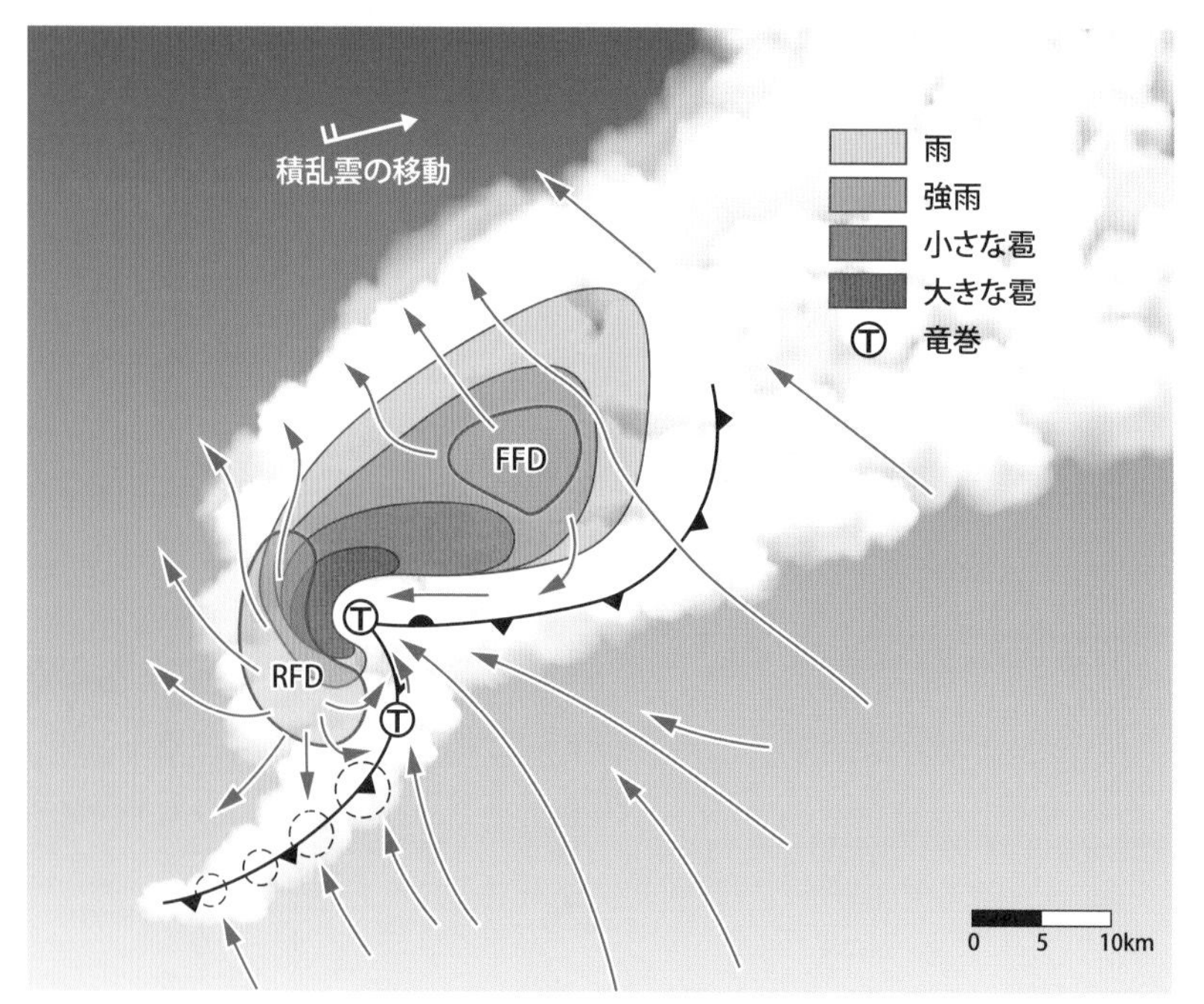

図1.3　上：断面図，下：降水分布と気流場
FFD（Forward Flank Downdraft：前方側面下降流）と，RFD（Rear Flank Downdraft：後方側面下降流）のうち，RFDが作るガストフロント上で竜巻が発生すると考えられている．

日本とアメリカとでは異なり、渦の直径が数㎞あるような巨大なトルネードは日本ではほとんど発生しません。また、多くの竜巻が海上で発生していますので、日本の「竜巻」とアメリカ中西部で観測される「トルネード」とは同じものか？　という疑問があります。日本では、竜巻の研究者数がアメリカに比べて少なく、詳細な観測事例も少ない状況ですので、日本の竜巻研究はこれからといえます。

1.3 竜巻が生まれる〝最大の謎〟

スーパーセルは日本語で、単一巨大積乱雲とよばれます。では、なぜ1個の積乱雲が巨大化して長続きするのか、スーパーセルの組織化とはどのようなメカニズムなのでしょうか。スーパーセルの組織化には、気温、水蒸気ともうひとつ、周囲の風の場が重要になります。大気が不安定になり、上昇気流が生じて地上付近の大量の水蒸気が凝結して雲が鉛直方向に発達すると積乱雲が組織化されやすい環境になりますが、これだけではスーパーセルにはなりません。さらに、高さ方向に風が変化（風の鉛直シアー）すると、うまく上昇流と下降流が分離されることになり、積乱雲は衰弱することなく長続きし、発達するのです。

スーパーセルとなる積乱雲の周辺では、地上付近で南風、

僕たち積乱雲の
エサは「熱」と「水蒸気」なの。
この２つが揃う環境になると
大きくなっちゃうんだ。

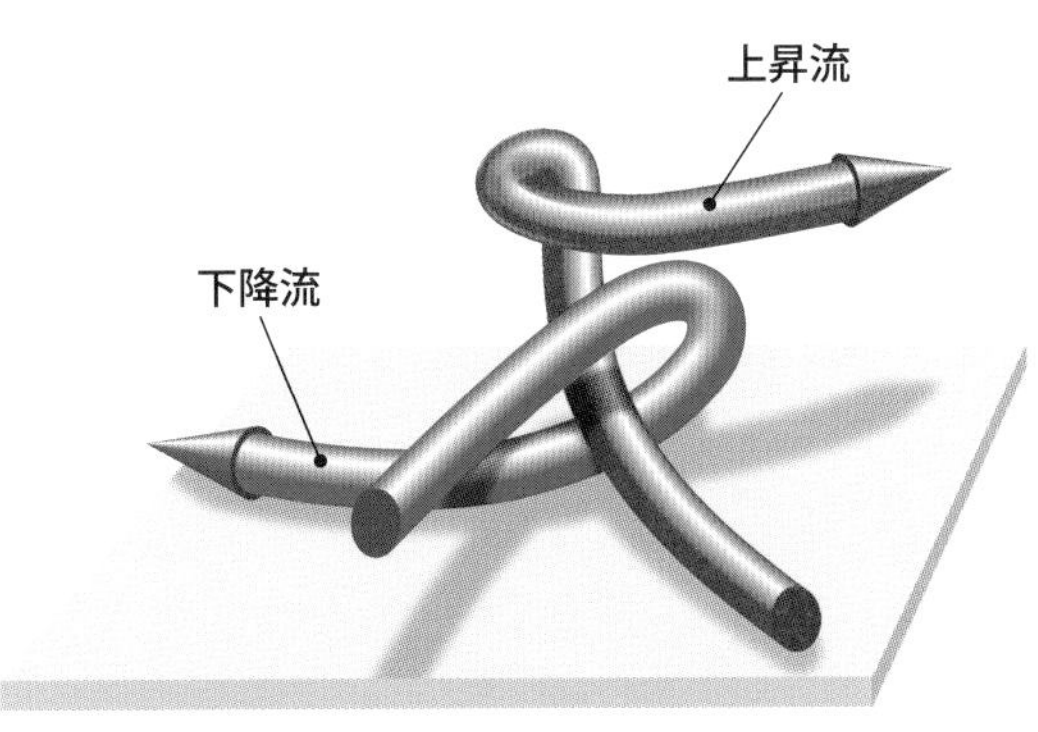

図1.4　スーパーセルの３次元気流

中層（高度3～5㎞）で南西から西風、それより高い高度では、西から北西風が卓越します。このパターンは日本でも、西にロッキー山脈を控えるアメリカ中西部でも同じです。アメリカ中西部では、トルネードが発生しやすい春先に低気圧が発達すると、下層ではメキシコ湾からの湿った南風が吹き込み、中層ではロッキー山脈越えの乾いた南西～西風が、上層では偏西風が吹くという、風向が高度とともに時計回りに変化する環境場が存在します。関東平野でも、太平洋、相模湾からの海風（南風）、西側の山地を越える南西風、上空の偏西風という環境は、低気圧の発達時などに生じて、しばしば竜巻（スーパーセル）の発生しやすい条件が生じます（図1・5）。このような風の鉛直シアーが存在しないと、どんなに積乱雲が発達しても、上昇流は降水による下降流で打ち消されてしまい、継続的な雲の発達は期待できないのです。

風向が高度とともに時計回りに変化する環境が存在すると、南東から入り込んだ多量の水蒸気を含んだ暖かい空気は、ガストフロントで上昇し、そのまま上空圏界面まで達し、

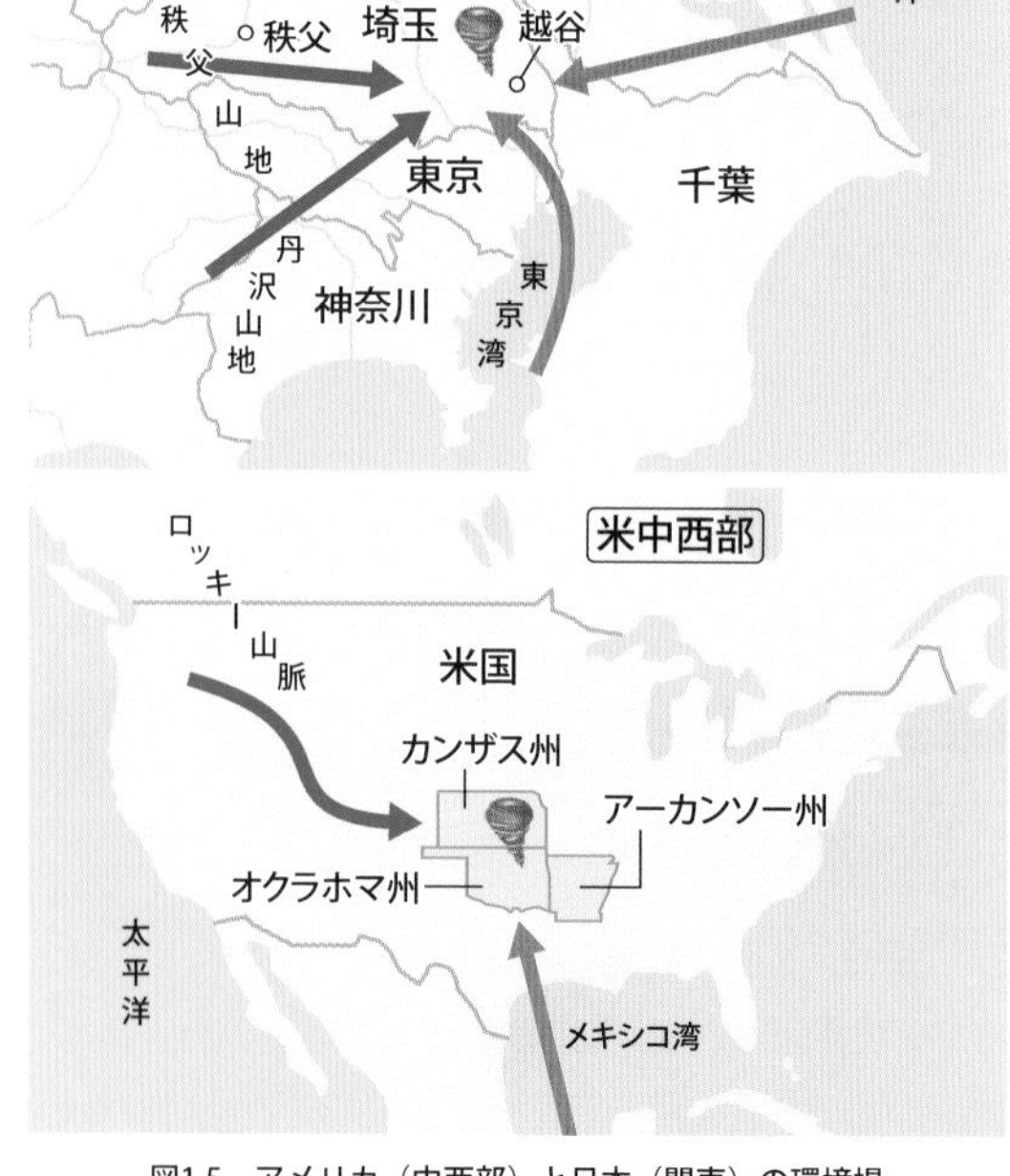

図1.5　アメリカ（中西部）と日本（関東）の環境場

その気流は前面（東方向）に抜けます。一方、中層で西から積乱雲に入り込んだ乾いた気流は、上昇流を邪魔しないように、上昇流の隣で下降気流と一緒になり地面に達します。このように、周囲の風がねじれる影響で、積乱雲内部の気流もねじれるのです。乾いた空気が入り込むと、降水域では蒸発が進み、蒸発による冷却*で空気は重くなり、下降流速は増します。下降流は、①上昇流を打ち消さない、②強められた下降流は地上でガストフロントの収束*を強める、③その結果、強い上昇流が生じるのがスーパーセルのポイントです（図1・6）。スーパーセルは自分自身が衰弱することなく、上昇流と下降流が住み分け、お互いに強め合って著しく成長します。

強い上昇流と強い下降流が背中合わせで存在するのが、スーパーセルの特徴であり、30m／sとか50m／sに達する上昇流域では竜巻が発生し、強い下降流域では、ダウンバーストや降雹・豪雨が観測されます。日本でもときどき、雹*が観測されますが、大きくてピンポン玉やみかんくらい、直径5～10㎝くらいです。アメリカでは、サッカーボール大の雹が降ったという記録があるほど大きな雹が降ります。つまり、雹も特別な環境下で形成されるスーパーセルに伴う現象であり「トルネードストーム」だけでなく、「ヘイル（雹）ストーム」ともよばれています。昔の教科書では、雹の成長は、積乱雲の中で上昇・下降を何回も繰り返して成長するという説明もありましたが、実際はそうではありません。スーパーセルの上昇流はあまりにも強いため、たとえ雹粒ができても吹き飛ばされてしまいます。一方で、上昇流

＊蒸発による冷却
ダウンバーストの発生原因。

＊収束（convergence）
気流が1点に集まること。竜巻の気流に関しては、地上付近において旋回しながら渦の中心に向かって集まってくる。前線は収束帯であり、低気圧や台風は下層で収束、上空で発散の構造を有する。

＊雹
直径5㎜以上の氷粒子を雹、5㎜未満を霰（あられ）として分類。

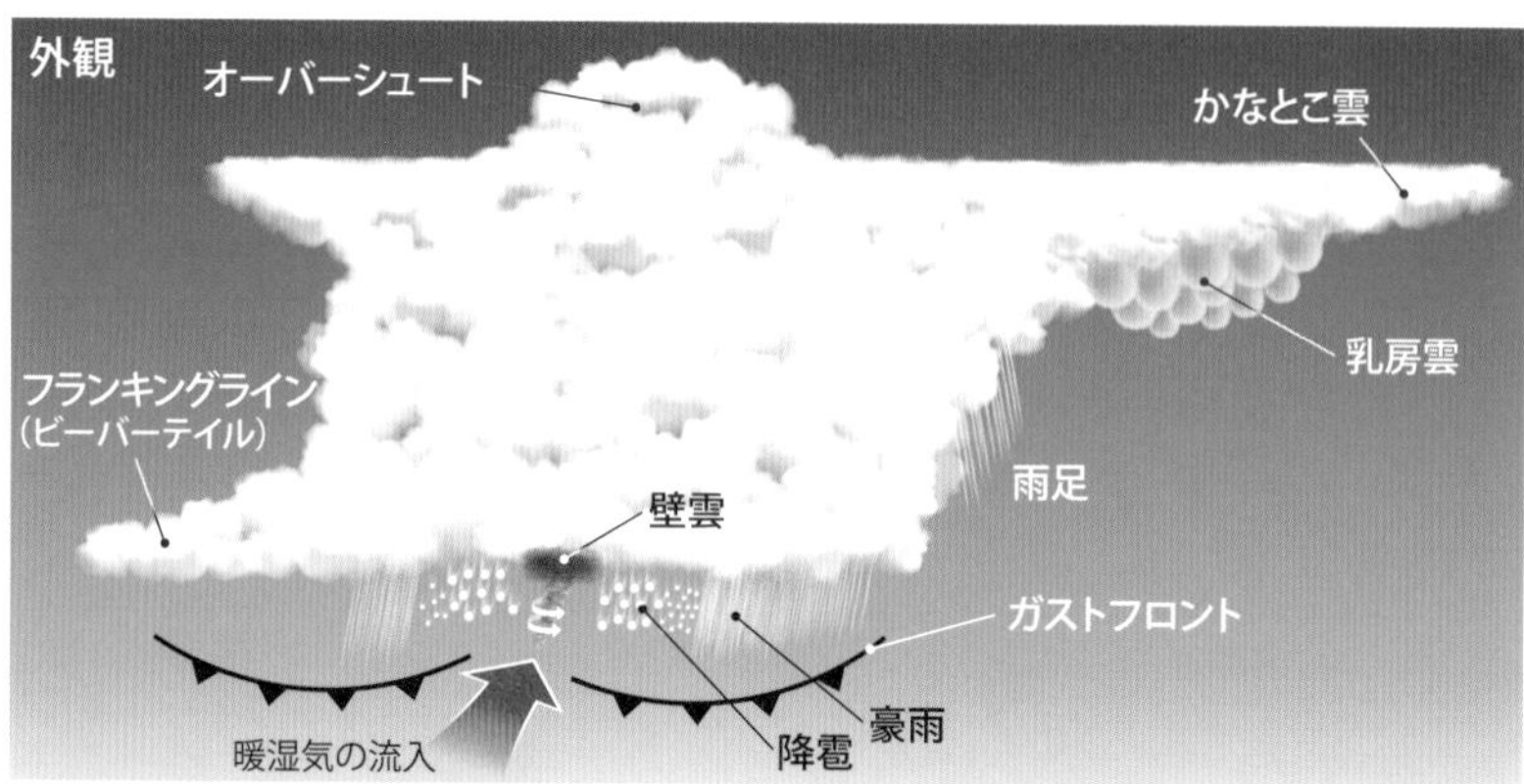

外観
オーバーシュート
かなとこ雲
乳房雲
フランキングライン
（ビーバーテイル）
雨足
壁雲
ガストフロント
豪雨
降雹
暖湿気の流入

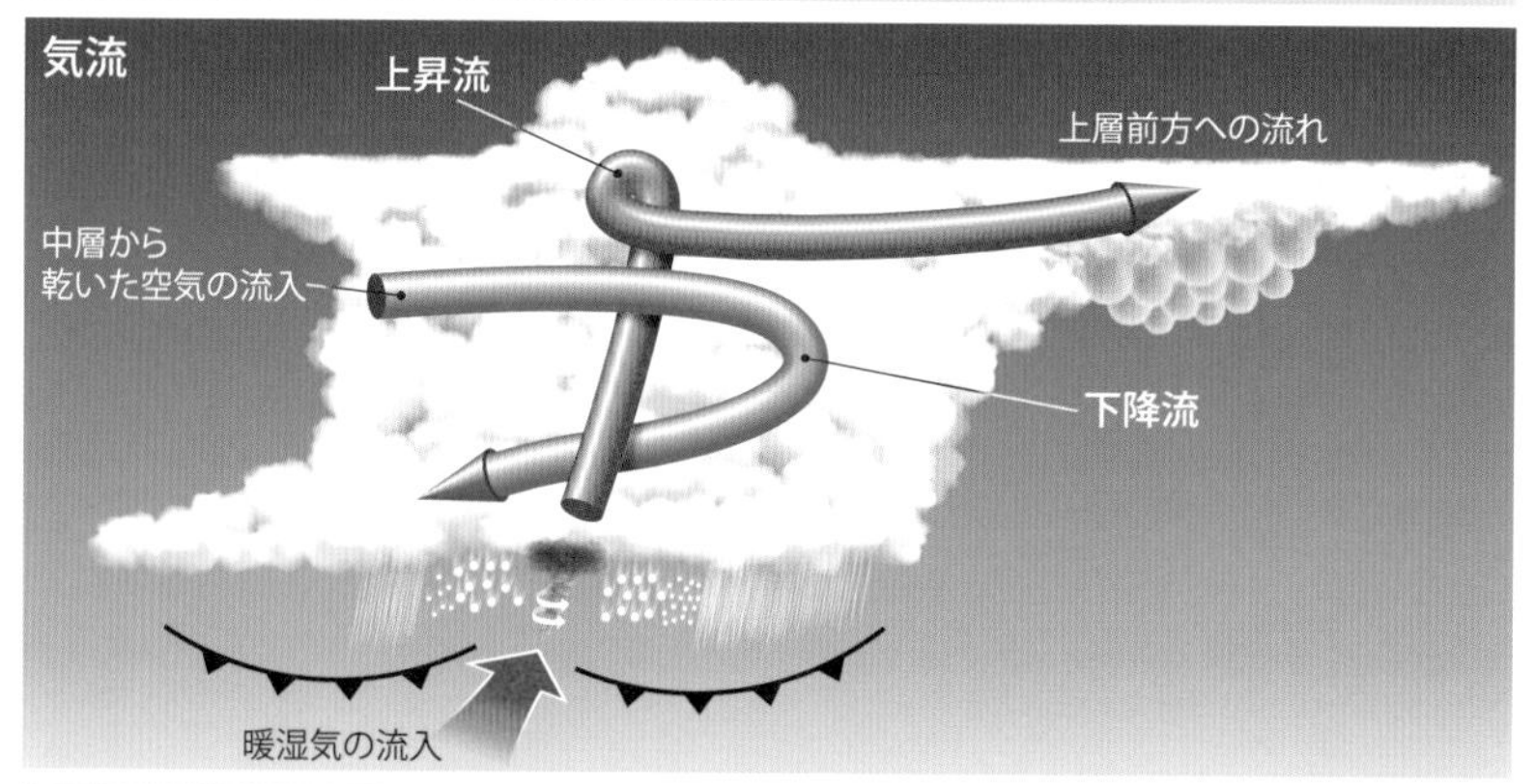

気流
上昇流
上層前方への流れ
中層から
乾いた空気の流入
下降流
暖湿気の流入

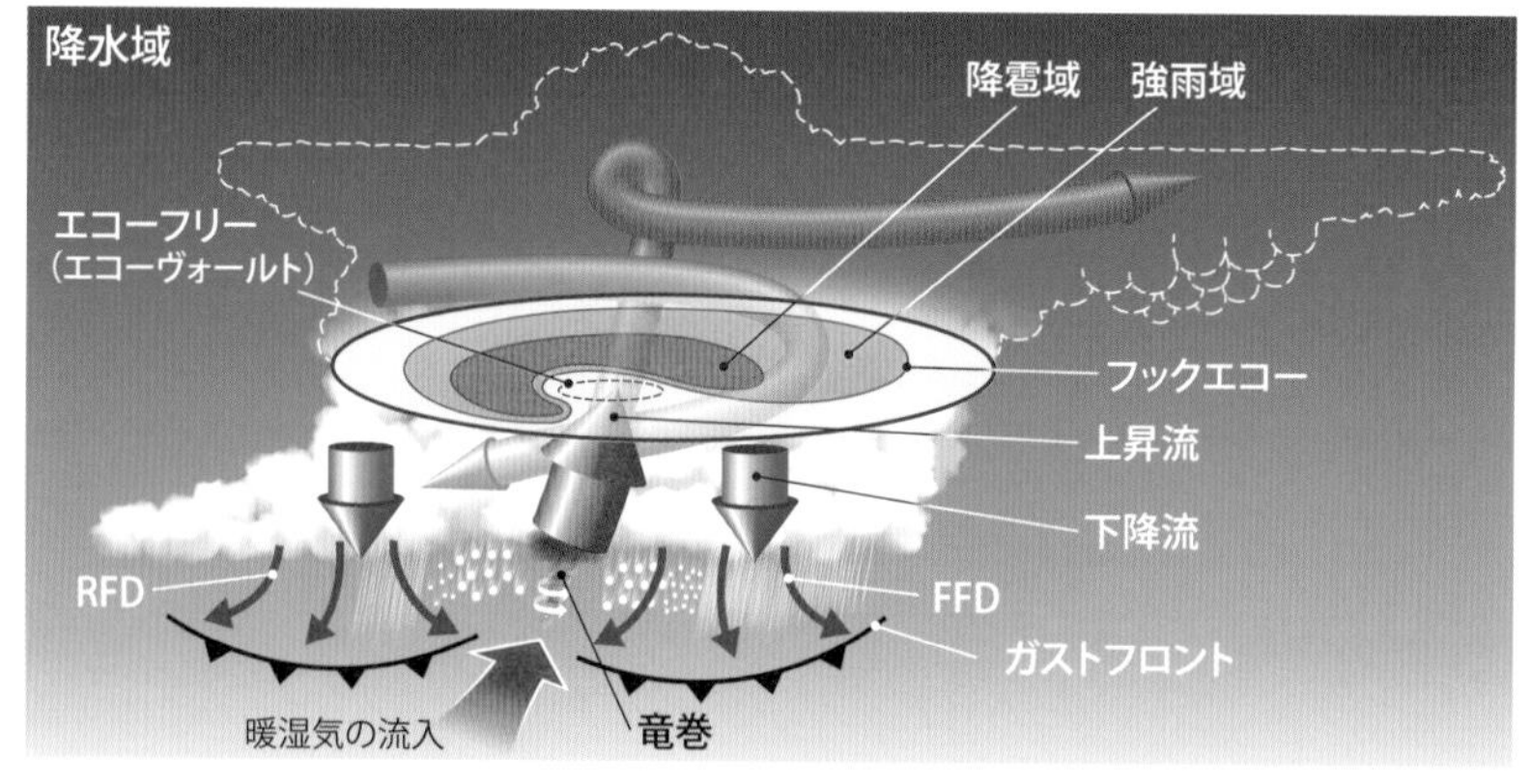

降水域
降雹域
強雨域
エコーフリー
（エコーヴォールト）
フックエコー
上昇流
下降流
RFD
FFD
ガストフロント
暖湿気の流入
竜巻

図1.6　スーパーセル

域から離れてしまうと、重力で落下します。上昇流の中心から少し離れた所、重力と上昇流がうまくバランスして雹が漂っていられる場所で雹は成長を続けます（図1・7）。成長して重くなると、落下してしまいますが、もう少し上昇流のコアに近い場所でバランスします。スーパーセルでは、雲自体が回転しているため、雹は上昇流のコアの周りを回転しながら漂い、成長を続けるのです。巨大なスーパーセルであればあるほど、上昇流が強く、結果として雹も大きくなります。

平面的にスーパーセルを観ると、上昇流域では降水がなく、その周りに降雹域、その外側に強雨域が存在するという構造を示します。気象レーダーで観測すると、ドーナッツの真ん中のようにエコーのない領域の北側に、取り囲むような強エコー

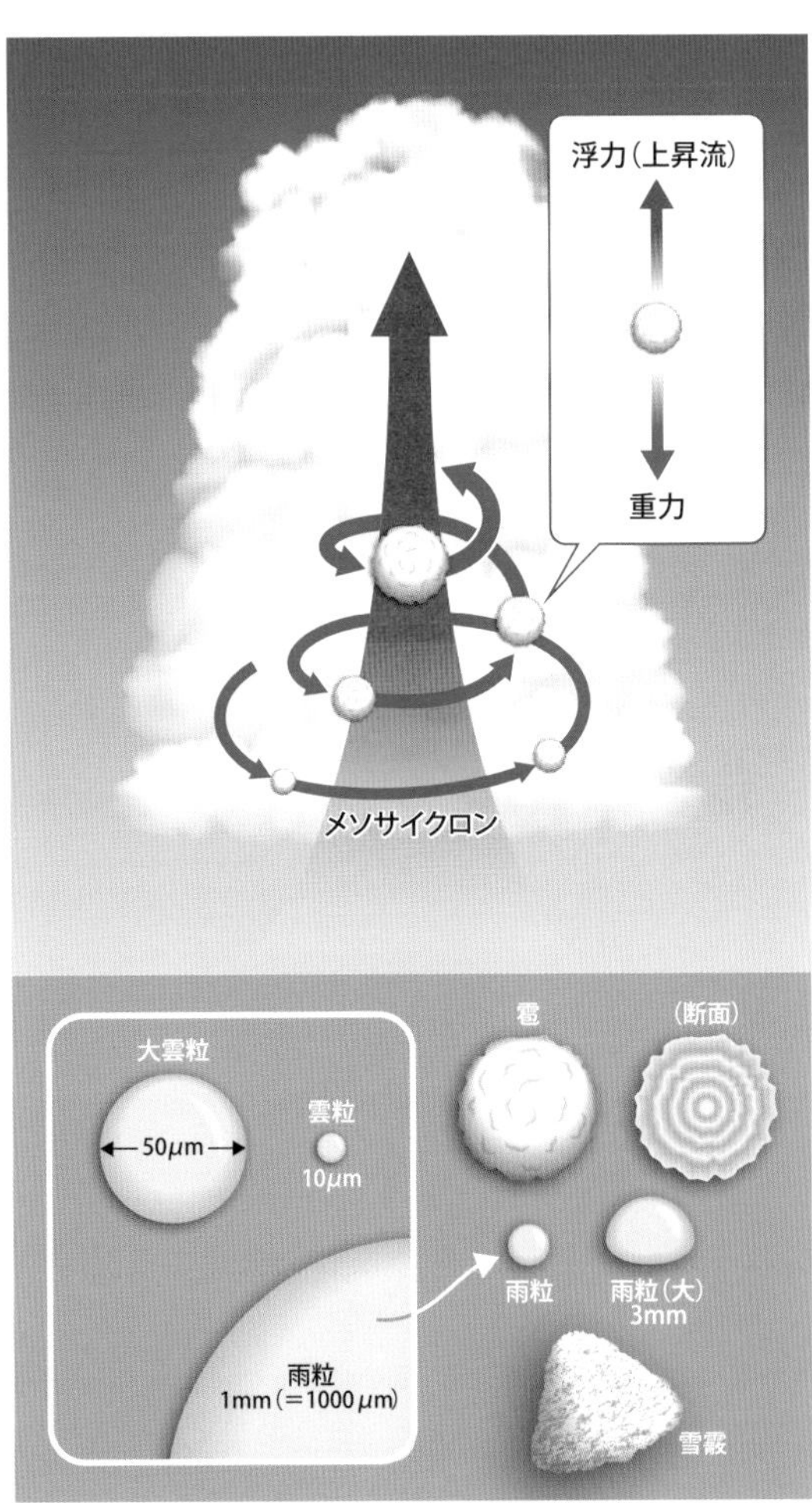

図1.7　スーパーセル内部における巨大雹の成長（上）と降水粒子（下）

が存在するため、その形状から、フックエコー*とよばれます。厳密にいえば、強エコー域は西〜北側に偏在するため、ドーナッツではないのです。中心のエコーのない領域は、echo vault(エコーヴォールト）あるいは、echo free(エコーフリー）領域とよばれ、強い上昇流域の存在する領域を示し、北側を取り囲むような強エコー域では、強雨や降雹が存在します。フックエコーの中心付近で竜巻が発生し、北側のフック状エコー領域では、ダウンバーストや降雹が生じます。このように、竜巻とダウンバーストは、スーパーセル内で隣り合わせにいながら同時に発生する現象です。

さらに最近の研究では、フック状強エコー域の中で進行方向前方側面と後方側面の2か所に下降流域が存在することがわかってきました。前者をＦＦＤ（Forward Flank Downdraft：前方側面下降流）、後者をＲＦＤ（Rear Flank Downdraft：後方側面下降流）とよびます。特に、ＲＦＤが作り出すガストフロントが竜巻発生に重要な役目を果たしていることもわかってきました。地上における、ＲＦＤによるガストフロント上の渦（ガストネード）と上空のスーパーセル内で形成されるメソサイクロンがカップリングして初めて地上から上空まで渦がつながるという考え方です。ガストフロント上の渦は2次的なものですが、スーパーセル竜巻の形成にも重要な役割を担っています。

＊フックエコー（hook echo）
通常レーダーで観測できる竜巻のサイン。

メソサイクロン（mesocyclone）

スーパーセルは、鉛直方向に風が変化しうまくねじれる影響で、雲自体が回転する特殊な積乱雲です。この雲内の回転は直径10㎞のスケールを持ち、メソサイクロン（竜巻低気圧）とよばれます。スーパーセル竜巻は、雲内に存在するメソサイクロンが親渦となり、そこから発生します。直径１００ｍの竜巻を観測的に捉えることは難しいですが、雲内のメソサイクロンはドップラーレーダーで観測することが可能です。

肉眼で見ても、スーパーセルの雲底には、竜巻の漏斗雲とは別に、ひと回り大きな親渦が存在することがわかります（図１・８）。このように、スーパーセル竜巻は複雑な構造を示すことが多く、メソサイクロンからどのように竜巻が発生するのかが、最大の謎といえます。また、メソサイクロンから竜巻が発生する場合としない場合の違いなど、十分に解明されていない点も残されています。

スーパーセルの中にメソサイクロンという激しい渦のモトができるから漏斗雲ができて竜巻が発生するんだよ。

図1.8　漏斗雲（直径100 m）と雲底の親渦（Kobayashi et al.1996）

メソサイクロンから竜巻が生まれる〝最大の謎〟に迫りましょう。スーパーセル型の竜巻は、親雲の積乱雲内に直径10㎞スケールのメソサイクロン（竜巻低気圧）を有していますから、近くで観ていると雲底には、メソサイクロンに対応する渦を確認することができます。つまり、雲内に先行する親渦から子ども（竜巻）が生まれる過程がスーパーセル竜巻といえます。では、雲底下で竜巻（竜巻渦あるいは漏斗雲）はどのように形成されるのでしょうか。竜巻が発生する直前には、メソサイクロンの下ですでに地上付近まで大きな渦巻ができていて、この中では、湯気のように白っぽくもやもやした雲が発生します。２００６年に発生した佐呂間竜巻時*にも竜巻発生直前に地上付近で湯気（ゆげ）のようなモヤが回転し始めたという証言があります。この大きな渦巻が収束して竜巻渦になるわけですが、そのプロセスは、フィギュアスケートのスピンで、腕を広げた状態から腕を縮めて回転速度を上げるのと同じになります。

雲底下の竜巻渦は、漏斗雲（funnel）、巻き上げられた砂ぼこりや飛散物（debris）、あるいは水しぶきで次第に可視化されます。スーパーセル竜巻の場合、雲底付近のメソサイクロンが親渦であり気圧降下が最も大きな領域と考えられますので、漏斗雲も雲底から地表に向けて凝結し、雲として可視化されていきます。一般に、雲は水蒸気（気体）が凝結して水滴に相変化することで生じますから、湿度が１００％未満（未飽和）の領域では雲はできず、湿度１００％の領域で初めて飽和に達し雲が発生します*。大気中に含まれる水蒸気量（あるいは水蒸気圧）は温度の関数であ

＊佐呂間竜巻
２００６年11月7日13時過ぎ、北海道佐呂間町で竜巻が発生し、全壊47戸を含む１００棟以上の建物被害と死者９名を含む重軽傷者35名の人的被害がもたらされた。突風被害を受けた佐呂間町若佐地区は周囲を丘陵地で囲まれており、被害域の南には２００ｍ程度の丘陵地が、北には５００ｍ程度の山地が存在し、住宅が低地帯に密集しており、竜巻が集落の中心を通過したため、甚大な被害が生じた。タッチダウンした直後に襲ったのが、工事関係者のプレハブ２棟であり、プレハブには新佐呂間トンネルの関係者がおり、２階に居た方のうち９名がプレハブごと飛ばされて亡くなった。９名の死亡者数は、わが国における竜巻被害として最も多い。プレハブ周辺では、壁だけが残った住宅、横転したトラック、飛ばされた乗用車、木片が突き刺さった住宅や車などが確認された。プレハブから北端の全壊した住宅までの被害経路はほぼ直線であり、被害の長さ約４００ｍ、幅約１００ｍ程度の領域で顕著な被害が集中した。これとは別に被害域が確認され、複数の住人が別の竜巻渦を目撃しており、「メインの竜巻と別の竜巻をみた」、「２本の竜巻がひとつになった」、「雲底に複数の渦が発生していた」などの証言を考慮すると、今回の竜巻は多重渦（複合渦）構造を有していた可能性が高いといえる。佐呂間竜巻はＦスケールでＦ３と推定され、被害スケールは顕著な住宅の被害域で長さ１・５㎞、軽微な被害域まで含めても３㎞であり、他の竜巻と比べて極端に短いといえる。これは、若佐地区の北側に存在する標高５００ｍ程度の山に達した時点で竜巻が消滅したことが原因と考えられる。

り、気温が高いほど大量の水蒸気を含み得ます*。未飽和の気塊*は、ある高度に達すると飽和状態になるため、この高度が雲底高度*になります。雲底高度は、持ち上げ凝結高度*ともいわれます。下層大気は通常それほど不安定ではなく、なかなか自由に対流は生じないため、〝そこまで持ち上げると雲ができる〟という表現になるのです。日本周辺における積乱雲の雲底高度はだいたい800m～1㎞程度です。

　では、なぜ雲ができないはずの雲底下で、漏斗雲が形成されるのでしょうか。これも竜巻の謎のひとつです。メソサイクロンも局所的な低気圧ですが、その中でも急速に気圧が低下して生じる竜巻渦内部では、著しい気圧降下により凝結が始まると考えられています。竜巻内部の気圧測定は極めて困難ですが、アメリカでは、トルネード・チェイサー*とよばれる竜巻追跡者が命がけの観測を実施し、100hPa近い気圧降下を観測した例があります。日本列島を覆うような1000㎞のスケールを有する台風では、しばしば100hPa近い気圧降下が観測されますが、わずか100mの領域で100hPa近い気圧が低下するのは自然界でもレアなことです。この気圧差で、漏斗雲が発生するだけでなく、吸い込まれる（吸い上げられる）効果や、耳鳴りがするなど普通ではあり得ない現象が起こります。

　漏斗雲は雲底から地上に向けて形成されるので、雲底付近

水蒸気（気体）から
水（液体）になったり
氷（固体）になったりすると
雲が生まれるよ。

バブー

***未飽和の気体**
地面付近の未飽和気塊は上昇を始めると、気温、気圧が低下しながら膨張する。この過程を断熱膨張という。

***気温と水蒸気**
蒸し暑い夏の方が、カラカラに乾いた冬よりも洗濯物が乾きやすいのはこの理由。

***雲底高度**
未飽和の気塊は、ある高度に達すると飽和状態になる。この高度が凝結高度、すなわち雲底高度となり、「持ち上げ凝結高度（地上の未飽和気塊を持ち上げて飽和に達する高度）」ともいわれる。地表面付近の空気塊は通常それほど不安定ではなく、なかなか自由に対流は生じないため、〝そこまで持ち上げると雲ができる〟という表現になる。凝結高度（h）は、「$h=120(t-t_d)$、t：気温、t_d：露点温度」で求めることができる。日本周辺における積乱雲の雲底高度はだいたい800m～1㎞程度。

***持ち上げ凝結高度**
地上の未飽和気塊を強制的に上昇させて飽和に達した時の高度。

***トルネード・チェイサー**
竜巻追跡者。トルネード・スポッターともいわれる。アメリカのトルネード・チェイサーで科学者のティム・サマラスは、2003年6月24日にF4トルネードの進路に観測装置を置き、100hPaの気圧の低下を捉えることに成功した。しかしながら、2013年5月31日の竜巻に車ごと巻き込まれて命を落とした。

では太く、先端は細い形状を有しています。遠方から観測すると、雲底から地上に向けて次第に漏斗雲が降りてくるように見え、漏斗雲が地上に達した時点で、竜巻が〝タッチダウン〟したといいます。ただし、厳密には漏斗雲が形成し始めた時点で、目に見えない竜巻渦はすでに地上から上空まで連なっています。竜巻渦が地上に達して被害が生じた時点をタッチダウンとする手もありますが、何をもって竜巻のタッチダウンとするかは難しいところです。高度差が1㎞ある地上と雲底の間で、直径わずか数十mの渦が地上から雲底までつながるのは容易なことではありません。大きな渦が周囲の気流の影響を受けて収束するだけも、竜巻は形成されにくいといえます。最近は、地上付近に竜巻発生の元となる渦が存在することで渦がつながる手助けになると考えられています。地上付近の渦というのが、スーパーセル真下の地上に形成された、ガストフロント上の渦、すなわちガストネードです。スーパーセル内部では、上空のメソサイクロンと地上のガストネードがうまく手を取り合った時に、渦が地上から上空までつながり、竜巻が発生するので、漏斗雲が地上から雲底まで形成されるかなり前の段階で、竜巻渦はすでに形成されると考えられます。

漏斗雲は、地上付近から上空に向けて消えていきます。親渦が衰弱するのが一番の要因ですが、地上付近は摩擦力*により地上付近の渦が弱められる効果もあります。このように、漏斗雲は雲底から地上に向けて形成され、地上から雲底に向けて消滅する形態を示すために、はるか昔から竜巻を見た人は、あたかも天から龍が降りて

*摩擦力
大気と地面にも摩擦は働く。摩擦力は海面では小さく、構造物や地形があると大きくなる。

きて、再び天に戻るように見えたのではないでしょうか。*

*つむじ風の語源
日本で竜巻を具体的に記述した文献は、方丈記に遡る。京で起こった〝辻風（つじかぜ）〟がつむじ風の語源と思われる。

竜巻のマルチスケール構造

実際に観測されたスーパーセル竜巻の発生をみてみましょう（図1・9）。雲底では太い漏斗雲（雲底付近の直径は100m）が、地表面付近に向けて凝結しながら細く伸びていく様子がわかります。すでにこの時、砂ぼこりで可視化された渦が地面付近に確認できますので、竜巻渦は地面から雲底までつながっていることがわかります。砂ぼこりで可視化された渦は、ダストカラム（dust column）とよばれ、漏斗雲の直径に比べてはるかに大きなスケールを有しています。地上付近の漏斗雲の直径は20m程度であったのに対して、ダストカラムの直径はその10倍近くあり、地上付近の竜巻渦は上空の漏斗雲とは大きく構造が異なります。

一方、漏斗雲の付け根にあたる雲底には、漏斗雲を取り巻くような渦が存在します。この渦巻きは、直径が約1㎞あり、竜巻の親渦といえます。親渦はマイソサイクロンとよばれます*。直径1㎞のマイソサイクロンは、さらに大きな直径10㎞程度のメソサイクロンに連なっています。このように、スーパーセル竜巻は大きな渦の中に、中くらいの渦が存在し、その中に小さな渦が存在するという複雑な構造を有していてマルチスケール*といいます。大気現象のマルチスケール構造は、メソサイクロンの中心にマイソサイクロンが発生するわけではなく、複数のマイソサイクロンが形成されることもあります。また、竜巻渦も多重渦構造を示すこともあり複

*マイソサイクロン（misocyclone）
直径10㎞のメソサイクロンに対して、1オーダー小さな渦を指す。藤田哲也博士の命名。

*マルチスケール
階層構造。

雑です。このようなことから竜巻はスーパーセル内で形成される渦の最小単位の現象であることがわかります。このような、スーパーセル竜巻は日本でもしばしば観測されています。スーパーセル内で形成されるメソサイクロンは観測的にも理論上でも十分理解されていますが、直径10㎞のメソサイクロンからどのようにして直径１㎞のマイソサイクロンが形成され、そこからどのようにして直径１００ｍの竜巻が発生するかは、未だ完全には解明されておらず、多く

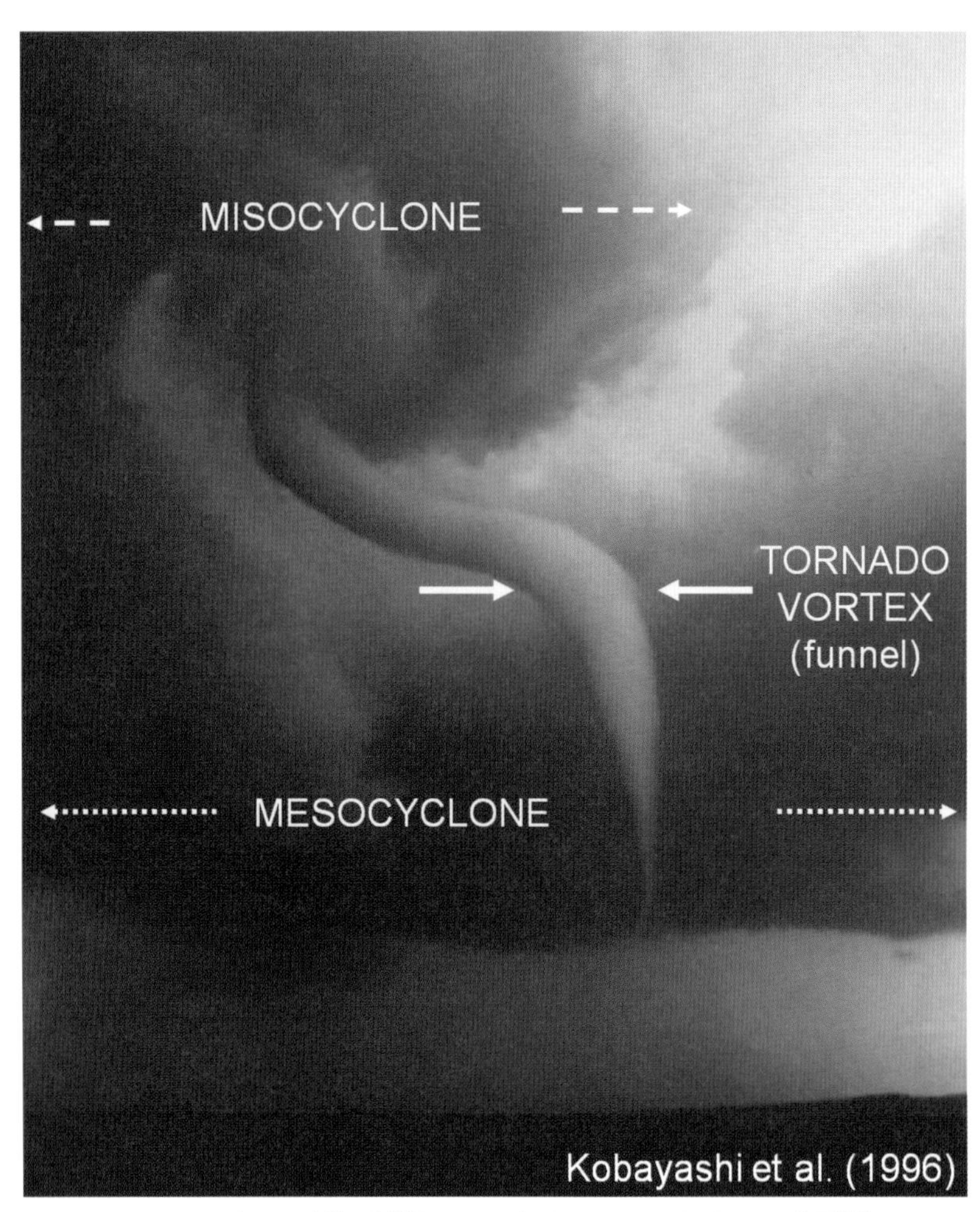

図1.9　スーパーセル竜巻の竜巻渦・マイソサイクロン・メソサイクロンの階層構造
（Kobayashi et al.1996）

の謎が残されています。

非スーパーセル竜巻の発生

非スーパーセル竜巻は積雲・積乱雲の発達と同時に竜巻渦が形成されることが多く、雲内に先行するメソサイクロンは存在しません。非スーパーセル竜巻は地上の渦が上昇流で引き伸ばされる効果で生じるため、理論的には地上付近の渦が先にありきで、次第に渦が上空にまで伸びていきます。また、非スーパーセル竜巻の気圧降下はそれほど大きくなく、渦の初期段階で漏斗雲や水しぶきで可視化されることは期待できません。ほとんどの場合、地上（海面）から雲底まで渦がつながり、漏斗雲が形成され始め、砂ぼこりや水しぶきが巻き上げられるようになって初めて気がつくことになります。

実際にドップラーレーダーで観測した非スーパーセル竜巻（ウォータースパウト）の事例をみてみましょう。２００７年５月31日に東京湾で発生した竜巻は、ドップラーレーダー（横須賀）から約10㎞という比較的至近距離で観測を行い、渦の構造を解析できた事例です（図１・10）。当日は、大気が不安定であり、関東各地で積乱雲が発達しており、神奈川県川崎市では、１００㎜／h近い豪雨と降雹が観測され被害も出ました。広範囲で積乱雲レーダーエコーが発生したなかで、竜巻は千葉県富津市の海岸線で発生しました。この竜巻の漏斗雲は、対岸の横須賀市からも観測され、その発生から消滅までを把握することができました（図１・11）。

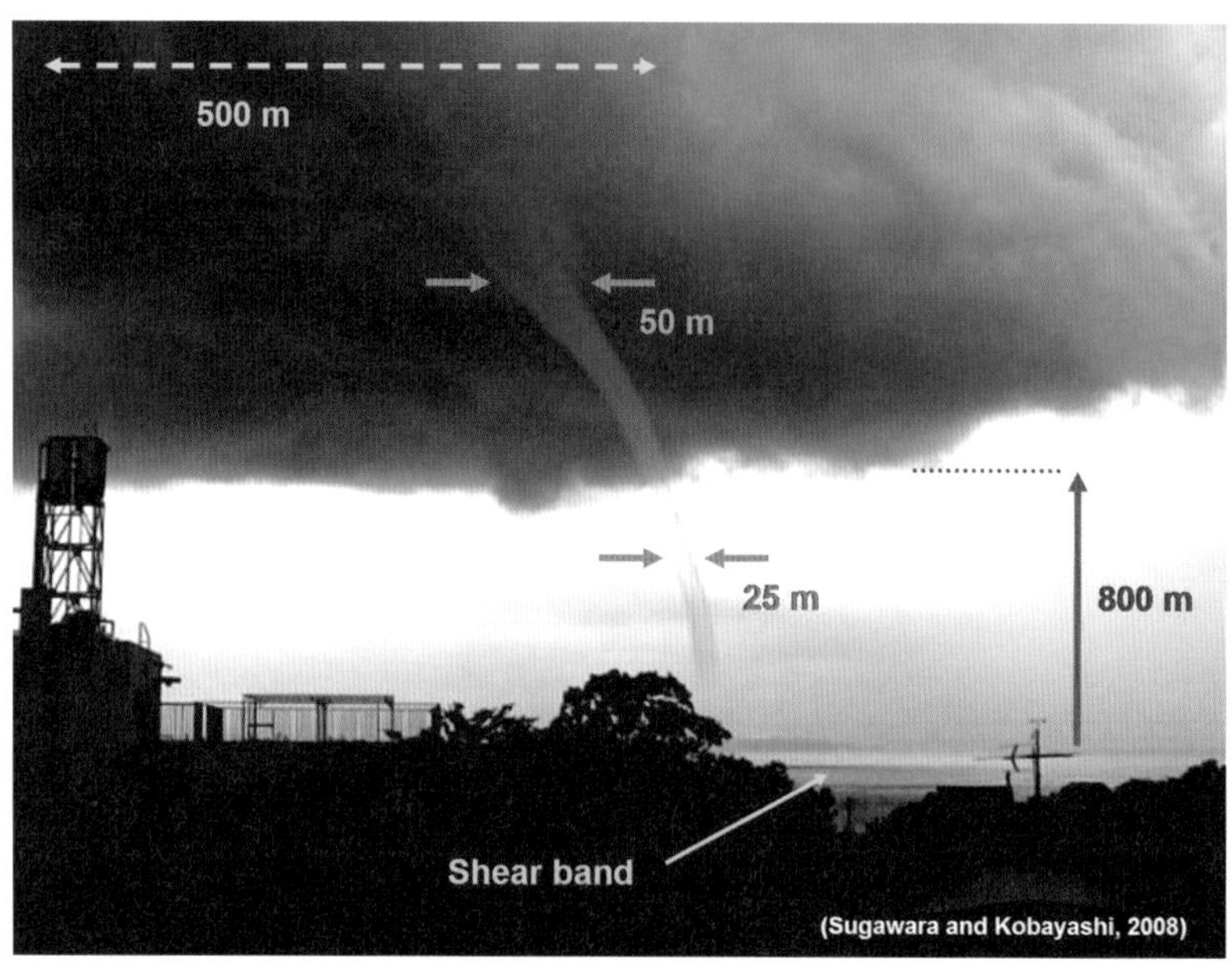

図1.10　2007年5月31日に東京湾で発生したウォータースパウト
（Sugawara and Kobayashi 2008）

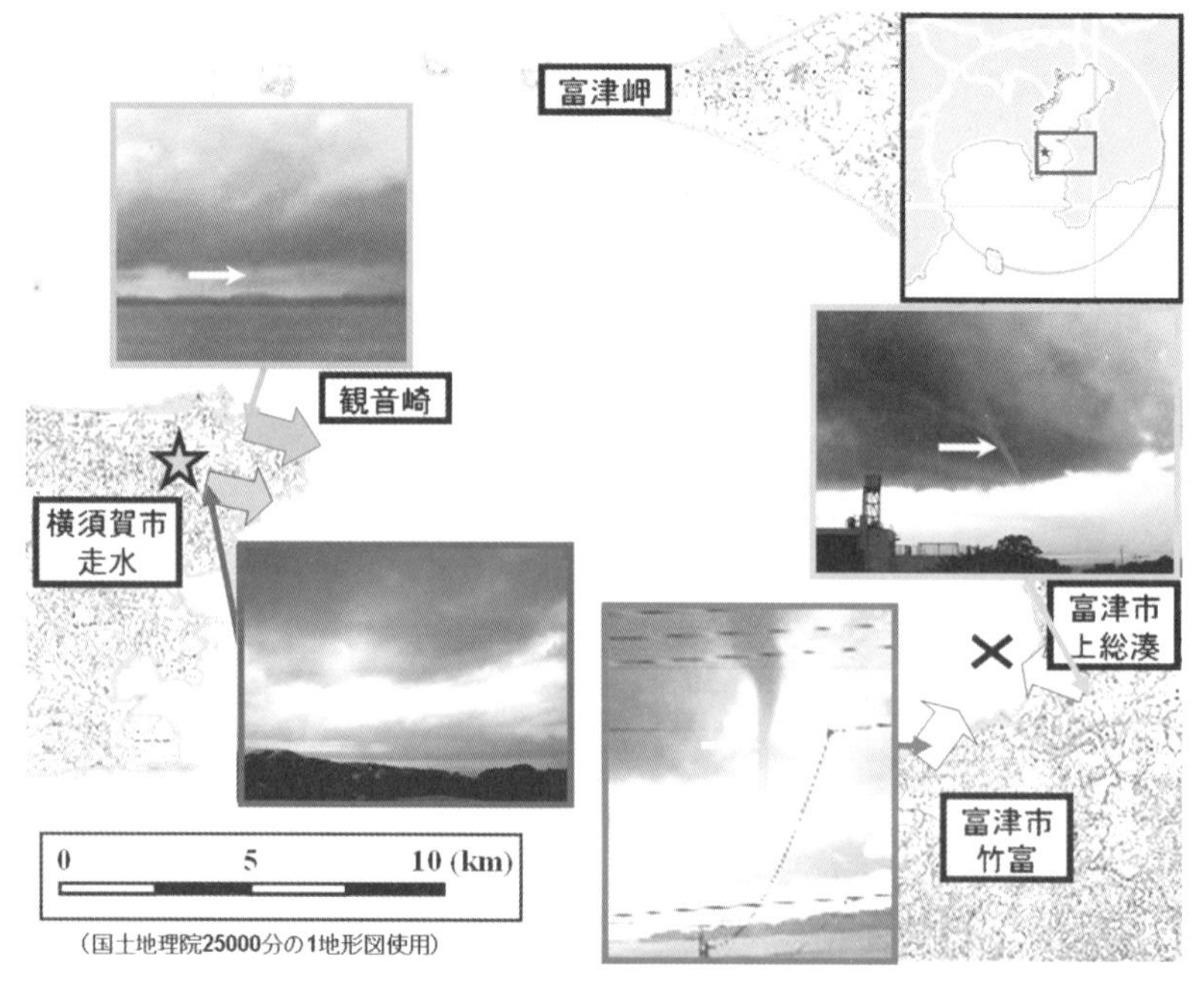

図1.11　漏斗雲が観測された場所（小林ほか 2008）

本事例では地上被害は認められなかったものの、さまざまな画像データを用いて竜巻渦の構造、特に風速の推定を行うことができました。竜巻の画像データが残された場合、画像解析により詳細な構造を議論することができ、特に複数の地点で画像が残されていると、ステレオ解析から竜巻の位置、竜巻の直径、雲底高度などを推定できます。さらに拡大された竜巻渦のビデオ画像からは、風速（回転速度）を推定することが可能になります。一般に、陸上で発生した竜巻の場合、漏斗雲や地上付近に土ぼこりで可視化された渦（dust column）内で検出可能な飛散物を対象にして、画像処理を行うことができます。一方、海上で発生した竜巻の場合は海面近くまで漏斗雲が達しないことも多く、飛散物も存在しない代わりに、海水が吸い上げられて形成された筋状の模様が渦内に見られることがあります。この竜巻渦は高気圧性回転を持ち、海面付近の竜巻渦の直径は約25ｍと見積もられ、吸い上げられた海水により形成された筋模様から竜巻渦の回転速度は、高度２００ｍにおいて20ｍ／ｓと推定されました（図１・12）。

ドップラーレーダー観測によるドップラー速度場のパ

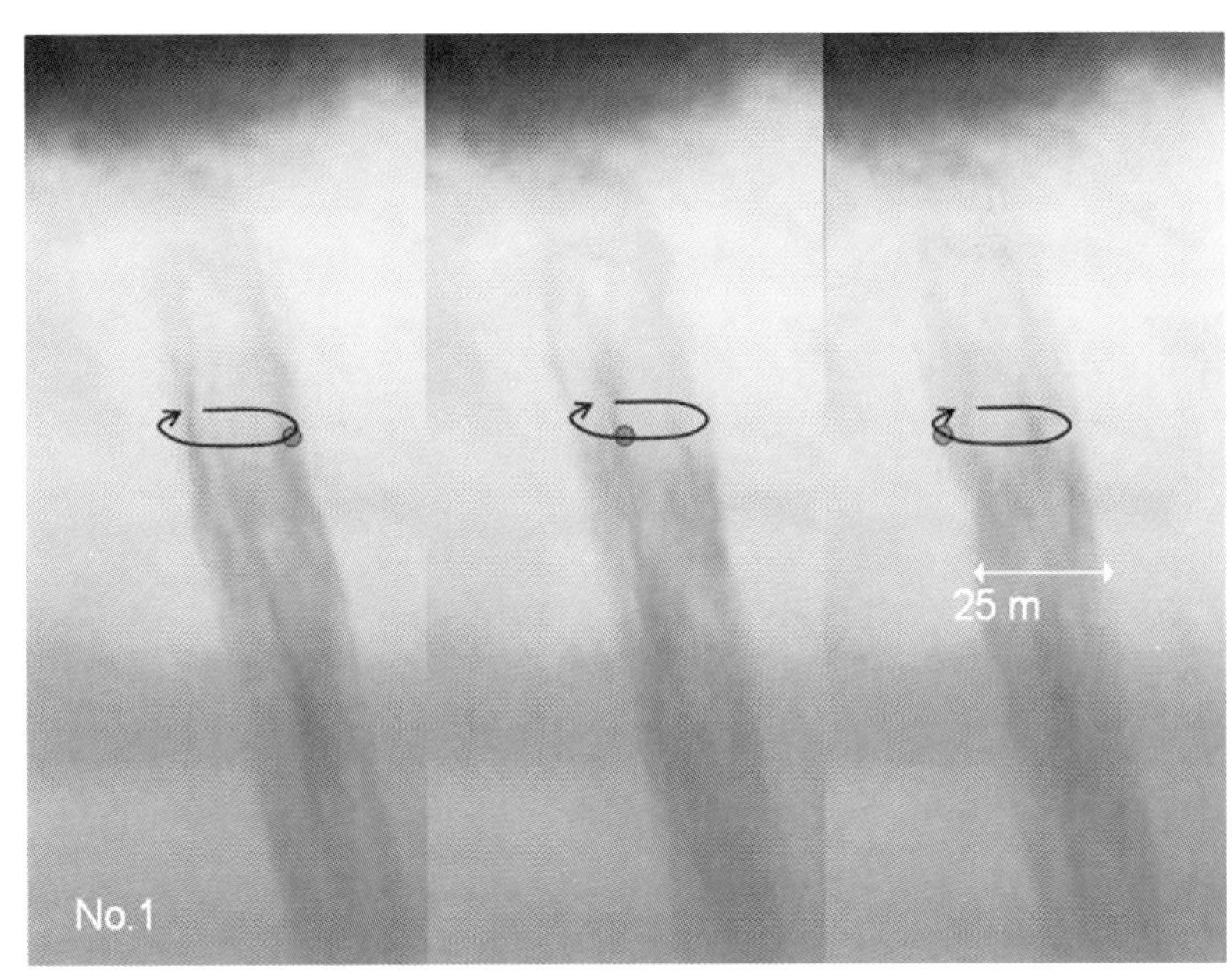

図1.12　竜巻渦の画像解析結果（小林ほか 2008）

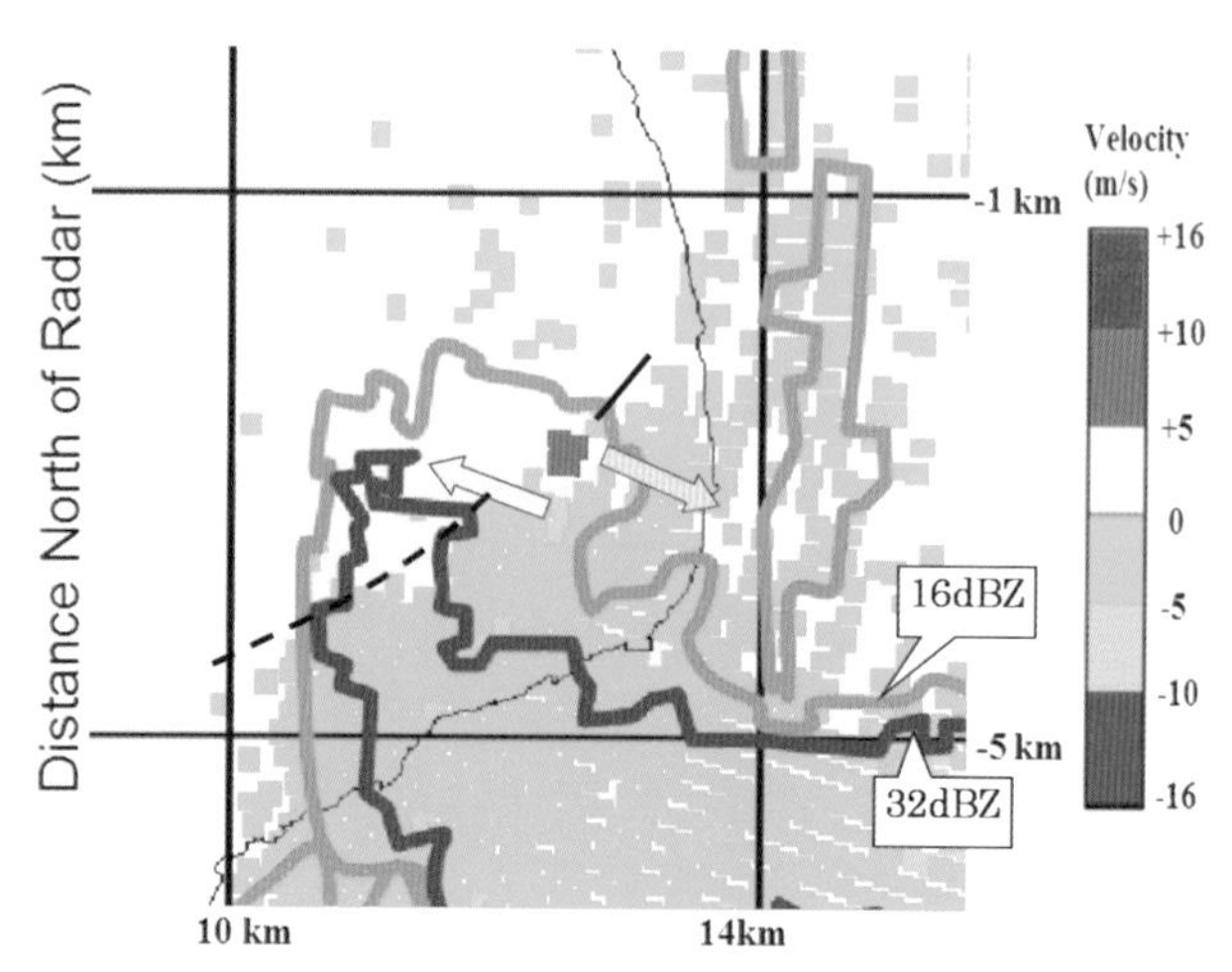

図1.13　ドップラー速度場
破線はレーダーから遠ざかる風（⊕）と近づく風（⊖）がぶつかるシアーラインを，矢印は遠ざかる風と近づく風が隣り合わせに存在する竜巻の渦を示している．（Sugawara and Kobayashi 2008）

図1.14　漏斗雲と雲底のマイソサイクロン（小林と菅原 2008）

ターンをみると、直径１km程度の渦パターンが、シアーライン上に形成されたことがわかります（図１・13）。すなわち、この竜巻は周囲の積乱雲からの下降気流により形成されたシアーライン上で、積乱雲の発生とほぼ同時に形成されました。この竜巻に伴う漏斗雲の寿命は7分間であり、一方ドップラーレーダーで捉えたマイソサイクロンの寿命は22分でした。マイソサイクロンは、高度４kmまで連続しており、雲底では直径30ｍ程度の漏斗雲が太くなり、直径５００ｍのマイソサイクロンにつながる様子がわかります（図１・14）。ドップラーレーダーでも両者は区別して確認され、マイソサイクロンは高度２km付近に直径のピーク（１・５km）を持ち、高度３km以上に達し、マイソサイクロンとは別に竜巻渦が地上付近から高度３km付近まで存在していました（図１・15）。マイソサイクロンは、その後、高度が下がるとともに直径が増大し、竜巻渦と同じような渦の時間変化がみられました。

最近の観測から、非スーパーセル竜巻も雲底にマイソサイクロンを伴っており、スーパーセル竜巻同様にマルチスケール構造を示すことがわかりました。

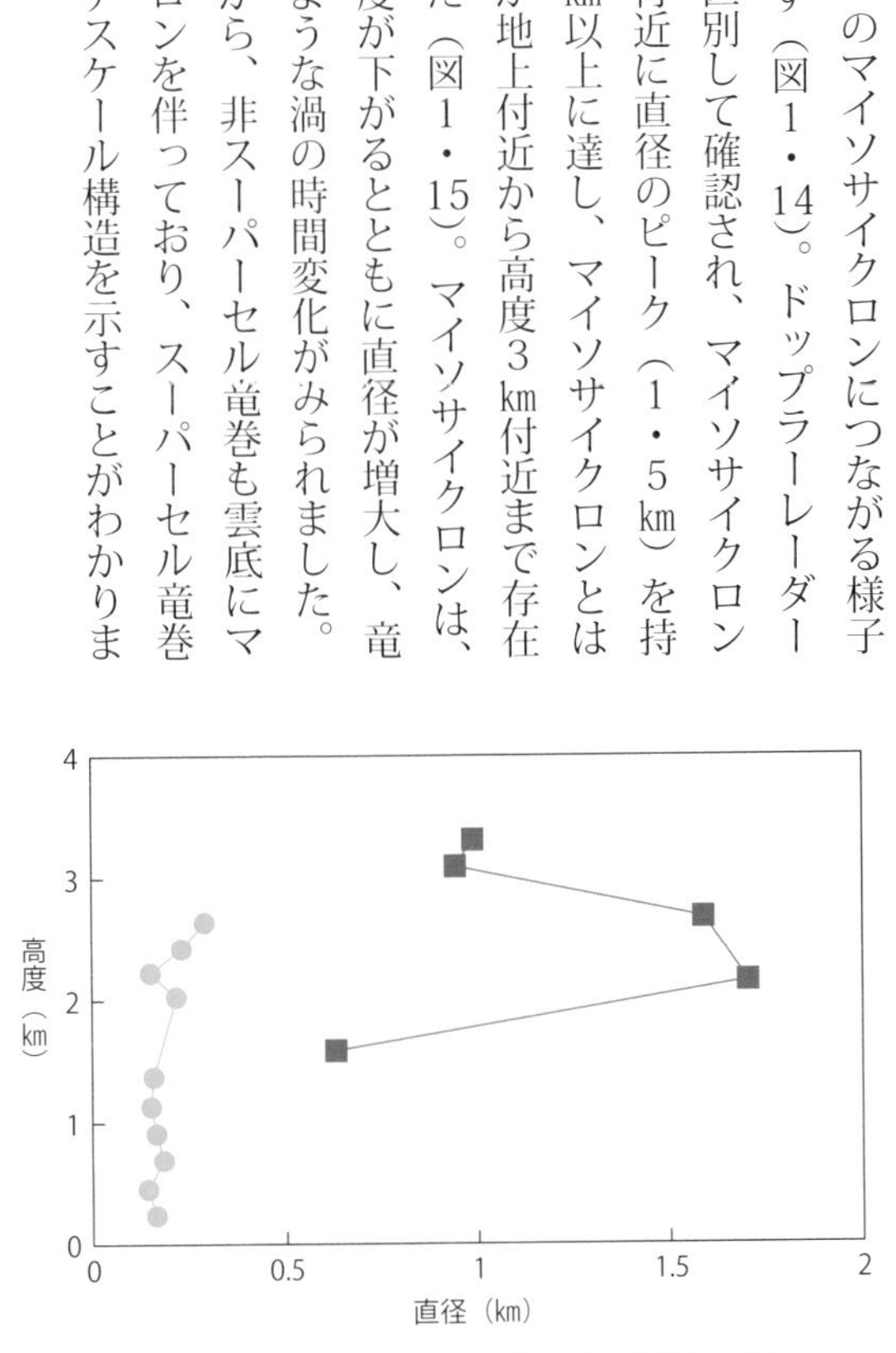

図1.15　ドップラーレーダーで観測された，竜巻渦（●）とマイソサイクロン（■）の高度分布
図1.14の竜巻と親雲に対応．（小林と菅原 2008）

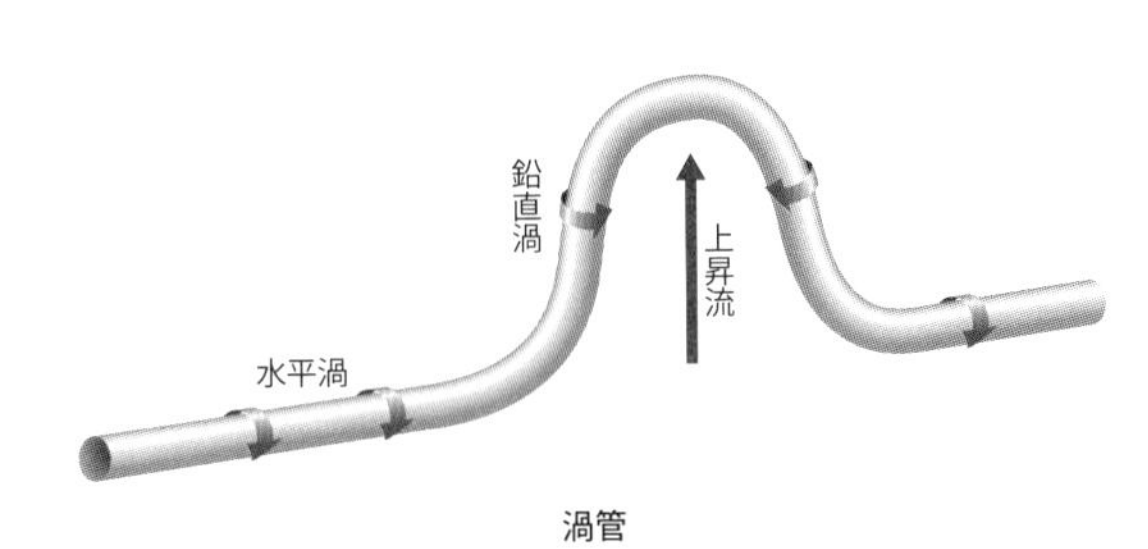

竜巻の時間変化

竜巻渦はその発生から消滅まで、ライフサイクルに沿って顕著な変化を示します。初期段階である発生期には、漏斗雲は雲底で太く地上に向かい細くなり、ほぼ直立しています。漏斗雲が地上に達する頃には、竜巻は発達期〜最盛期を迎え、直径は増して、雲底付近では数百mに成長することもあります。この時、地上付近の竜巻渦は飛散物を巻き上げて、漏斗雲よりはるかに大きな渦になり、飛散物も含めた竜巻渦の直径は、数百mから数㎞に達することもあります。その後、衰弱期になると、漏斗雲は傾き、細くなっていきます。竜巻渦自体は自分で動きませんが、親雲の積乱雲は一般の風に流されて移動します。特に、日本で発生する竜巻の多くは、温帯低気圧、台風、季節風時に発生しますので、親雲の移動速度は速く、10〜20m/sくらい（時速36㎞/h〜72㎞/h）が普通です。竜巻渦も親雲とつながっていますので、一緒に移動しようとしますが、地上摩擦の影響で地上付近の渦ほど移動速度は遅くなり、そのため、漏斗雲は最盛期を過ぎると次第に傾きます。親雲は移動していく一方で、地上の竜巻渦の移動は遅く、両者の差がどんどん広がっていきます。あたかも、足早に動く親の服をつかんで必死に追いかけている子どものようです。親雲と竜巻の距離が大きくなるほど、漏斗雲は細く長くなり、流体力学でいう「渦が保存*」するために生じる現象です。一般に、渦管は伸びたり縮んだりしながらも、なかなか消滅せず、竜巻も同じ性質を持っています。

最盛期のスーパーセル竜巻をみると、わずかに傾きながらも漏斗雲が雲底から地

＊渦が保存する
外力が働かなければ渦は存在し続ける。

上までつながり、地上付近では砂ぼこりで可視化された渦が確認できます（図1・16）。雲底には、親渦とさらに大きなメソサイクロンが連なっていますが、わずか5分後には、親雲と地上の竜巻は5㎞近く離れてしまいました（図1・17）。それでも漏斗雲は細くロープのようになりながら、しっかりと雲底につながっています。しかも地上付近の渦は、鉛直方向に立っていて、細くロープのようになってもすごい

図1.16　スーパーセル竜巻の最盛期
（Kobayashi et al. 1996）

図1.17　衰弱期の竜巻（図1.16の5分後）
（Kobayashi et al. 1996）

図1.18　末期の竜巻にみられるロープ状の漏斗雲
（Kobayashi et al. 1996）

勢いで砂ぼこりを巻き上げている様子がわかります。このように、親雲の移動速度が速い場合、特に竜巻渦に伴う漏斗雲形状の変化は大きくなり、末期の竜巻では、しばしばロープ状の漏斗雲が上空に取り残される形で観測されます（図１・18）。

では、長続きするスーパーセル内で、竜巻渦はどのようにして消滅するのでしょうか。積乱雲内のメソサイクロンと地上の渦の位置関係が重要で、両者の位置が一致している間は、竜巻にとって衰弱する要因はありませんが、親雲が移動して両者の位置がズレ始めると、スーパーセルの上昇流域から外れてしまいます。つまり、上昇流の隣に位置する下降流が竜巻を覆うようになると、竜巻渦の上昇流そのものが消えてしまいます。竜巻の地上から雲底までの距離は、時間とともに大きくなり、同時に降水も強くなり、次第に竜巻渦が消滅していったのがわかります（図１・19）。時間とともに傾いていった漏斗雲は、隣接した下降流に沿った形で傾斜しているとも考えられます。

地上の被害も竜巻のライフサイクルに沿って変化し

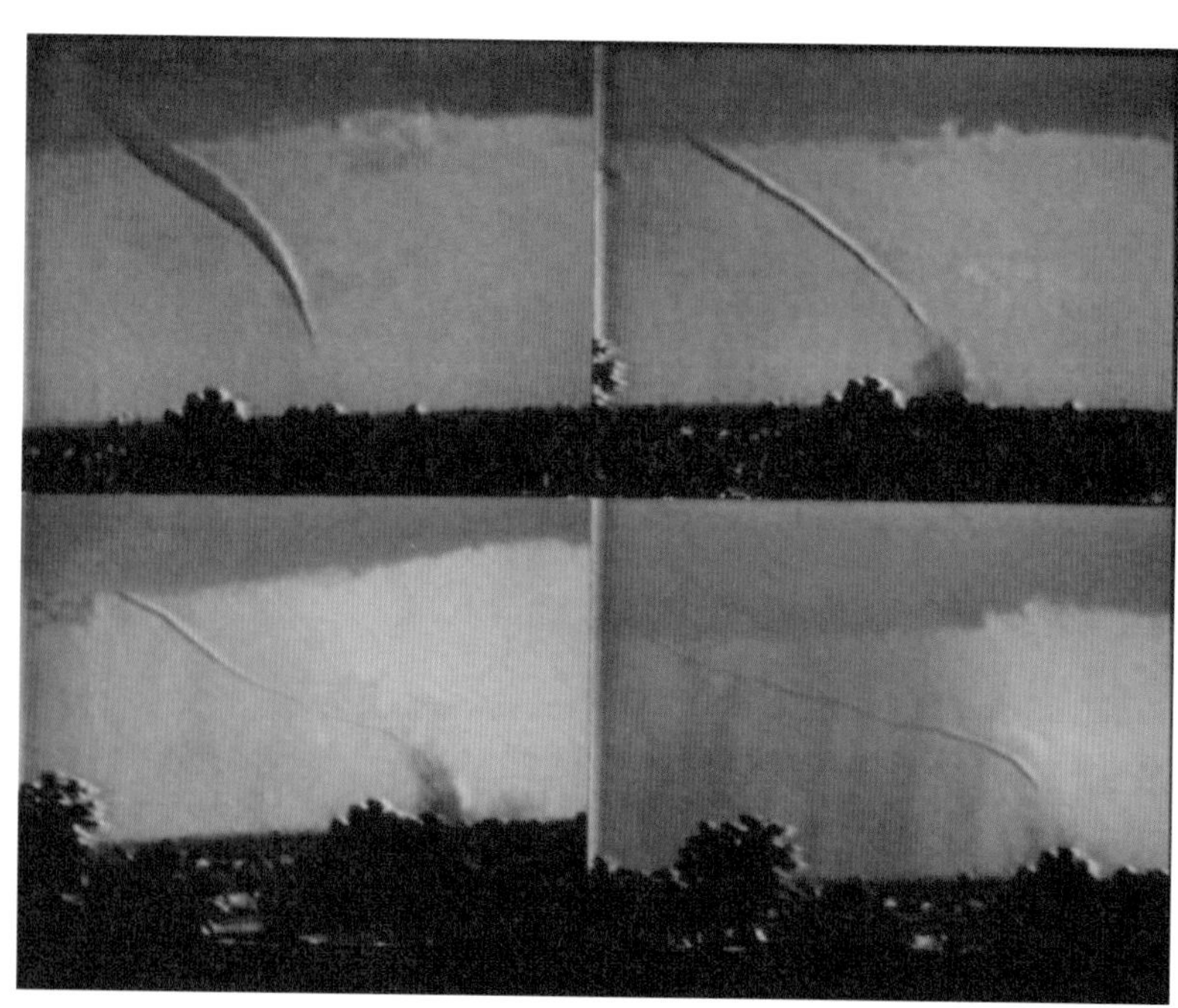

図1.19　竜巻渦の時間変化
漏斗雲が次第に細く傾き，また降水が強まる様子がわかる.（Kobayashi et al. 1996）

ます。竜巻のタッチダウンとともに地上被害が始まり、発生段階では相対的に被害は弱く、発達から最盛期にかけて最大の被害が生じます。この時に生じた最大被害で竜巻のフジタ（F）スケールが決定されます。そして、竜巻が衰弱するに従い、被害も次第に弱くなるのが普通です。被害の変化は、アメリカ中西部など広大な平原を走る竜巻では明瞭に確認できますが、複雑な地形を有する日本では、事情が異なります。国土が狭く、海岸線や山、丘、谷など複雑な地形上を走る竜巻は複雑な動きをしますし、タッチダウンや消滅の仕方も地形や構造物に大きく依存するので、地上被害分布も教科書的なパターンと異なる事例が多々みられます。

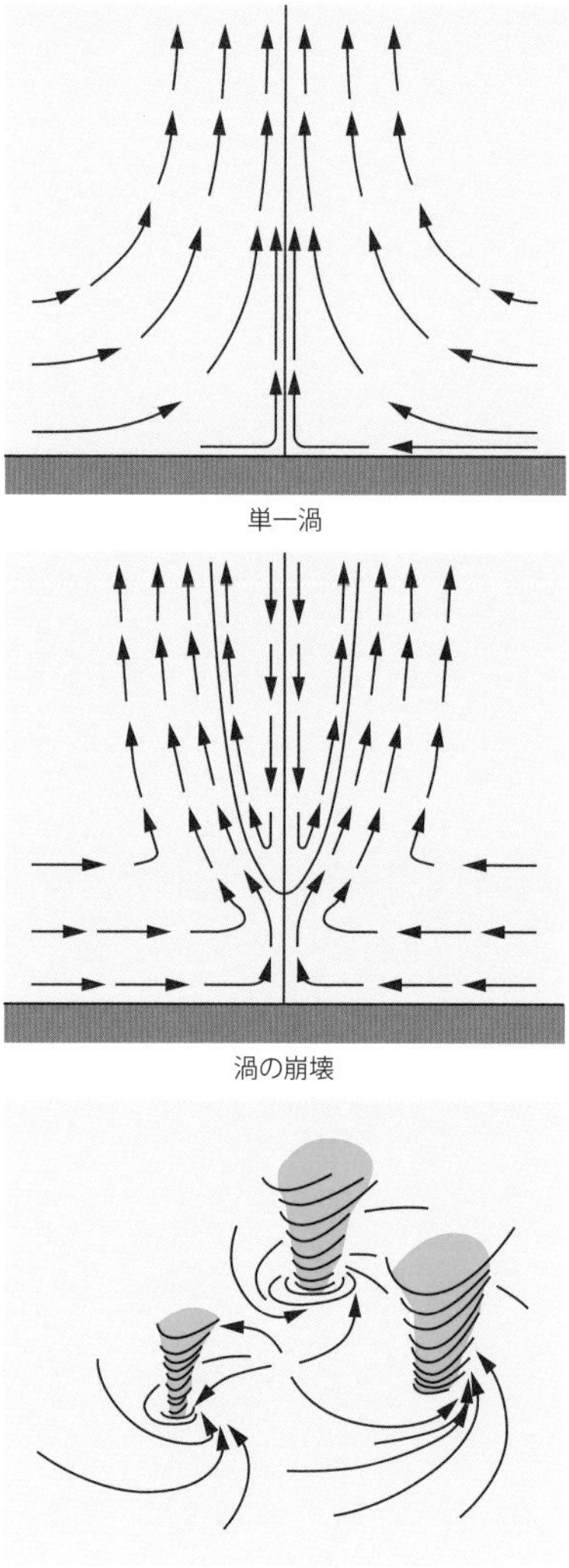

単一渦

渦の崩壊

多重渦

図1.20　多重渦の模式図

多重渦

竜巻渦は漏斗雲で可視化されることが多く、アメリカのトルネードは、竜巻渦の直径が１㎞近くまで発達して、巨大な渦に成長することがあります。この巨大な渦の中はどうなっているのでしょうか。巨大竜巻が通過した後、詳細な現地調査を行うと、非常に複雑な渦パターンが存在することがわかりました。また、ドップラーレーダー観測からも、直径10㎞のメソサイクロンの中に、いくつもの渦が観測されることがあり、3～10個近い竜巻渦が大きな渦の中をぐるぐる回転していたのです。このような構造は、多重渦*（multi-vortex）あるいは複合渦とよばれます（図１・20）。竜巻の多重渦構造を最初に指摘したのは藤田哲也博士*といわれています。

どうして多重渦が発生するのでしょうか。一般に、竜巻のような鉛直渦は回転する強い上昇流で維持されていますが、直径が大きくなるに従い渦が不安定になります。このとき、渦の内部では中心付近に下降流が生じるようになるのですが、この構造はちょうど台風の眼の領域が弱い下降流域になるのと似ています。下降流は上空から地上に向けて降りてきて、最終的には地上に達すると1本の渦は分裂してしまいます。これを渦の崩壊（ブレークダウン）といい、このような変化は、トルネード・シミュレーター*で再現されます。実際の竜巻では、渦が発達して直径が大きくなると渦の崩壊が起こり、多重渦が発生するのです。１本の渦が複合渦になる条件は、上昇流の強さと地上付近で風が収束する量の２つのパラメータで決まるということがわかっています。最近、さまざまなトルネード・シミュレーターが作成され、

＊多重渦（multi-vortex）
複合渦ともよばれる。竜巻のような鉛直渦は回転する強い上昇流で維持されているが、直径が大きくなるに従い渦が不安定になり、渦内部では中心付近に下降流が生じるようになる。ちょうど台風の眼に相当する領域が弱い下降流域になるのと似ており、上空から地上に向けて下降流が降りてきて、最終的には地上に達すると、渦は分裂して崩壊（ブレークダウン）し、複数の渦が生じる。

＊藤田哲也（１９２０～１９９８）
シカゴ大学名誉教授。１９５３年にアメリカに渡り、広大な大地で発生した竜巻被害を綿密な現地調査から解析し、竜巻のさまざまな構造を明らかにした。また、１９７０年代に相次いで発生した航空機事故の原因を積乱雲からの強い下降気流であることを突き止め、「ダウンバースト」と名づけた。現在、竜巻の被害スケールを表現するFスケールは、藤田博士のイニシャルの頭文字「F」をとったもの。竜巻の多重渦構造を最初に指摘したのも藤田博士。

＊トルネード・シミュレーター
竜巻状渦を発生させる装置で、上昇流（吸い上げる量）と回転させる風（流入量）を調整することでさまざまな渦パターンを作成。

＊竜巻警報
アメリカでは、竜巻警報が出されると直ちに避難を開始する。

＊観天望気
数値予報が発達した現代でも、空を観ることが天気予報の基本といえる。特に気象災害から身を守るためには、直前の情報として重要である。

現実の竜巻に近い渦の再現が試みられています。

1.4 竜巻発生の兆し

これまで述べてきたように、スーパーセル竜巻は巨大積乱雲とメソサイクロンが竜巻に先行して存在します。このスーパーセルとメソサイクロンをキャッチすれば、竜巻の発生を予測することが可能です。アメリカでは、トルネード・チェイサーあるいはトルネード・スポッターがスーパーセルを追いかけ、竜巻発生の瞬間を観測しています。観測情報は直ちに、気象局や地元のテレビ局などに伝えられ、竜巻警報*に役立っています。ここでは、私たち個人が、目や耳など五感を使ってわかる竜巻の前兆現象をまとめましょう。

昔から、〝空模様が怪しい〟といったように、竜巻のような局所的な現象は、空を観て天気の変化を予測する、「観天望気*（かんてんぼうき）」が重要になります。スーパーセルとよばれる特殊な積乱雲は、メソサイクロン（竜巻低気圧）以外にも、雹、落雷、ダウンバーストなど特徴的な現象を伴います。地上にいる私たちは、水平スケールが100㎞に達する巨大積乱雲のさまざまな断片を観て、竜巻を察知することが可能です。次のようなサインを目や耳などで感じたら、普通ではない積乱雲と考え行動を起こしましょう（図

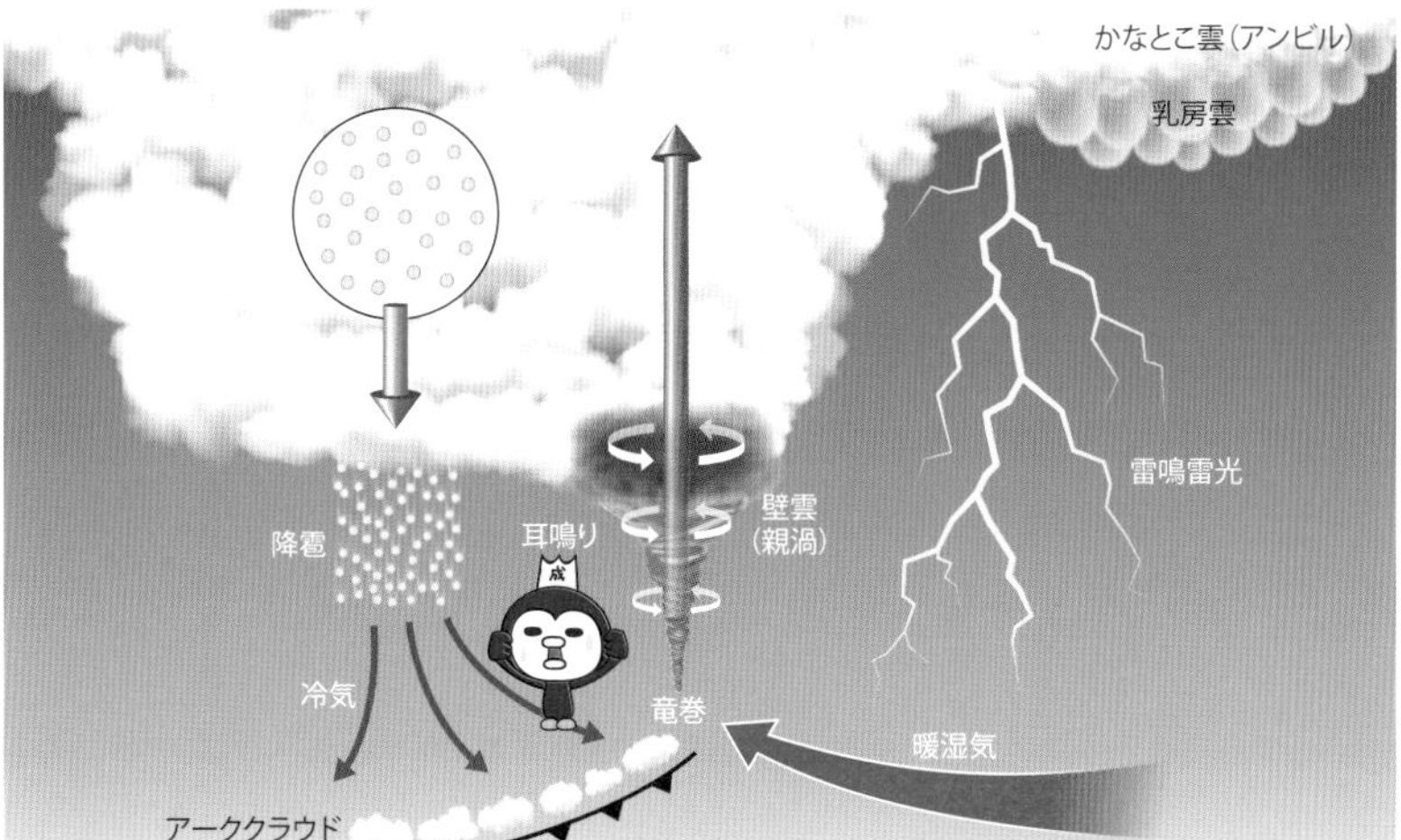

図1.21　竜巻の前兆現象

1・21）。

急に暗くなる

　巨大な積乱雲が日射を遮るためです。雲底付近では夜のように異様に暗くなり、数十㎞離れた場所でも上空のかなとこ雲が広がり曇ってきます。

雷鳴が聞こえる

　スーパーセルでは落雷も集中します。通常の積乱雲では数十回から数百回なのに対して、スーパーセルでは数百回から数千回、事例によっては１０００回に達することもあります。雷鳴、雷光は避難のサインです。竜巻も怖いですが、屋外では落雷の直撃、側撃*からも身を守りましょう。落雷は、スーパーセル内の対流性の強エコー域に集中しますが、弱い雨が降っている周囲の層状性エコー域からもしばしば発生します。積乱雲の中心（強雨域）から数十㎞離れた、かなとこ雲からの落雷も起こりますから要注意です*。

雹が降ってくる

　強い上昇流である竜巻の隣で、強い下降気流（ダウンバースト）が生じるのがスーパーセルの特徴といえます。最も強い下降流域では降雹を伴うことが多く、竜巻と雹が隣り合わせで発生します。降雹が竜巻のサインといわれるのは、このためです。ただし、地上気温が高いと、雹は地上に達するまでに溶けてしまいます。

＊**屋外での落雷の直撃、側撃**
例えば木に落雷した雷電流は、木のそばに立っている、相対的に電気伝導度の高い人を通じて地面に流れる。

＊**かなとこ雲からの落雷**
圏界面付近で広がるかなとこ雲からの落雷（正極性）もしばしば観測される。激しい降雨域から数十㎞離れた場所で突然起こるため要注意。さらに、積乱雲中央部から外側に放電路が伸びて地上に達する、落雷も発生する。雷撃地点近くの人からみると、青空から突然雷撃が襲ってくることになり、学術的にはBolt from the Blue（ＢＦＢ）とよばれている。拙著『雷』参照。

叢（くさむら）や土の匂いがする

よく夕立の前に、草や土、アスファルトなどのむわっとした独特の匂いを感じます。これは、ガストフロントの通過に伴うものです。ガストフロント前面では、地上付近の暖かく湿った空気が上昇するため、地面付近の空気塊の匂いを感じるものと考えられます。また、降り始めた〝雨の匂い〟*も感じることができます。人間よりも、臭覚が優れている犬が夕立の前に吼えるのも意味があるのでしょう（室内で暮らしている犬が察知できるかどうかはわかりません）。

冷たい風を感じる

ガストフロント通過時のサインです。下降流のアウトフロー*（冷気外出流）と周囲の空気塊との温度差は、夏場であれば10℃以上になることがありますから、外にいればその変化を肌で感じることになります。ガストフロントでは、20m/sを超える突風を伴いますが、その後面でも、間欠的に風の強弱があります。これは、ダウンバーストが間欠的に複数発生した結果です。アウトフローの平均的な風速は、10～15m/s程度ですから、真夏に経験すると、突然冷たい風が吹いてきて異様に感じるのです。

特別な雲：アーククラウド（arc）

ガストフロント上に形成されるアーチ状の積雲であり、ガストフロントの接近を可視的に判断することが可能です。ただし、竜巻の漏斗雲と異なり、アークラウドはその存在を知らない人が多いのが実情です。また、雲の形状も複

＊雨の匂い
雨には土や花粉などの固形物と塩化物、硫酸、硝酸、アンモニア、硫黄など水溶性物質を含む。

＊アウトフロー
積乱雲からの下降流である相対的に低温の気塊が地表面を広がる部分を指す。「冷気外出流」と訳されるが、最近では「アウトフロー」とよぶことが多い。アウトフローの先端は、周囲の暖かく湿った空気との境界であり、ガストフロント（突風前線）とよばれる。そこでは、風が急に変化して突風を伴い、気圧が上昇して気温が下がるので、寒冷前線通過時の変化と類似している。アウトフローの境界に沿って次々に積雲・積乱雲が発生することがよくあり、特に複数の境界（寒冷前線や別のアウトフローとの境界）が交差する点では積乱雲が急発達する。

アーククラウド

雑、多様であり、水平スケールが数十㎞に達するため、例えば都会のビルの谷間から空を見上げて全体像を把握して、アークと理解することは難しいのです。きれいな構造のアークだけではなく、その時の環境条件により、さまざまな形態のアークが観測されます。２層構造のアーク、厚い積雲に覆われたアーク、いくつかの下降流が一体となって形成されたアークなど、さまざまな形態を有しています。

特別な雲：かなとこ雲（アンビル：anvil）

積乱雲は、上昇気流によって発達していきますが、対流圏界面まで到達してからさらに発達すると、雲頂は圏界面を突き破れずに圏界面に沿って水平に伸びます。かなとこは、鉄工所や刀鍛冶が使う鉄床ですが、形が似ているので「かなとこ雲」といいます。かなとこ雲は積乱雲の中心から、水平方向に数十㎞、時には数百㎞も広がっていき、巻雲、巻層雲、巻積雲などに変化していきます。発達した積乱雲ほど、かなとこ雲も大きくなり、上昇流が強いと、朝顔の花のように爆発的に広がることもあります。スーパーセル内の強い上昇流は、圏界面を超え成層圏内まで貫入することがあり、これをオーバーシュート*とよびます。積乱雲が消滅した後も、対流圏の最も高い高度に存在するかなとこ雲が残って広がる様子がしばしば観測されます。

特別な雲：乳房雲（mammatus）

乱層雲、巻雲など他の雲にも付随するので、スーパーセル固有の雲とはいえ

＊オーバーシュート
通常、温度成層を成した成層圏は安定であり対流は生じないが、発達した積乱雲のように上昇流が強い時に対流圏を押し上げて、雲頂が成層圏の高度に達することがある。

かなとこ雲

ませんが、積乱雲でしばしば観られます。特に、かなとこ雲の雲底で生じる乳房雲は、発達した積乱雲のサインとなります。乳房雲の形成過程は完全に理解されていませんが、大量の氷晶を含んだかなとこ雲では、氷晶の落下が始まり、同時に水平方向に早い速度で伸びていくため、風のシアーにより凹凸が生じると考えられています。乳房雲は大気の状態が不安定な時や、発達した積乱雲に伴って見られることが多いので、昔から、大雨の前兆として恐れられています。乳房雲には大量の降水粒子が含まれているので、乳房雲が大きくなって弾け降水が始まると空一面灰色になり、地上では雨が降り始めます。

乳房雲

耳鳴りがする

巨大竜巻の内部は数十hPaも気圧が降下します。そのため、竜巻近傍では耳鳴

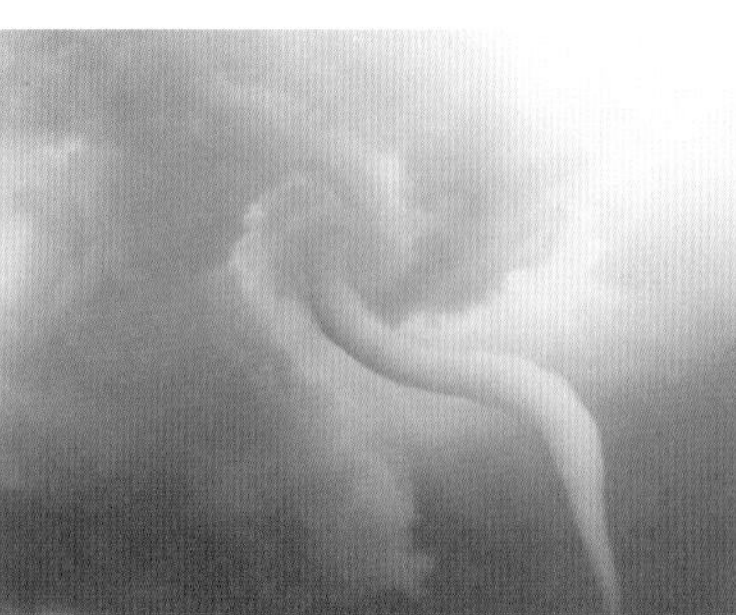

漏斗雲

りがしたり、トイレの逆流などが生じます。通常の低気圧や台風で数hPa気圧が変化しただけで、人体は体調の変化を感じますた、海水面が上昇（高潮）したり、匂いが逆流したりします。竜巻の内部でなくても、接近すると気圧の変化を感じますが、これは上空に存在する、直径10㎞スケールのメソサイクロン（竜巻低気圧）の存在を察知することにもなります。

目の前で白いモヤがみえる

メソサイクロンの直下で、水蒸気が凝結した結果、湯気のような、モヤのような雲が見えます。この雲はゆっくりと回転し、その中心に竜巻が形成されますから、竜巻直前のサインといえます。

ジャンピングシラース

尾流雲

片乱雲（ちぎれ雲）

かなとこ雲と乳房雲

ベール雲

乳房雲からの降水

竜巻の前兆現象の多くはスーパーセルに伴う現象ですから、はるか遠くから見てわかるもの、すなわち時間的に先行する現象から、竜巻が目の前に迫るまで、順番を整理すると次のようになります。

❶ 遠くの前兆：「雷鳴が聞こえる」、「かなとこ雲が広がってくる」、「乳房雲が雲底に見えた」。

❷ 近くの前兆：「降雹」、「落雷」、「真っ暗になる」、「冷たい風を感じる」、「匂いを感じる」、「アーククラウドが見える」、「壁雲*が見える」。

❸ 竜巻が目の前に迫ったサイン：「地上の渦が見える」、「湯気のような雲が見える」、「耳鳴りがする」、「ゴーという音がする」。

以上のように、遠くで見られる現象から近くの現象になるに従い、竜巻の可能性が高くなると考えてください。大事なことは、自分のいる場所からは、積乱雲、竜巻の位置関係で見える現象と見えない現象があるということです。例えば、50㎞とか100㎞離れた場所からは、積乱雲の輪郭やかなとこ雲・乳房雲が確認できますが、積乱雲の真下では真っ暗な雲底あるいは豪雨に見舞われており、全く別の世界です。さらに、竜巻近傍でも、場所により大きく異なります。竜巻はスーパーセルの南端で発生することが多いため、竜巻の南に立っていた人は、「雲もなく晴れて蒸し暑かった」といいますが、竜巻の北側にいた人は、「真っ暗で雹と雷がすごかった」ということになります。このような違いは、つくば竜巻の後日調査で、北条地区の住民の方へのアンケート調査結果*でも、明瞭に表れていました。

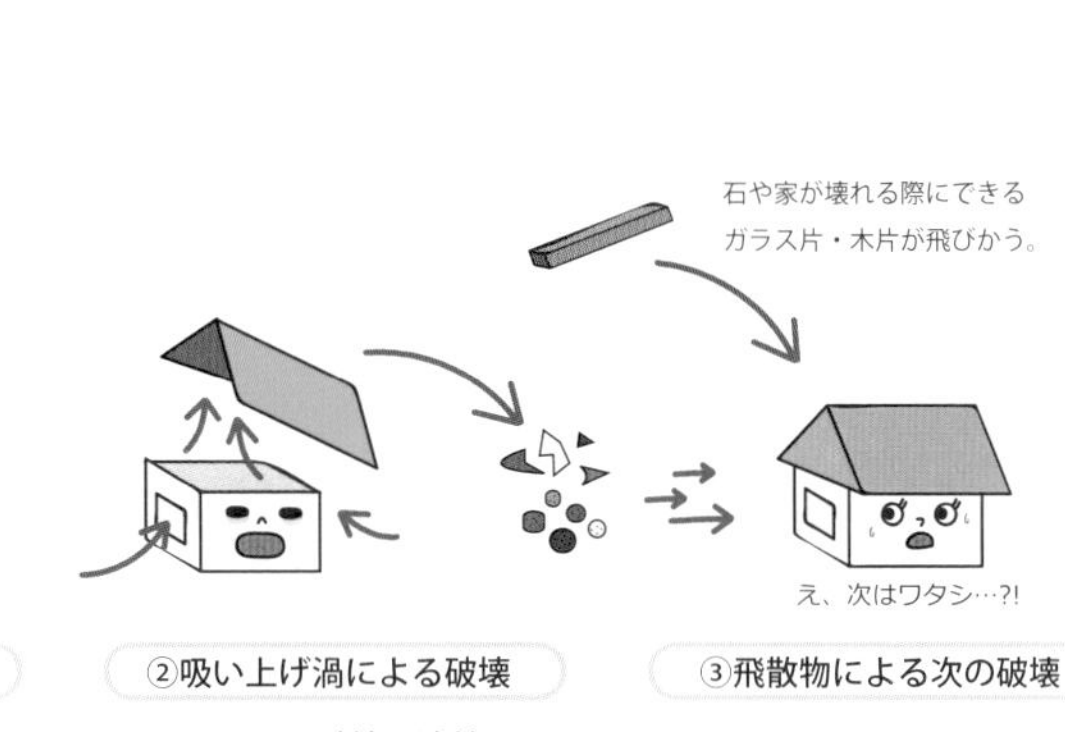

図1.22　破壊の連鎖

前兆現象を見たときに、自分がスーパーセル、竜巻に対して相対的にどこにいるかがわかれば、避難のタイミングや方法が判断でき、結果的に身を守ることにつながるのです。ただし、日本ではスーパーセルの積乱雲を経験することは少なく、発生する竜巻の多くは非スーパーセル竜巻であり、このような明瞭な前兆を伴うとは限りません。また、夜間の竜巻では目視ができませんから前兆現象を確認することが難しいのも事実です。

1.5 特徴的な被害

竜巻による被害は大きく2つの特徴があります。ひとつは、被害は局所的であるものの甚大であるという点。もうひとつの特徴は飛散物です。竜巻の怖さは、単に強い風速で構造物が破壊されるだけではなく、破壊された物が飛散物として渦を巻き、次の家屋を破壊していくという「破壊の連鎖」が続く点にあります（図1・22）。竜巻による被害分布や個々の被害は、台風など他の突風災害とは特徴が大きく異なります。これ

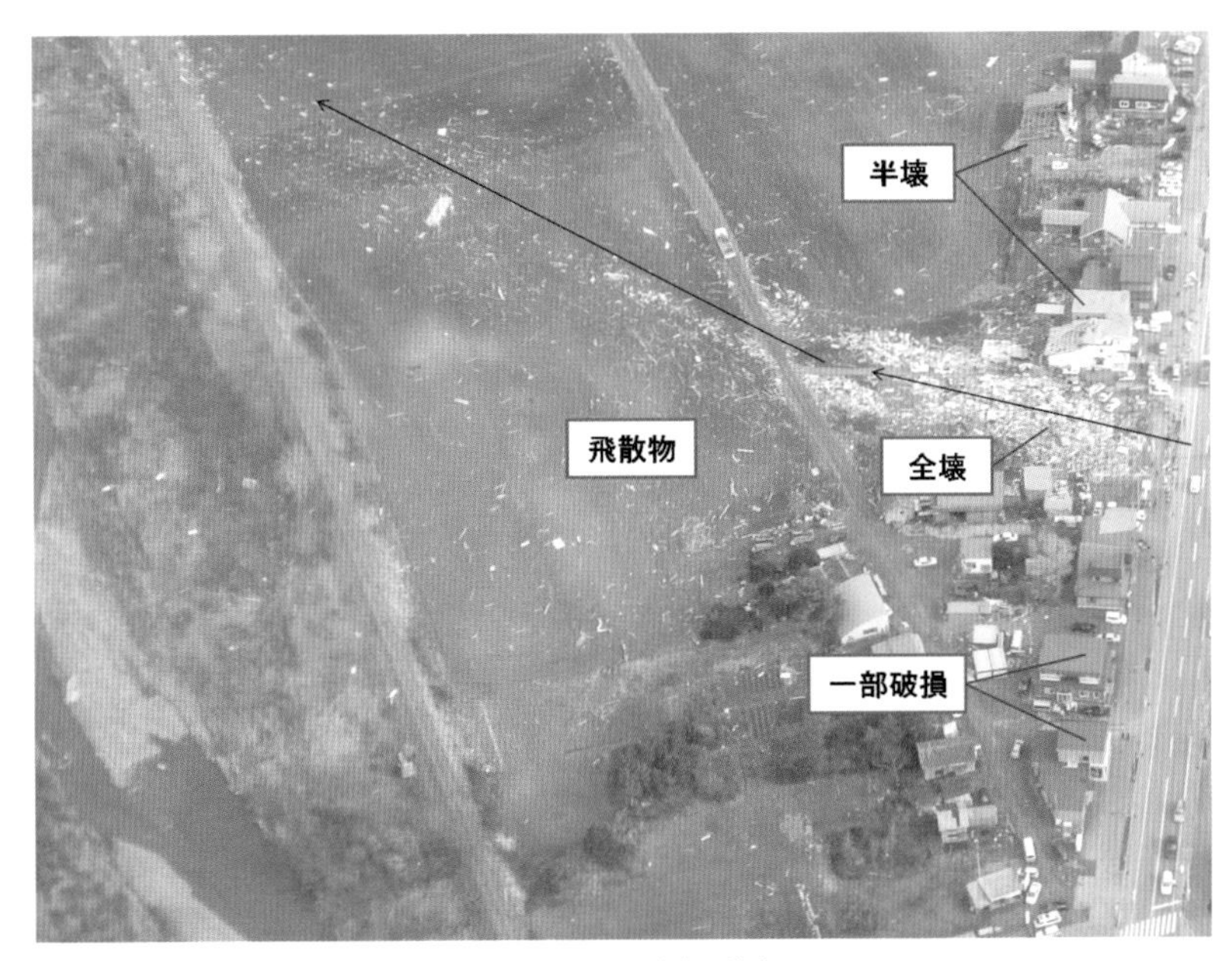

図1.23　佐呂間竜巻の被害
矢印は竜巻中心の経路を示す．竜巻渦本体の通過した家屋は跡形もなく，その周囲の家は屋根が剥がれたり大きな被害を受けた一方で，数軒離れた家屋の被害は小さかった．飛散物の跡はレールのように見える．

は、〝竜巻のもつ気流や気圧などの構造そのもの〟と、〝大量の飛散物による効果〟の2つが働くことにより、竜巻独特の被害が生じるのです。

被害の局在性

竜巻の被害は通常、線状あるいは帯状に分布します。これは局所的に被害をもたらしながら、竜巻が移動するために生じるものですが、詳しくみると、竜巻渦中心が通過した所は跡形もなくなっており、その近傍では屋根が剥がされるなどの大きな被害、少し離れた場所では軽微な被害、その外側では被害が全くみられません（図1・23）。このように、ひとつの竜巻被害域内でも被害が大きく異なるのが竜巻の特徴です。これは、竜巻に伴う風速分布を反映しています。竜巻渦の回転速度は、最大風速半径*でピークをむかえ、その外側では急激に風速が低減するからです。

地震や津波と異なり、竜巻被害は町内の集落の中でも被害が偏り、一部に集中します。被害が集落全体に及ばないことは、被害を免れた家の人がすぐに助けてあげられる、また被災後の復旧活動や互助の点ではプラスに働きます。しかしながら、同じ町内の隣り合わせの家で、かたや壊滅的な被害が出る一方で無傷の家が存在するという、不平等性が社会的な問題になることもあります。

竜巻の移動速度の効果

竜巻渦は親雲に伴い移動することが多いため、竜巻渦の風速に竜巻の移動速度が

＊壁雲
雲底から垂れ下がったメソサイクロンに伴う円筒状の雲。

＊つくば竜巻アンケート調査結果
被害の程度、復旧状況、防災情報の活用、災害に対する備え、当日の気象状況など大規模な聞き取り調査が実施された。

＊最大風速半径
だいたい漏斗雲の半径に一致。

加わります。北半球で発生する大部分の強い竜巻は低気圧性（反時計回り）の回転を示し、進行方向の右側では渦の回転速度と進行速度が加味され風速が増加します。一方、進行方向の左側では、回転速度と進行速度が相殺され実風速は低減します。台風の進行方向右側が危険半円*とよばれるのも同じ効果によるものです。地上被害は、竜巻の進行方向右側に集中します。顕著な被害域は竜巻の直径より幅が狭く、より直線的になりますので、竜巻渦の中心からズレた場所で顕著な被害が存在するのはこのためです。実際に、つくば竜巻時には竜巻の中心線から右側にずれた場所に被害が集中しました（図1・24）。上空から被害全体をみると、被害状況から竜巻の挙動がよくわかり、渦のスケールや竜巻渦の特徴を理解することができます。

*危険半円
台風の進行方向の中心から右側の半円。

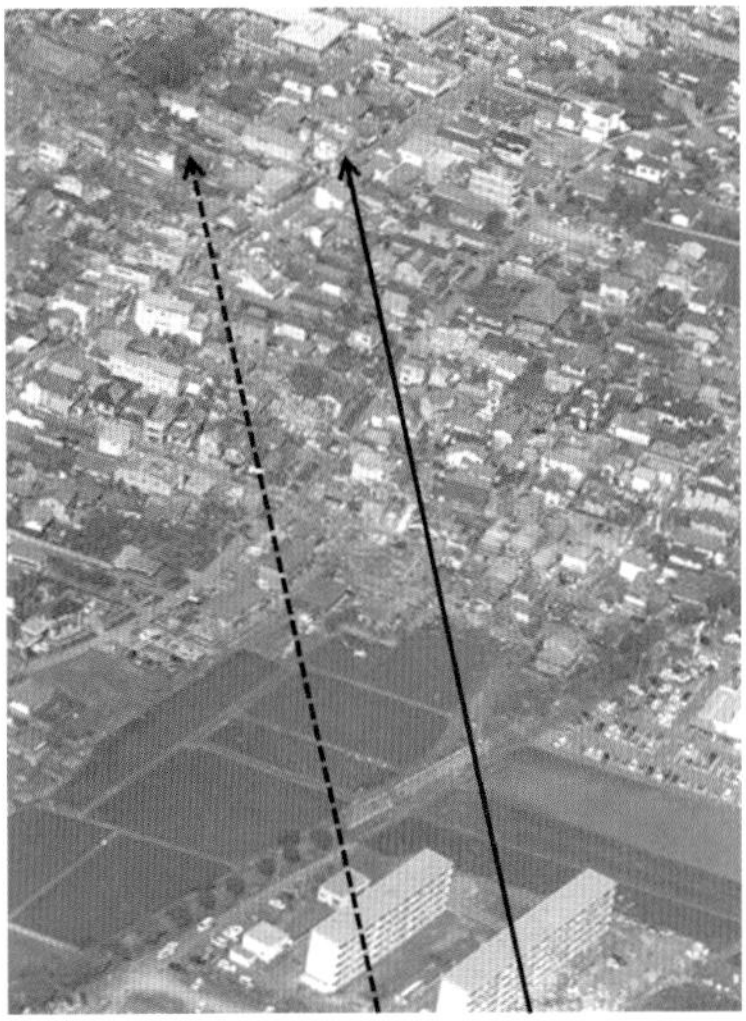

図1.24　つくば竜巻の北条地区の被害状況
点線が竜巻中心の経路，実線が最も被害が大きかった箇所の経路．

吸い上げ渦の効果

竜巻渦は、〝吸い上げ渦*（suction vortex）〟といわれるように、中心気圧が数十hPa低下するために、上昇流と気圧降下による吸い上げ効果が大きく働きます。この点が、低気圧や台風など大規模な擾乱に伴う強風（水平風）とは大きく異なる点です。竜巻通過時に、家屋の屋根がスポンと抜けるように上空に舞い上がったり、車や小屋などが浮き上がる映像を見ますがこれが吸い上げの効果なのです。上昇流で

*吸い上げ渦（suction vortex）
竜巻は中心気圧が数十hPa低下するために、気圧降下による吸い上げる効果が大きく働く。1つの上昇流で形成される竜巻渦は1本の吸い上げ渦といえる。巨大な竜巻になると、複数の吸い上げ渦（竜巻渦）が内在することが多い。竜巻通過時に、家屋の屋根がスポンと抜けるように上空に舞い上がったり、車や小屋などが浮き上がるのは、吸い上げの効果といえる。

吸い上げられ、空中でバラバラに破壊され無数の飛散物になっていきます。竜巻の吸い上げ渦は地上にも痕跡を残しており、地面、道路（アスファルト）、田畑などを綿密に調査すると〝吸い上げ渦の証拠〟が現れます。

実際にこれまで調査した事例には、土のグラウンドにサイクロニックな痕跡が残されており、表面から数㎝の厚さの土が掘り起こされた、畑の中に円形の痕跡（トルネード・トレース）が発見された、道路のアスファルトが剥がされる、駐車場のトラックや乗用車が積み上げられる、駐輪場内の自転車のほとんどが転倒積み上げられるなどが確認されています（図1・25）。道路のアスファルトが剥がされる被害は、アメリカでは、Ｆ５スケールの竜巻で同様の被害が報告されています。

外国では、植えてある野菜（二十日大根）が竜巻により引き抜かれて空から降ってきた、あるいは海水が吸い上げられ魚が降ってきたなどの報告もあります（日本でも、２００９年に〝空からオタマジャクシが降る〟騒ぎがあり、竜巻が犯人にされかけましたが、どうも鳥が真犯人だったようです）。小麦や稲穂などの植生にも、吸い上げ渦の痕跡が残ります。移動する竜巻の場合は、円形の痕跡が連続して形成されるため、竜巻による被害とわかります。以前、〝ミステリーサークル〟*が話題になったことがありますが、移動速度の遅い竜巻では、きれいなサークルを形成することがあります。

＊ミステリーサークル
畑にさまざまな円形の模様が残されたもの。

図1.25　トルネード・トレース

「ミサイル」とよばれる飛散物の破壊力

竜巻による飛散物はアメリカでは〝ミサイル〟といわれるように、破壊された物が飛散物として渦を巻き次の構造物を破壊します。単に強い風速（風圧）で構造物が破壊されるというのではなく、人小無数の飛散物がものすごいスピードで襲ってくるのが竜巻の怖さです。遠方や上空から見ると、竜巻渦内で無数に散乱した物体は小さく見えますが、実際には重さが何kgもある木片やトタンなどです。このような木片が、家の壁、ガラスを突き破る凶器となるケースが多いので、外にいる人はひとたまりもありませんし、たとえ頑丈な構造物でさえ危ないのです。よく、「このガラスは風速30ｍ／ｓまで大丈夫」とか、「この施設は耐風設計60ｍ／ｓ」などの表記がありますが、これは飛散物を含まない、空気の力（風圧）のみを考慮したものです。高層ビルの窓ガラス、マンションの窓ガラスなども決して竜巻で割れないという保証はありません。いえ、何kgもの金属や木片が高速で飛んで来たら割れると考えた方がよいでしょう。

破壊のプロセス

竜巻による構造物破壊のメカニズムは未だに不明な点が残されています。というより地上付近の竜巻に伴う風の計測、コンピュータで再現する実データがないため、よくわかっていないというのが本当のところです。しかし、破壊のメカニズムはわからないものの、破壊の順番はある程度推測されています。戸建て住宅を例にとっ

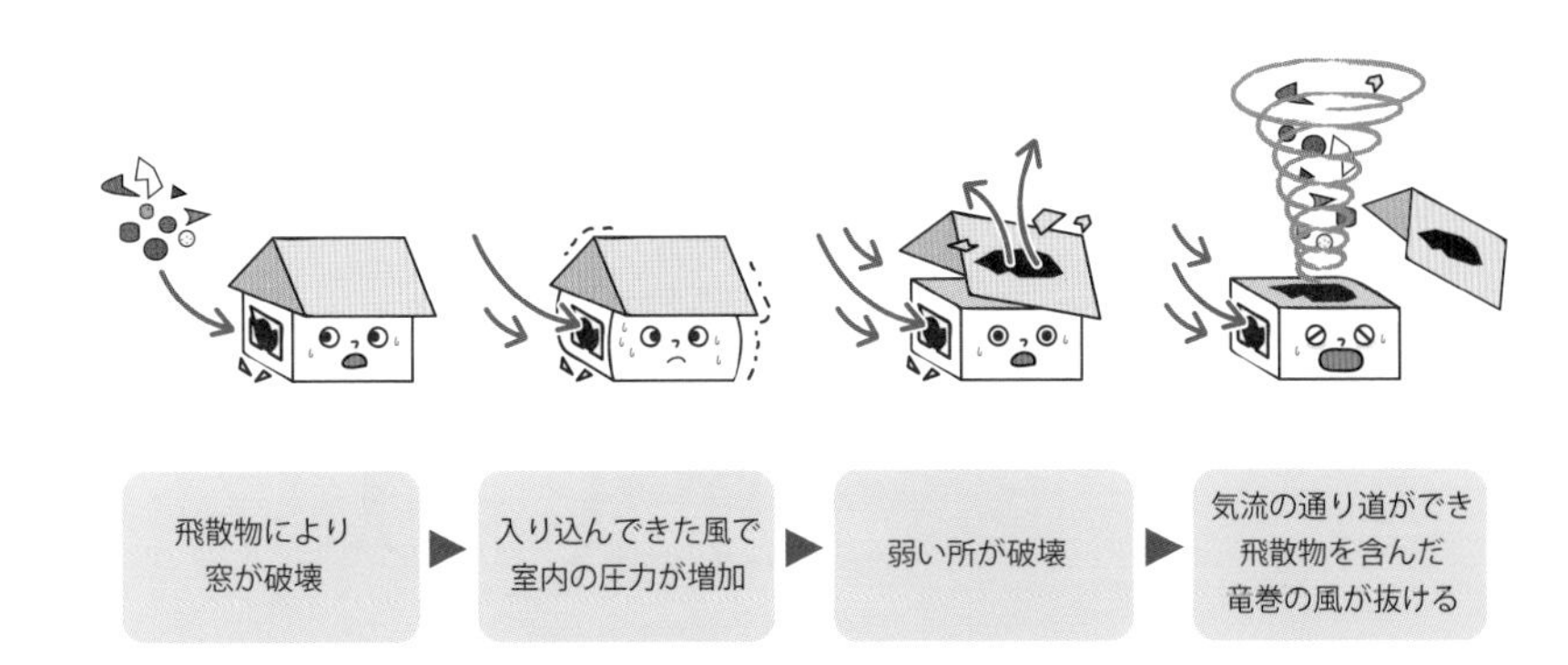

てみましょう。もちろん、個々の家によって作りは異なりますが、竜巻による被害は次のように考えられます。

飛散物により窓が破壊 ↓ 入り込んできた風で室内の圧力が増加 ↓ 弱い所（窓あるいは屋根）が破壊 ↓ 気流の通り道ができ飛散物を含んだ竜巻の風が抜ける

おそらく、この過程は1分もかからないでしょう。

では、屋根が頑丈な場合はどうなるのでしょうか。屋根が抜けない代わりに、2階部分が飛ばされたり、あるいは家が土台ごと浮き上がる可能性があります。2012年に発生したつくば竜巻時に、土台ごと横転した新築の2階建て住宅がまさにこの事例です。では、高層ビルではどうでしょうか。あまり考えたくはありませんが、1枚あるいは数枚の窓ガラスが割れると、その部屋の内圧が増加し、反対側の入り口部分が破壊されその階全体の内圧が急速に高まる結果、次に弱い所である他の部屋の窓ガラスが割れるでしょう。すなわち、最初に割れた窓ガラスは飛散物が外から飛んでくるので内向きに割れますが、その後のガラスは内から外向きに割れるのです。内部で爆発があったかの如く、ビル全体のガラスが破壊される可能性もあります。

市街地の被害特性

２００５年12月25日酒田市、２００６年９月18日延岡市、２００６年11月７日北海道佐呂間町で発生した竜巻では、鉄道や仮設構造物に対する突風対策が指摘されました。ところが、２０１２年５月６日に茨城県つくば市で発生した竜巻（４・１参照）では、住宅密集地において戸建て住宅や集合住宅内で壊滅的な被害が確認され、２０１３年９月に埼玉県などで発生した竜巻も住宅街を襲いました。東京近郊で大勢の人が住んでいる場所で竜巻が発生したために、竜巻被害が人ごとではなくなったのです。北関東で発生した竜巻は、つくば市でフジタスケールＦ３（70～92ｍ／ｓ）を記録するなど日本で発生した竜巻被害として最大級の被害でした。茨城県常総市からつくば市、筑西市から桜川市にかけてと栃木県真岡市、益子町、茂木町で確認され、死者１名を含む約60名の人的被害をはじめ、全半壊６００棟を含む２４００棟以上の住家被害が生じました。

つくば市では、吉沼地区から北条地区にかけてほぼ直線的に連続した被害が確認され、防風林に囲まれた旧家や研究所、工場オフィス建物群の被害が連続し、住宅が密集し

図1.26　つくば市北条地区の被害

た北条地区では、木造住宅の基礎からの横転、集合住宅の全階におよぶ被害など、多くの住宅が被害に遭いました（図1・26）。研究所など近代的な構造物でも、窓ガラスの破壊、屋根の損傷などの被害が目立ちました。また、２０１３年９月には2日から4日、15日から16日にかけて各地で竜巻が発生しましたが、9月2日に埼玉県越谷市を通過した竜巻（Ｆ２スケール）は住宅地を襲い、建て替えを余儀なくされた住宅も生じています。

竜巻のジャンプと蛇行

よく、「竜巻が向きを変えた」とか、「急に消えた」などの目撃証言がありますが、これは移動する竜巻の特徴といえます。竜巻がタッチダウンした後は、上空の竜巻渦（漏斗雲）は安定したようにみえますが、地上付近の渦は構造物や地形などの障害物に当たり、渦が一旦弱まったり、迂回したりします。これが「竜巻の蛇行」や「竜巻のジャンプ」です。上空雲底付近の竜巻渦はほとんど地表面の影響は受けませんが、地上の竜巻渦は地上の構造物や地形の影響を強く受けます。地上付近の竜巻渦が、建物や小高い丘に当たり一旦消えて再び渦が形成される現象（竜巻のジャンプ）は、しばしば観測されます。また、複雑な地形上では、敢えて標高の高い地形を避け、竜巻が谷沿いを走る現象（竜巻の蛇行）も確認されます（図1・27）。さらには、竜巻が巨大化して内部が多重渦構造を有するようになると、何本もの竜巻渦が発生、衰弱を繰り返すようになるので、近くで見ていた人は、突然竜巻が向きを変える、あるいは突然消えるように見えるのです。

佐呂間竜巻でも、竜巻渦は若佐地区南の丘陵地で形成され、若佐地区をほぼ直進した後、住家の北側を通過し、その進路を変えました（図1・28）。どうして、鋭角的に向きを変えたかは今でも謎ですが、佐呂間竜巻は複合渦構造を有していた可能性があり、渦の相互作用の結果であると考えられます。

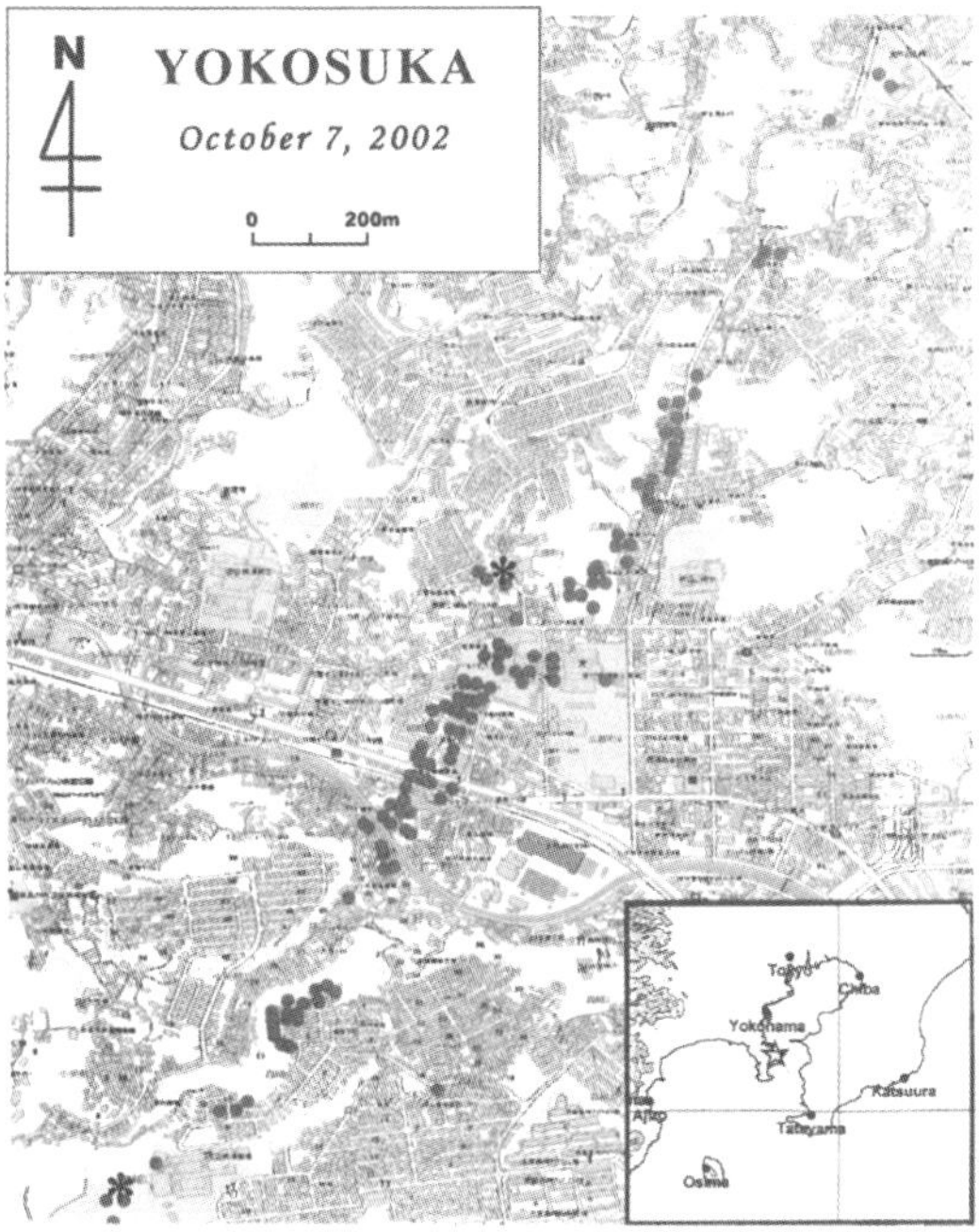

図1.27　横須賀竜巻の被害マップ
竜巻が複雑な地形を進んだ結果，被害域のジャンプや蛇行が確認された．（小林ほか 2007）

図1.28　佐呂間町若狭地区
矢印は竜巻経路を示す．写真左の丘の中腹にある神社（○印）の手前で竜巻は消滅した．

地形の効果

つくば竜巻は、北条地区で最も大きな被害をもたらした直後につくば山麓のゴルフ場付近で消滅しました。通常平地で観測される竜巻は、発生期、最盛期、衰弱期というライフサイクルを示し、竜巻の強さ（風速）もライフサイクルに応じて変化します。今回北条地区を通過した直後に竜巻が消滅したのは、その後方に存在するつくば山系の影響が大きいと考えられます。佐呂間竜巻も、「竜巻渦は住宅の北の丘陵地で消滅した」という証言があるように、丘の中腹にある神社付近で急速に衰弱したと考えられています*（図1・28）。竜巻といえども数百mの地形には勝てません。このような現象が起きるのは、複雑な地形上では地上の渦の維持が難しくなり、上空のメソサイクロンや漏斗雲は存在していても、地上の渦が衰弱するからです。

昔から、神社や寺院は地震、津波、落雷、風水害などの自然災害に強い場所に建てられています。竜巻に関しても前述の〝丘の中腹にある神社〟も高い場所に建てられていたために目前で消滅・衰弱したという事例や、防風林や建築方法により奇跡的に本堂が難を免れた事例などがあります。おそらく何百年という経験から、その地区で一番安全な場所に建立するようになったからでしょう。

横須賀竜巻は複雑な地形上を移動したため、結果的には谷筋を蛇行しながら進みました。上空の積乱雲は直進しても、地上の竜巻渦は無理に山を越えてまで進もうとはせず、障害物のない低地（谷沿い）を進んだ結果蛇行したようにみえま

*ただし、飛散物は約30㎞離れたサロマ湖まで飛ばされ、これは上空のメソサイクロンで運ばれたと推測される。

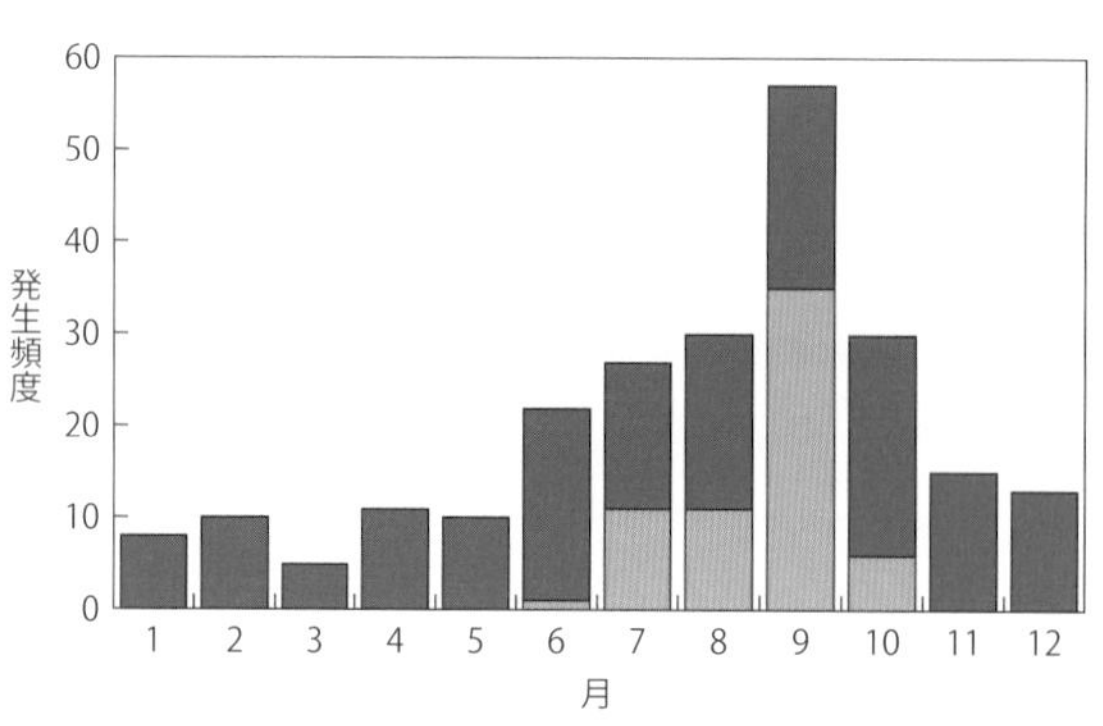

図1.29　人的被害が生じた竜巻の月別頻度（▒は台風による竜巻）（小林と野呂瀬 2012）

す。このように、広大な平原で発生するアメリカ中西部のトルネードと異なり、日本で発生する竜巻は周辺の複雑な地形の影響を強く受けるため、その挙動も大変複雑になります。

人的被害の特徴

日本で発生する竜巻の発生場所、発生時期などの統計的な特徴は7章で詳しく述べますが、ここでは人的な被害についてまとめましょう。１９６１年から２０１１年までの51年間で発生した竜巻、計１２３０事例のうち被害（人的あるいは物的被害）の生じた竜巻は５２０事例で約40％を占め、その内人的被害の出た竜巻は２４０事例ありました。人的被害の生じた竜巻は、竜巻全体の約１／５を占め、被害の生じた竜巻の半数近くにあたります。51年間で死者の出た竜巻は20事例あり、死者数は39人、負傷者数は約２０００人でした。

年別の竜巻総数と人的被害の生じた竜巻の頻度をみると、２００５年以降竜巻総数は以前に比べて著しく増加したものの、人的被害の生じた竜巻は２０１１年までで、多い年は12回、少ない年は０回であり、顕著な経年変化は認められません。人的被害の生じた竜巻の月ごと発生頻度は、９月にピークがあり（図１・29）、発生した人的被害を伴った竜巻の半数以上が、台風に伴う竜巻です。（７・１参照）

時刻別発生数をみると、日中特に14時と15時にピークが認められ、人の活動して

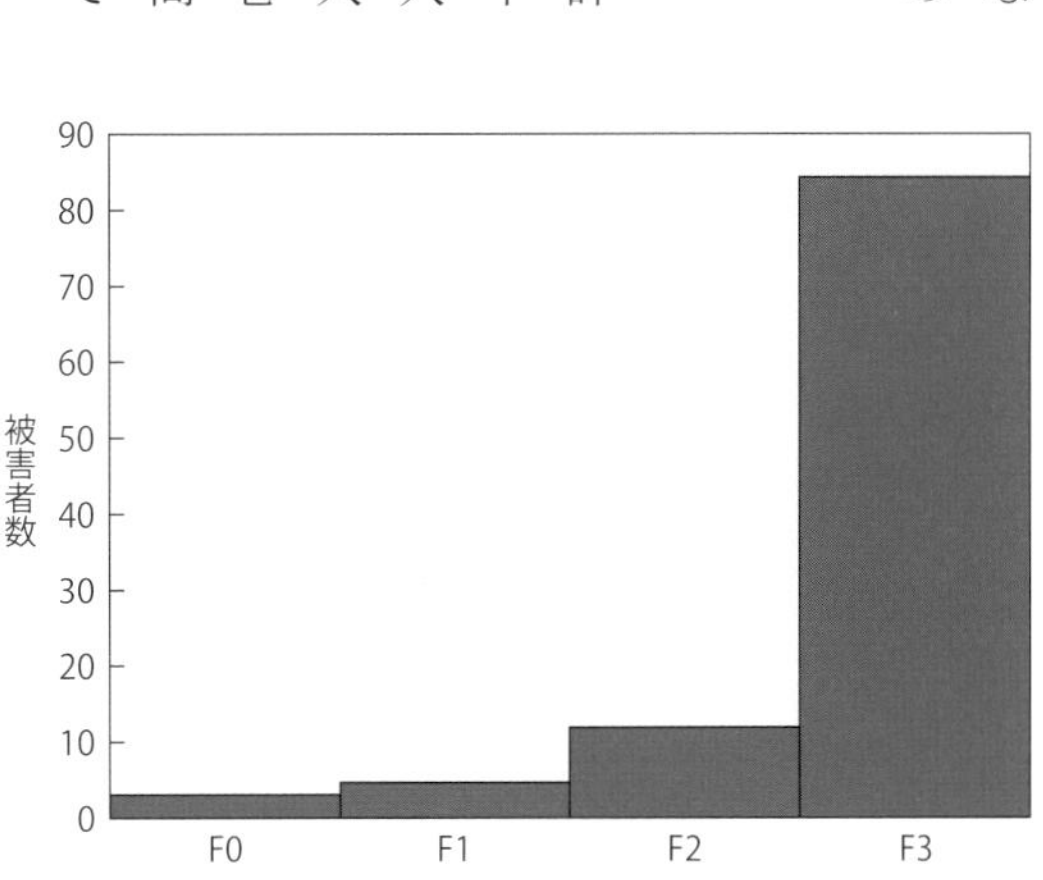

図1.30　人的被害が生じた竜巻１個当たりの被害者数（小林と野呂瀬 2012）

いる時間帯に被害が多いことを意味しています。夜間は、発生する竜巻の認定は難しく、実態がよくわかっていません。統計的にも夜間の被害は減少していないばかりか、相対的に全体の被害に対する割合は増大しています。日本の場合は、F0やF1スケールの弱い竜巻が多いため、雨戸や窓を閉めて就寝中の夜間は人的被害が少ないのかもしれませんが（図1・30）、竜巻だけに限らず、夜間の警報発表、避難勧告などはさらなる検討が必要です。

日本では、学校や幼稚園・保育所内で竜巻に遭遇してけがをした割合が多く、負傷者の遭遇場所は学校（体育館を含む）、住宅、乗り物、病院、仮設構造物、飲食店、屋内プールの順になっていて、学校における負傷者は全体の約60％を占めます。これらの結果は、豊橋竜巻時*に顕著であったように、強い竜巻が通過すると、学校（校舎や体育館）や役所などの人の集まる場所では人的被害が突出することを意味しています。

日本ではこのような調査事例が少ないので、今後詳細な現地観測や地道な事後調査によりサンプル数を増やすことが必要です。負傷を負っても通院されない方は把握することが難しく、1戸1戸後日調査を行って調べるしかありません。また、負傷者の多くが20才未満であり、学校で被害に遭遇した事実には驚きです（図1・31、1・32、1・33）。学校など人の集まる公共施設では被害者数が増大する危険性があり、学校の校舎や体育館などの構造物自体の突風に対する脆弱性が露呈された結果を示唆しています。

*豊橋竜巻
1999年9月24日11時過ぎに台風18号に伴い発生。愛知県豊橋市内を約20㎞近く走り、400名以上の人的被害と2000棟を超える住宅被害が生じた。この竜巻では市内の学校が竜巻の直撃を受け、多くの負傷者が出た。被害スケールはF3。

なぜ、学校での被害が多いのでしょうか。ある程度大きな竜巻になると、学校を通過する確率が上がり、一旦竜巻が学校を襲うとそこにいる何百人という生徒が巻き込まれるために、統計上の数値が上昇すると考えられます。実際、つくば竜巻では、３本目の竜巻が栃木県の学校を通過しました。幸い休日だったため校舎に生徒はおらず、大事には至りませんでしたが、ガラスが割れた教室内は机と椅子が散乱していました（５・１節）。

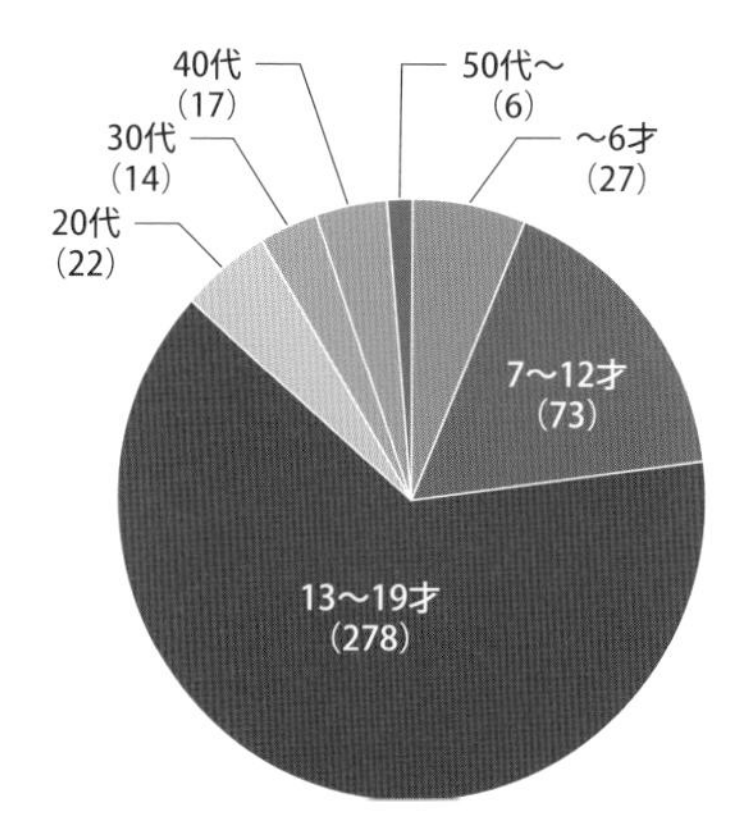

図1.31　竜巻による負傷者の年代（小林と野呂瀬 2012）
カッコ内は人数を表す.

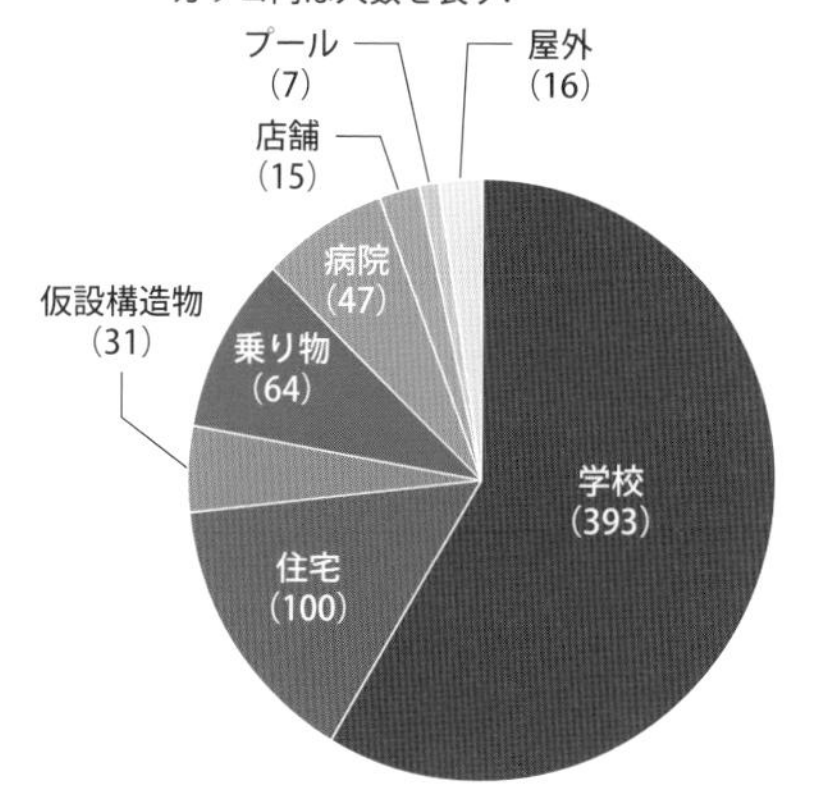

図1.32　竜巻による負傷者の遭遇場所（小林と野呂瀬 2012）

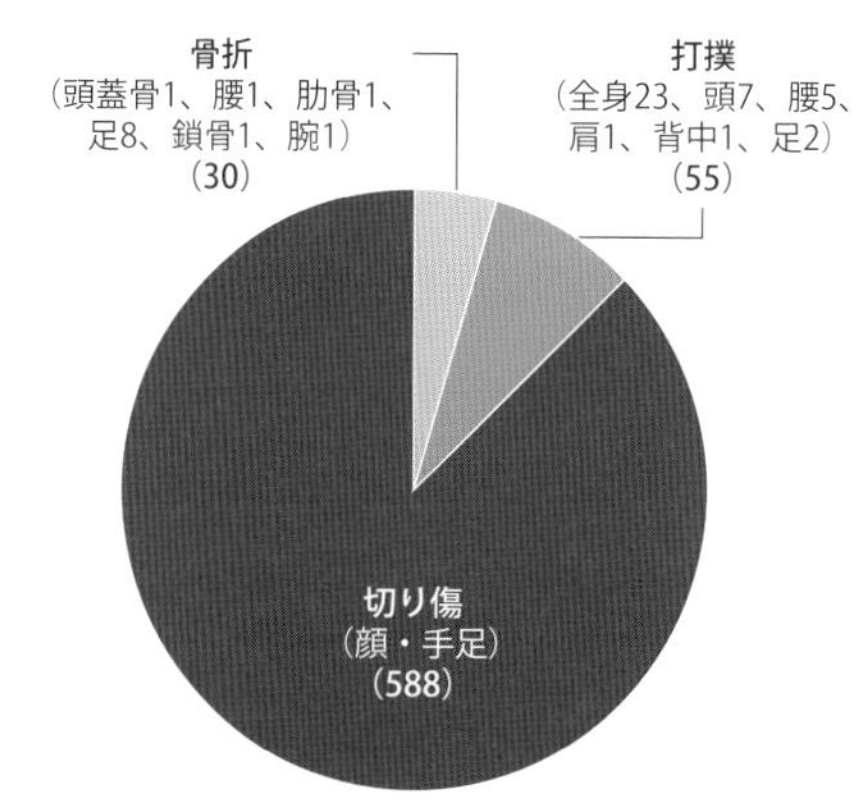

図1.33　竜巻による負傷の原因（小林と野呂瀬 2012）

2章　ダウンバースト

2.1 ダウンバーストの発見

ダウンバーストは、〝積乱雲からの強い下降気流〟を指しますが、下降流が地面に衝突した際、水平に広がる過程まで含めます。藤田哲也博士によって命名された造語です。藤田博士は、被害をもたらすような強い下降流を、下向きに爆発的に広がるという意味で「ダウン（down）」と「バースト（burst）」を組み合わせて、「ダウンバースト（downburst）」と名付けました。

発達中の積乱雲は上昇気流で形成されていますが、その上昇気流で持ち上げられた空気の塊に含まれる水蒸気は、積乱雲が発達するとともに、雲内で雨、雪、雹などの降水粒子となり、成長した降水粒子は重くなり上昇流（浮力）より重力が勝ると落下を始めます。その時、空気自体も冷やされ（蒸発による）、また降水粒子に引きずられ、下降気流が強められます。冷やされて重くなった下降流は、地面に達すると、地上で四方八方に発散*します。このダウンバーストの中心から反対方向に発散する風速差（differential velocity）が10ｍ／ｓを超えるものが、ダウンバーストの定量的な定義となっています（図２・１）。

ダウンバーストの大きさは、地上被害域の広がりやドップラーレーダーで観測さ

＊**発散**（divergence）
気流が1点から周囲へ出ること。ダウンバーストは地面に達して地上を広がるために、影響は広範囲におよぶ。高気圧は発散場である。

"ミスター・トルネード" とよばれた藤田哲也博士によりダウンバーストは発見されました。発端となったのは、当時アメリカで相次いで起こった航空機事故でした。

れた風の発散パターンの大きさで決められます。[*] 水平スケール[*]が4km以上のものをマクロバースト（macroburst）、4km未満をマイクロバースト（microburst）といいます。また、地上で降水を伴うものをウェットマイクロバースト（wet microburst）、降水を伴わないものをドライマイクロバースト（dry microburst）と区別することもあります（図2・2）。

ダウンバーストは、その水平スケールと発生メカニズムにより次のように定義されています。ダウンバーストの下降流速を直接観測することは困難であり、定量的な定義は難しいため、このような定性的な定義になっています。ドップラーレーダーを用いて計測でき

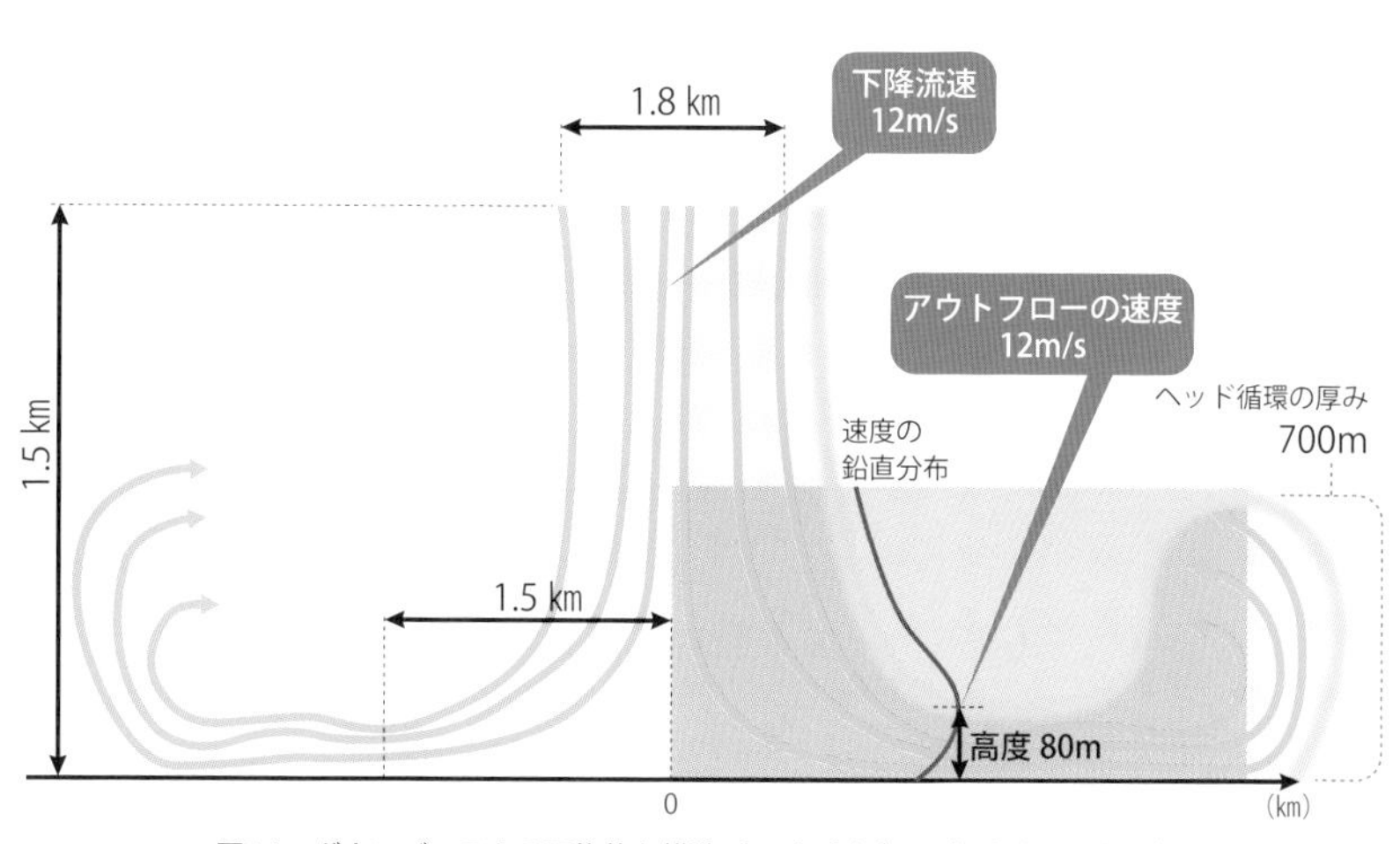

図2.1　ダウンバーストの平均的な構造（Hjelmfelt（1988）をもとに作図）

＊ダウンバーストの平均的構造
1975年にダウンバーストが発見されて以降、ドップラーレーダーを用いた観測プロジェクト（JAWSプロジェクト、MISTプロジェクトなど）が10年以上にわたり実施され、その結果100個以上のダウンバースト・マイクロバーストが観測された。図2・1は観測結果をもとに描かれた平均化された図であり、ダウンバーストの平均下降流速は12m／s、ガストフロントとダウンバースト中心の中間点で地上アウトフローのピーク（12m／s）が存在することがわかった。

＊水平スケール
地上被害域の広がりやドップラーレーダーで観測された風の発散パターンの大きさで決められる。

るのは、通常ダウンバーストが地上を発散する水平風です。

○ダウンバースト（downburst）
　積乱雲からの下降流による強風域の広がりが1～10㎞程度のものの総称。

○マクロバースト（macroburst）
　ダウンバーストの中で、水平スケールが4㎞以上のもの。寿命は5～30分程度で、地上の被害は直線状。

○マイクロバースト（microburst）
　ダウンバーストの中で、水平スケールが4㎞未満のもの。寿命は2～5分程度で、地上の被害は放射状。発散風の風速差（differential velocity）が10ｍ／ｓを超えるもの。

○ドライマイクロバースト（dry microburst）
　マイクロバーストの中で、地上雨量が0・25㎜未満、あるいはレーダー反射強度*が35dBZ*未満のもの。

○ウェットマイクロバースト（wet microburst）
　マイクロバーストの中で、地上雨量が0・25㎜以上、あるいはレーダー反射強度が35dBZ以上のもの。

マクロバーストとマイクロバーストは、主として被害の大きさから区別されるこ

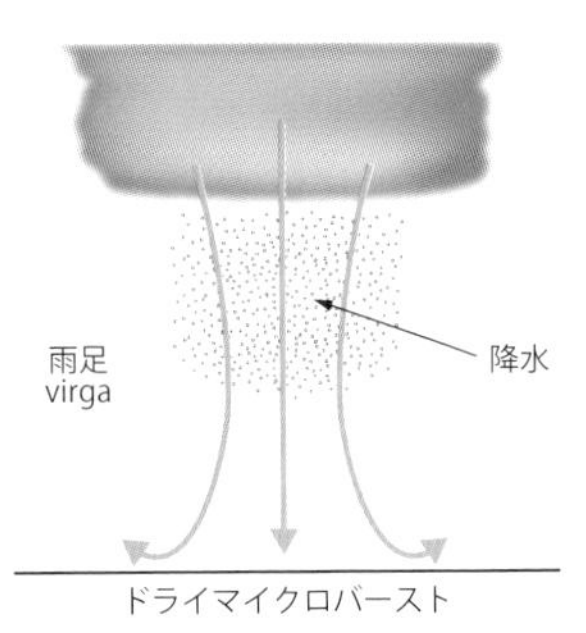

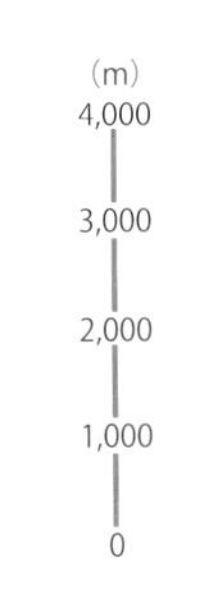

図2.2　ドライマイクロバーストとウェットマイクロバースト

＊レーダー反射強度
反射波を受信した電力量。

＊dBZ
レーダー反射強度の単位。

とが多く、スケールの大きなマクロバーストでは比較的直線的な強風が卓越し、その中で複数のマイクロバーストが発生して発散的な被害が局所的に生じます。ドライマイクロバーストとウェットマイクロバーストの違いは、発生メカニズムの違いを意味しており、地上降水を伴わないドライマイクロバーストは、雲底下が乾燥しているため、雨滴は急速に蒸発して地上には風だけが到達します。日本のように雲底が低く、雲底下が湿っている環境では、雹や霰という固体粒子などの降水とともに風が地面に到達する、ウェットマイクロバーストが大部分といえます。

ダウンバーストの可視化

ダウンバーストは下降する空気の塊ですから、通常は目には見えません。しかし、積乱雲からの雨、雪、雹、霰といった降水粒子を伴っているために、雲底から降水や降雪が地上に達する過程で、降水粒子によって多くの場合可視化されます。一般に、積乱雲の最盛期には降水が卓越し、雲底から地上（海面）まで降水域として確認することができます。この降水域が下降流域にほぼ対応しており、私たちはこのような降水を見て無意識に下降流を認識しているのです。しばしば積乱雲からの降水は、シャフト状に降水域が見え周囲と明確に区別できます（雨足*や雪足）。〝夕立は馬の背を分ける〟といいますが、まさに積乱雲からの降水は局地的であり、下降流も局地的であることがわかります。降雪雲からの降水も同様です。雪（雪片）はヒラヒラ舞うようなイメージがありますが、霰を伴う降水には強い下降流が存在し

東京湾で発生した積乱雲からの降水

*雨足（virga）
雨や雪の降水が雲底から落下し、途中で蒸発して地面まで達していない状態。尾流雲ともいう。降雪の場合は「雪足」という。

ます。

降雪によってダウンバーストの前面が可視化された事例を紹介しましょう。図2・3はダウンバーストが地面に当たり、まさに地上を発散しようとする瞬間のスナップショットです。この写真は、小松空港で観測したもので、ダウンバーストが地上を発散しようとする瞬間、ダウンバーストの前面の降雪粒子により可視化された瞬間の一枚です。

ダウンバーストがぶつかった地面の状態によっては、地上付近の砂ぼこりなどが巻き上げられ可視化されることもあります。砂漠などでは、アウトフロー先端の鉛直循環が砂ぼこりでしばしば可視化されます。乾燥地域で発生する大規模な砂嵐*のメカニズムも積乱雲からのアウトフローと類似しており、壁のような巨大な砂の塊が迫ってくる様子がしばしば観測されます。

2.2 発生メカニズム

なぜ積乱雲からの下降気流が、航空機を墜落させたり、地上の構造物を破壊するほどの力を有しているのでしょうか。ダウンバーストの発生原因はいくつか考えられます。ひとつ

図2.3　降雪により可視化されたダウンバースト

は雨粒が落下中に蒸発し、蒸発による冷却のため空気の塊が冷やされ密度が高くなり重くなった空気が下降して地面にぶつかるというものです。もうひとつは、雹などの固体粒子が落下中に空気を引きずる力により下降流が強められる効果です。また、上空の運動量が下向きに運ばれる効果も考えられています。アメリカの中西部では雲底高度が高く、雲底下が乾燥しているため、雲底下で雨滴が蒸発する効果が大きく、ドライマイクロバーストがしばしば観測されます。一方、日本では雲底が低く、雲底下の空気が湿っているため、ダウンバーストのほとんどは、ウェットマイクロバーストです。

もともと空気の重さは、下降流がない晴天時にも結構な重量があります。標準的な気圧（1気圧）時に、地上にいる私たちの双肩には、1㎠当たり、約1㎏もの重さがかかっています。つまり私たちは日頃から片肩に数㎏ずつのおもりをつけて生活しているわけです。ダウンバーストは、これに上空からの下降流のエネルギーが加わるわけですから、はるかに大きな力が生じます。

ダウンバーストの発生原因は、①雨粒が落下中に蒸発し、空気が冷やされ密度が高くなり、重くなった空気が下降して地面にぶつかる「蒸発による冷却（evaporation cooling）」効果、②雹などの大きな固体粒子が落下中に空気を引きずって下降流が強められる「空気を引きずる力（drag force）」効果、③上空の運動量が下向きに運ばれる効果があります（図2・4）。アメリカの中西部では雲底高度が高く、雲底下が非常に乾燥しているため、雲底下で雨滴が蒸発する効果が大きく働きます。

＊砂嵐
直径1㎜以下の砂を含んだ強風が吹き荒れる現象で、砂暴風ともいわれる。中でも幅10㎞、高さ100ｍ以上に達する砂の壁が襲来する場合、砂塵嵐（さじんあらし）とよばれる。エジプト南部を襲う砂塵嵐はハブーブ（haboob）とよばれ有名。

アメリカ中西部のコロラドなどで発生する積乱雲をみると、最盛期の積乱雲からの激しい降雨が地上に達する前に蒸発している様子がよく観測できます。日本で暮らしていると想像できませんが、地上付近が乾燥しているため、雲底下の降雨がみるみる蒸発して、地上では雨量ゼロという現象が起こるのです。

一方、日本では雲底が低く、雲底下の空気が湿っている（相対湿度で85％以上）

①蒸発
冷
熱をうばう
②引きずる力
③積乱雲
中層への気流
中層からの
乾いた気流

図2.4　ダウンバーストの発生メカニズム

ため、ダウンバーストの成因は、固体粒子の引きずる力（drag force）の効果が大きいと考えられています。日本で大きな被害をもたらしたダウンバーストの事例をみると、1991年6月27日の岡山県岡山市（岡山ダウンバースト、被害のスケールF2）、1996年7月15日の茨城県下館市（下館ダウンバースト、被害のスケールF2）、2000年5月24日の関東地方、2003年10月13日の千葉県、茨城県などが報告されています。これらの被害では、ダウンバーストと同時に降雹が確認されており、ピンポン玉やみかんほどの大きさの雹が観測されています。下館ダウンバーストでは、最大直径8㎝の降雹が観測されました。

上空の運動量が下向きに運ばれる効果というのは、スーパーセル構造の中で顕著な現象であり、高度5㎞の中層で相対的に乾いた風が雲内に入り込んで下降流と一緒になり強めるというものです。さらに、雲内に入った気流は乾いているため、蒸発の効果（evaporation cooling）を促進し、下降流をさらに強めます。

図2.5　雪雲からの降水（降雪）

2.3 日本海上の雪雲スノーバースト

降雪雲に伴う強い下降気流は、スノーバースト（snowburst）とよばれます（図2・5）。夏季の積乱雲に比べて水平・鉛直スケールとも小さい日本海上の雪雲ですが、海岸線で急速に発達して、雲内では紡錘形の雪霰*が形成されます（図2・6）。これは、降雪雲内に強い上昇流が存在することを意味しており、発達した降雪雲から

*雪霰（graupel）
ゆきあられ。一般に、直径5㎜以上の氷粒子は雹、5㎜未満を霰（あられ）として分類されるが、降雪雲に伴う紡錘形をした固体粒子は雪霰とよばれる。

はしばしば落雷（冬季雷）や竜巻（winter tornado）も発生します。落雷は霰が主役となり電荷分離が進んだ結果であり、竜巻は強い上昇流に回転が加わった結果です。対馬暖流*が流れる日本海沿岸域では、寒気進入時に大量の水蒸気が供給され、気団変質*の過程により、日本海沿岸では多量の降雪が観測されます。沿岸で発達した雪雲（図2・7）は、上陸時に真っ先に大きな降水粒子を落とし、降雪とともに雲自体も衰弱し消滅します。固体粒子である数㎜から数㎝程度の雪霰が下降流を強化しスノーバーストが発生します。これにより日本海沿岸では、北西季節風下で断続的な降雪雲の上陸時にスノーバーストによる突風が頻繁に観測されます。

スノーバーストの成因は、霰による下降流強化と考えられますが、どのような雲で霰が形成されるのでしょうか。一般に、降雪雲内で−10℃の高度で霰が形成されます。夏季の雄大な積乱雲であれば、地上気温が30℃、圏界面付近の気温が−55℃くらいですから、−10℃レベルは必ず雲内に存在します。一方、降雪雲の雲頂高度*は低いため、気温の鉛直分布*によって−10℃レベルが雲内に存在することもあれば、存在しないこともあります。冬季日本海沿岸では北西季節風下で断続的な降雪雲の通過に伴い、多くのスノーバーストが発生すると考えられています。スノーバーストは交通障害や航空機の離着陸に影響をおよぼす原因となります。

図2.6　雪霰

＊対馬暖流
黒潮から分岐して日本海沿岸を北上する。冬季でも海水温度が高く、5～7℃程度はあるため、上空5㎞（500hPa）に第1級の寒気（−36℃以下）が来れば、温度差は40℃を超え不安定になり、対流（雪雲）が発生する。

＊気団変質
気団がその性質を変えること。寒冷・乾燥のシベリア気団は日本海を渡る間に多量の水蒸気を得て、日本海沿岸に雪をもたらす。すなわち、乾燥した気団が湿潤に変化する。

＊雲頂高度
雲の最高到達高度。直接測定することは難しく、衛星観測の赤外画像（温度分布）から推定されることが多い。レーダーで見たエコー頂高度はエコートップ（echo top）といわれ、雲頂高度とは区別される。

また、地吹雪の原因も降雪雲からの下降流であると考えられていますから、スノーバーストがきっかけで地吹雪が起こるともいえます。

2.4 日本のダウンバーストによる被害

ダウンバーストは地上で発散するため、地上被害は空気が収束する竜巻に比べると弱くなります。アメリカでは、竜巻による被害の最大値はＦ５なのに対して、ダウンバーストではＦ３です。日本ではダウンバーストの被害は最大Ｆ２で、大きな被害をもたらしたダウンバーストの事例としては、１９９１年６月27日の岡山県岡山市*、１９９６年７月15日の茨城県下館市*、２０００年５月24日の関東地方*、２００３年10月13日の千葉県、茨城県*、２００８年７月12日の東京都*などが報告されています。降雪雲は、夏季の積乱雲に比べて水平・鉛直スケールとも小さく、寿命も短いため、スノーバーストの発生頻度は多くても、被害をもたらすものは少ないといえます。冬季日本海沿岸では北西季節風下で断続的な降雪雲の通過に伴い突風が観測されますが、構造物に被害をもたらすまでには至らないのです。

ダウンバーストは下降気流であり、密度の高い空気塊*が地上に落下するために、竜巻とは異なった特徴的な被害パターンが生じ、ダウンバースト直下では、まさに上から重い空気に押しつぶされてしまいます。地面に達した気塊は、四方八方に発散し、竜巻の収束パターンと大きく異なります。ダウンバーストによる地上の強風域は、ダウンバーストが発散するちょうど先端部分に集中します。同心円状に強風

＊**気温の鉛直分布**
例えば、真冬の北海道であれば地上気温が10℃くらいになるため、雲内の気温はもっと低くなる。そのため、霰の生成は不活発であり、落雷も起こらない。

図2.7　北陸沿岸で観測された上陸直前の雪雲

域が存在する結果、地上被害もドーナッツ状に分布するのです。これは、〝静止しているダウンバースト〟、すなわち親雲が移動しない理想的な場合です。下降流は地面にぶつかり四方八方に、同心円状に広がるために、一般にダウンバースト特有の被害といわれる〝放射状〟、〝発散性〟の被害痕跡となります（図2・8）。

ただし、実際のダウンバーストの被害パターンは複雑です。ほとんどの事例で、

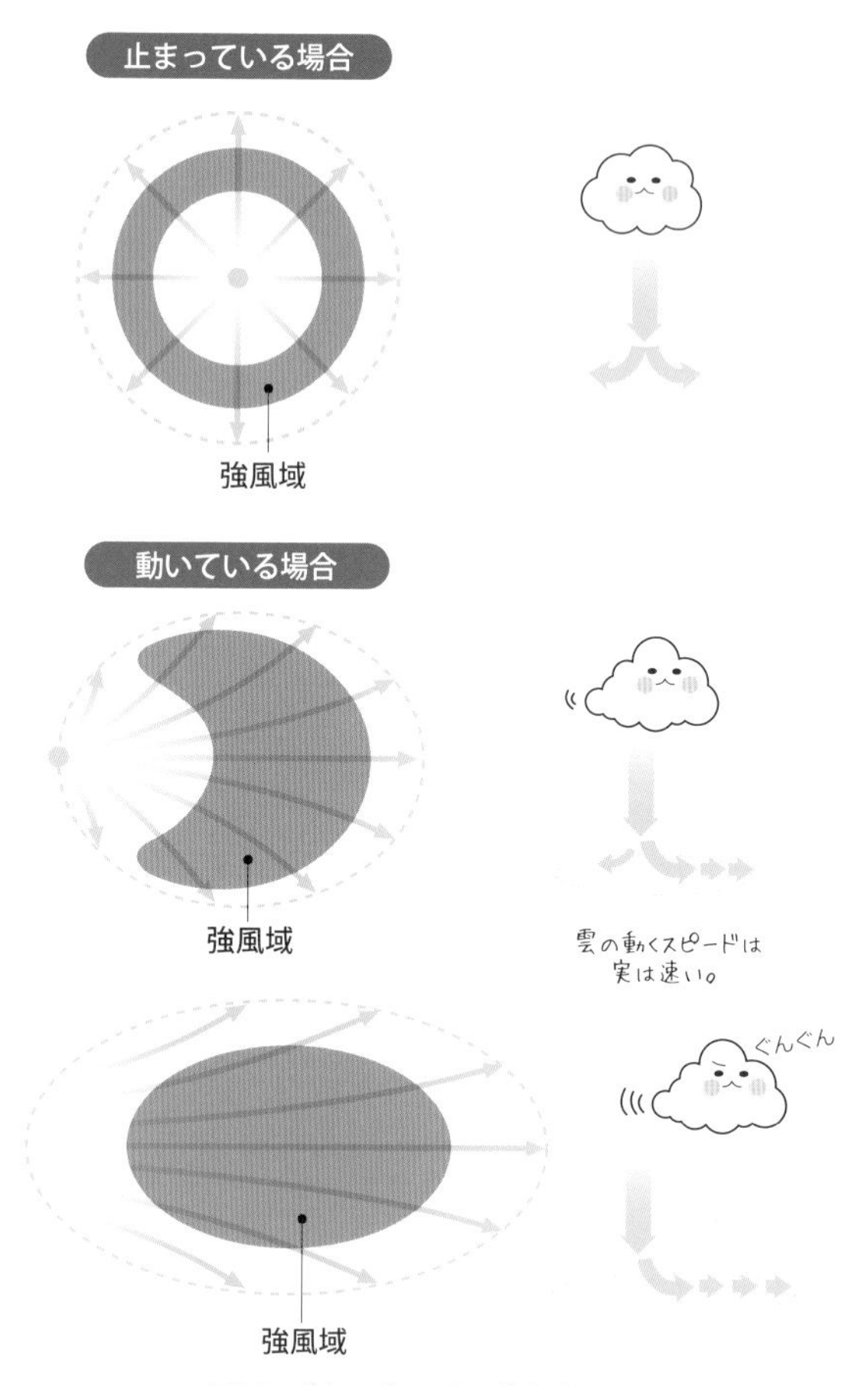

図2.8　ダウンバーストの被害パターン

＊1991年6月27日の岡山ダウンバースト
1991年6月27日岡山市で発生したダウンバーストは、被害スケールがF2で、日本で発生したダウンバースト被害の中で最も大きな被害が生じたもののひとつ。少なくとも4つのマイクロバースト/マクロバーストが次々と発生し、その内のひとつが降雹と伴に激しい下降流を生み、結果としてコンクリート製電柱18本を倒壊させるに至った。

＊1996年7月15日の下館ダウンバースト
1996年7月15日茨城県下館市で発生したダウンバーストは、死者1名、負傷者19名、建物被害425棟の被害をもたらした。現地調査により被害域は2か所あることが判明し、その内最初のダウンバーストでは長さ4㎞、幅3㎞の範囲に最大F2の被害が生じた。被害域の形状はほぼ楕円形で面的に広がり、突風被害の方向が放射状に分布しており、実際に被害域内の風速計には、最大瞬間風速47・5m/sの北風が記録されていた。下館ダウンバーストは、わが国のダウンバースト被害の中でも最もスケールが大きく、顕著な痕跡を残した被害といえる。

＊2000年5月24日に関東地方で発生したダウンバースト
2000年5月24日の関東地方で複数発生したダウンバーストは、最大瞬間風速31m/sを記録し、160名を超える負傷者、75億円の農業被害、25000件を超える建物被害をもたらした。

親雲が移動するため、一般風速が加算されることにより被害パターンは大きく異なります。一般風速の影響を受け親雲が移動する場合、地上の強風域は主風向に集中するため、実際の地上被害域は楕円形や直線的な形状になります。これは、上空の風向に沿った被害が顕著となり、指向性が強くなるからです。被害は進行方向に偏り、被害パターンはより直線的になり、被害域は楕円状、ライン状になります。日本におけるダウンバーストは、竜巻同様に発達した低気圧や前線（寒冷前線や停滞前線の近傍）など総観スケールの大気擾乱に伴い発生することが多く、親雲である積乱雲が速い速度で移動します。その結果、個々の被害は直線的になり、被害域もしばしば細長い形状になります。地上被害調査だけでは竜巻による被害かダウンバーストによる被害かを区別できないこともあります。これが竜巻とダウンバーストの判別が難しい理由なのです。また、日本における竜巻は、フジタスケールでF1（33〜49ｍ／ｓ）以下がほとんどであり、被害の長さも平均で1〜2㎞程度、飛び飛びになることもあり、点々と散在するダウンバーストの被害と全体のパターンで区別することは難しいといえます。

　ダウンバーストの地上発散（アウトフロー）部分の微細構造をみると、特徴的な渦構造を有しています。発散の先端は渦を巻き、"rotor microburst"とよばれます。しばしば、埃が舞い上がることで、このローター（rotor）構造は可視化されます。ダウンバースト全体でみると、このローターは同心円状に連なっており、ひとつのリング（ring）を形成しています（図２・９）。このように下降気流だけでなく、

＊２００３年10月13日に千葉県、茨城県で発生したダウンバースト
２００３年10月13日に千葉県から茨城県にかけて発生したダウンバーストは、最大瞬間風速45ｍ／ｓを記録し、港湾クレーン６基が倒壊落下する被害（被害スケールＦ２）などが発生した。

＊２００８年７月12日に東京都で発生したダウンバースト
都内渋谷区、港区、江東区で工事用クレーン倒壊、屋上小屋の落下、作業用ゴンドラ宙づり、倒木などの被害が発生。X-NETにより3次元構造の観測に成功。

＊空気塊（air parcel）
周囲の大気と区別した、あるボリュームの空気。積乱雲となる上昇気流は地表面付近で熱せられた軽い空気であり、周りの空気と熱のやりとりが無いため、断熱的に空気の塊は上昇する。この上昇気流の空気をプリューム（熱気泡）という。

上昇気流や渦などの気流も形成されるのがダウンバーストの特徴といえます。

１９８０年代、ダウンバーストは日本ではまだ珍しい大気現象であり、ダウンバーストの被害を実際に見た人もほとんどいませんでした。筆者が大学院生時の１９８６年９月23日に北海道の北村から美唄市で突風被害が発生し、研究室の教授*と現地調査に向かいました。そこで見たのは、円形に広がった被害の痕跡が田畑に点々と散在した様子で、明らかに竜巻の痕跡とは異なり、数か所にわたって広がっていくような被害パターンが飛散物や植生に認められました。被害マップを作成してみると、発散パターンの被害域が間欠的に直線状に並んでいたことがわかり、マイクロバーストによる被害であると結論づけました（図２・10）。

１９９０年代になると、Ｆ２（50～69ｍ／ｓ）クラスの被害をもたらした顕著なダウンバースト事例が報告されています。１９９１年６月27日に岡山県岡山市で発生した岡山ダウンバーストは、日本で発生したダウンバースト被害の中で最も大きな被害（Ｆ２）が生じたもののひとつです。少なくとも４つのマイクロバースト／

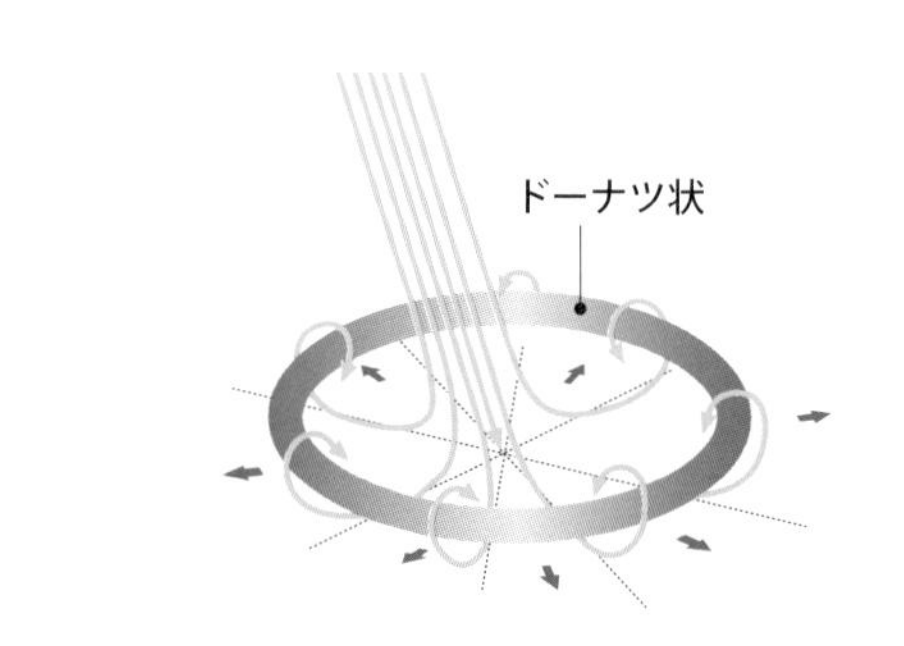

図2.9　ダウンバーストの渦構造

＊筆者が大学院生時の研究室の教授
菊地勝弘教授。気象学者。世界初の人工雪を作成した中谷宇吉郎の孫弟子にあたる。『雨冠の気象学』（成山堂書店）参照。

マクロバーストが次々と発生し、その内のひとつが降雹とともに激しい下降流を生み、結果としてコンクリート製電柱18本を倒壊させるに至りました。

１９９６年７月15日茨城県下館市で発生した下館ダウンバーストは、死者1名、負傷者19名、建物被害４２５棟の被害をもたらしました。現地調査により被害域は2か所あることが判明し、その内最初のダウンバーストでは長さ４㎞、幅３㎞の範囲に最大Ｆ２の被害が生じました（図２・11）。被害域の形状はほぼ楕円形で面的に広がり、突風被害の方向が放射状に分布していたことがわかります。実際に被害域内の風速計には、最大瞬間風速47・５ｍ／ｓの北風が記録されていました。下館ダウンバーストの被害は、日本のダウンバースト被害の中でも最もスケールが大きく、顕著な痕跡を残しました。

降雹分布の観測

ダウンバーストは、下降流を直接観測することが難しいため、被害が発生して現地調査を行い初めてその実態が解明されます。日本で発生するダウンバーストの多くは降雹を伴います。降雹とダウンバーストは密接に関連しているので、降雹を捉えればダウンバーストも把握することが可能です。では、降雹分布はどのように調査すればよいでしょうか。雹は固体ですから雨量計で測定することはできません。どのくらいの大きさの雹がどこに落下したのかは、地上にいる人が調べるしか方法はないのです。北海道石狩地方で発生した降雹を調べた結果によると、

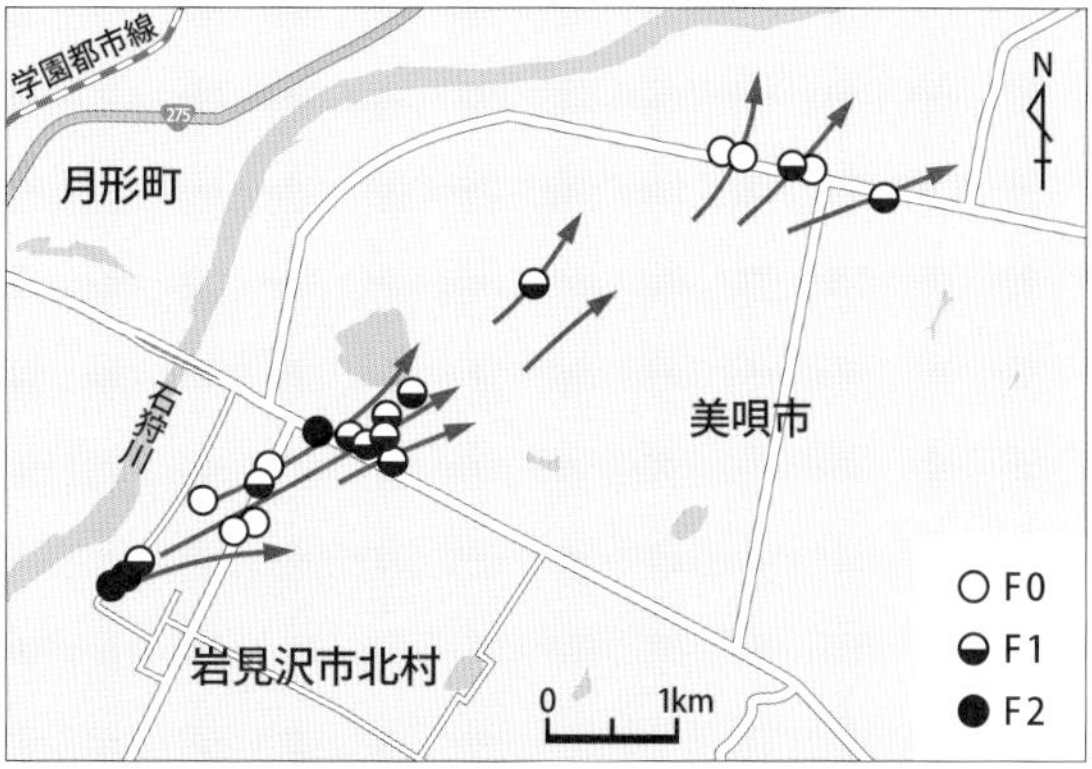

図2.10　1986年９月23日に北海道北村で発生したマイクロバーストの被害分布（Kobayashi et al. 1989）

積乱雲の東進に伴い、降雹域が局所的に存在していることがわかります（図2・12）。積乱雲の発達に対応して、何回かの降雹を発生しながら札幌市を通過した後、千歳市付近で竜巻とダウンバーストをもたらしました。当時はインターネットもスマートフォンもありませんでしたので、100校余りの学校にアンケート調査を行い、降雹の有無、サイズを調べてこのような降雹分布図が描けました。

　雹の断面をみると、年輪のような成長痕が残されており、雲中でどのように成長したかがわかります。近くで降雹があった際には、写真を撮るだけでなく、冷凍庫に保管しましょう。

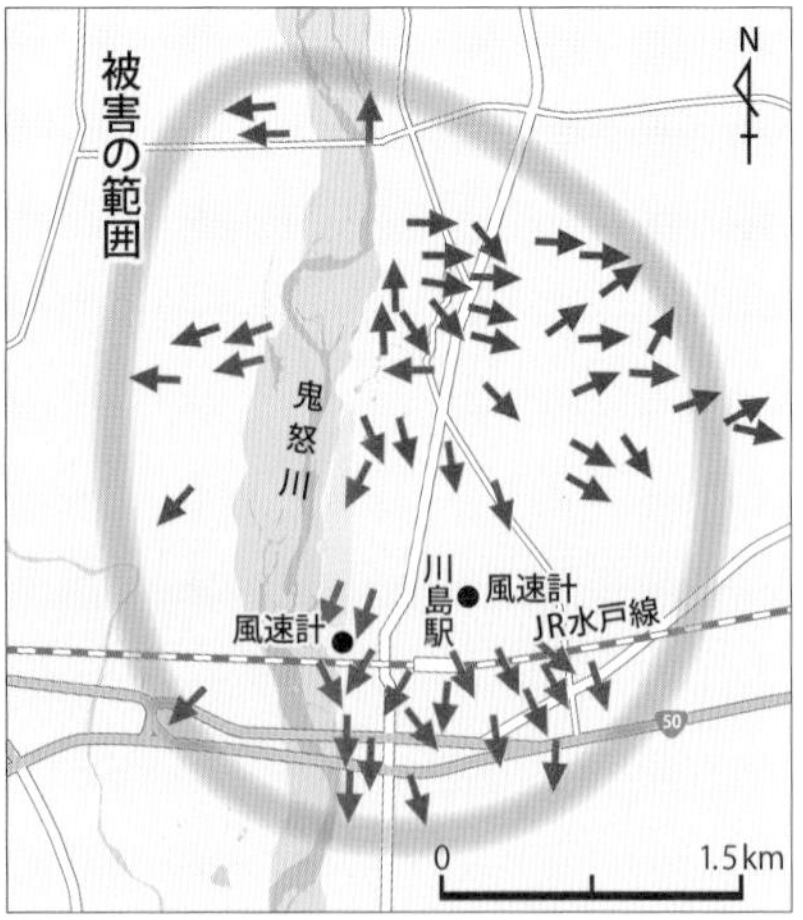

図2.11　1996年7月15日茨城県下館市で発生したダウンバーストの被害分布（中村（1997）をもとに作成）

航空機への脅威

　マイクロバーストの地上発散（アウトフロー）に伴う風の急変は、低高度のウィンドシアーすなわち低層ウィンドシアー（LAWS）*とよばれます。航空機の離着陸に大きな影響を与えるためアメリカや日本では、ダウンバースト監視のために「空港気象ドップラーレーダー」*が展開されています。ダウンバーストの発見は、アメリカで1970年代にたて続けに発生した航空機事故が発端でしたが（図2・13）、日本も他人事ではありません。ウィンドシアーが原因で生じた事故事例を振り返ってみましょう。

　1984年4月19日に那覇空港において、DC-8型機が着陸時に強雨に遭遇し

*LAWS（ローズ）
ダウンバーストや地形性の風によって、地上付近で形成される風のシアー（ウィンドシアー）を総称して、低層ウィンドシアー（Low Altitude Wind Shear）とよび、今では略してLAWS（ローズ）とよばれている。ダウンバーストの観測プロジェクト名に、「JAWS（ジョーズ）」と名付けたのに似て、うまい語呂合わせといえる。ちなみに、映画のJAWS（スピルバーグ監督）が封切りされたのが、1975年6月20日であり、奇しくもJFK空港における航空機事故（1975年6月24日）とほぼ時を同じくした。両者とも社会に与えたインパクトは絶大で、観測プロジェクトのJAWSには、〝ダウンバースト・ハンター〟の意味が込められたといわれている。

て、滑走路手前の進入路指示灯に接触しました。さいわい乗客乗員１３１名に死傷者はいませんでしたが、着陸の最終段階の高度２００フィート（60ｍ）でマイクロバーストによるウィンドシアーの影響を受けた結果、機体が降下したことがわかりました。このような事故には至らなかったものの、飛行場周辺におけるダウンバースト発生の報告は、１９８３年７月27日に富山空港、１９８７年７月25日に羽田空港、１９８８年６月10日に鹿児島空港、１９８８年９月22日に千歳空港、１９９０年12月10日に羽田空港などがあり、日本の飛行場でもしばしばダウンバーストが発生していることがわかりました。

また、１９９３年４月18日に花巻空港で発生したハードランディング事故*は、強い下降気流を伴った激しい風向・風速の急変（ウィンドシアー）により、機体の揚力が急激に減少した結果、機体が急速に沈降して事故に至りました。このウィンドシアーの原因は、積乱雲ではなく、山脈を越えたおろし風*によるものと考えられています。日本の飛行場は、複雑な地形*に立地している場合が多く、積乱雲に伴うダウンバーストによるウィンドシアーだけでなく、地形性の風によるウィンドシアー対策も課題といえます。

花巻空港の事故をきっかけに、航空会社による調査研究が行われ、実際の飛行場の滑走路上空でどのような風が吹いているのかが調べられました。通常、飛行場には滑走路の両端に風向風速計*が設置されていますが、これは〝地上の風〟であり数

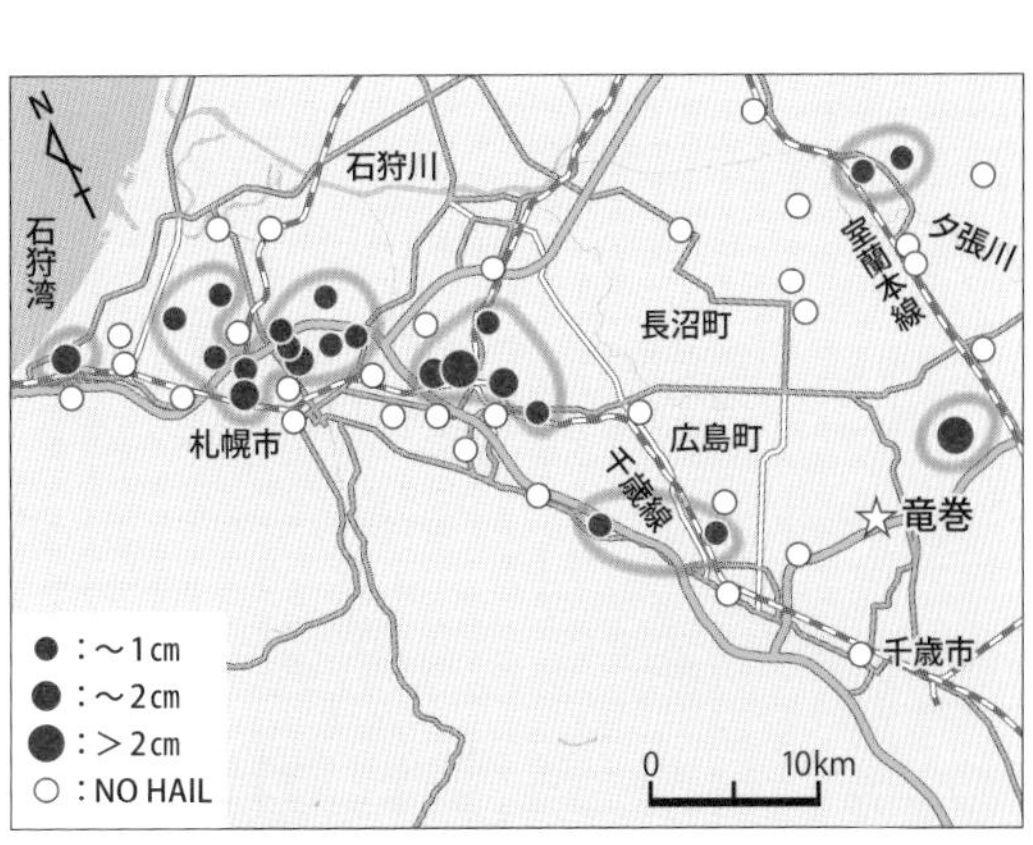

図2.12　1988年９月22日に北海道石狩地方で発生した降雹の分布図（Kobayashi et al. 1996）

＊空港気象ドップラーレーダー
１９９５年に運用を開始した関西空港を始めとして、羽田空港や成田空港など９つの空港で運用されている。全国に展開されている気象庁レーダーも、２００５～２００６年に発生した竜巻被害を受けて、約20台がドップラー化されている。

百ｍ上空の風はわかりません。さらに、地形性の風は降水を伴わない〝乾いた風〟ですから、気象レーダーでみることはできません。そこで、晴天時の風を測ることのできる、ドップラーソーダ*を用いた観測が実施されました（図２・14）。地上付近（高度50ｍ以下）で10ｍ／ｓ程度の風速（水平風（実線））だったものが、高度１００～１２５ｍで20ｍ／ｓ程度の強風になり、風向（点線）も高度と伴に北西から西風にシフトし、鉛直流（破線）も－４ｍ／ｓに達する下降流が存在し、大きな風の鉛直シアーが存在することが

図2.14　滑走路近傍に設置されたドップラーソーダ

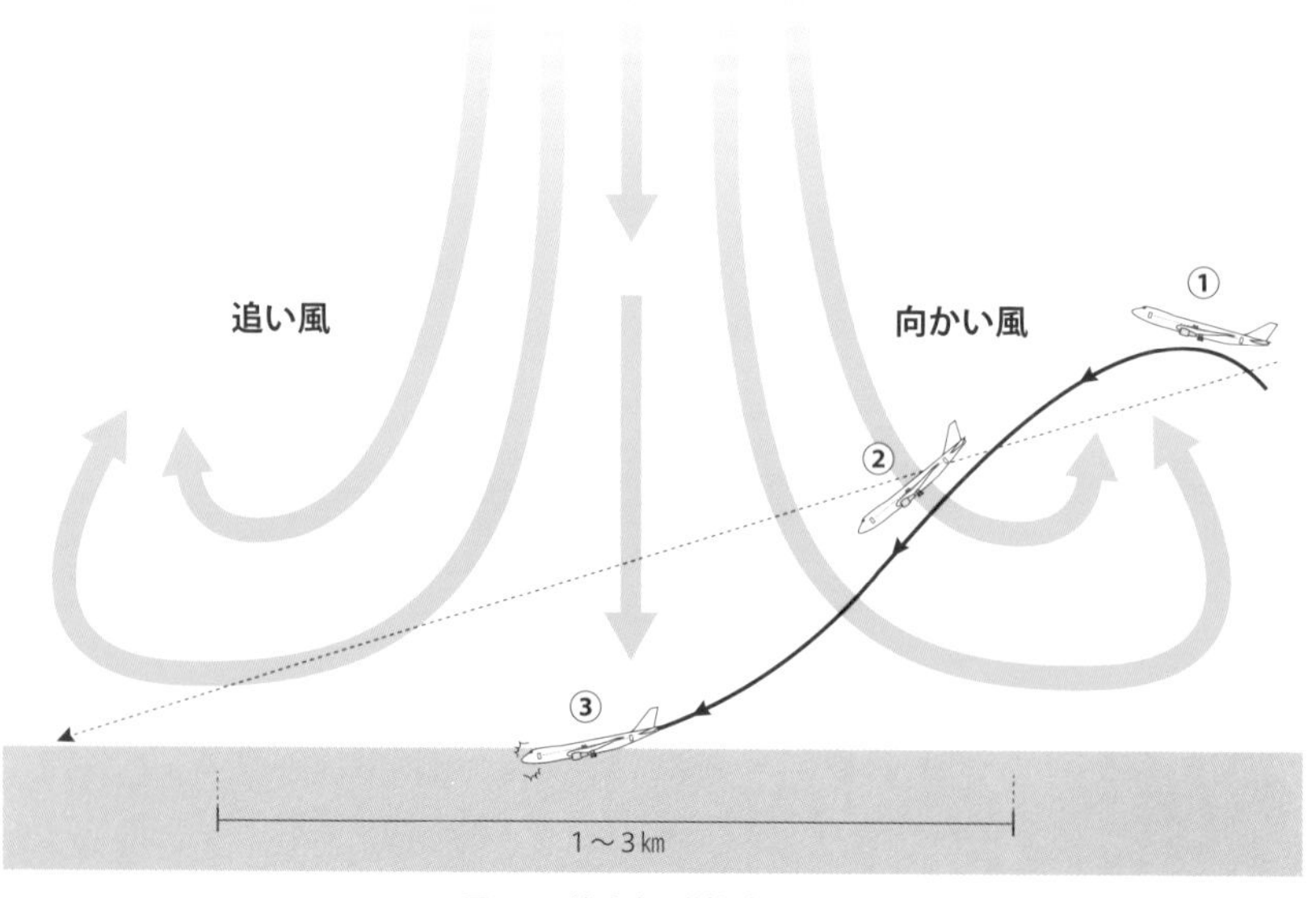

図2.13　着陸時の墜落パターン

わかりました（図2・15）。このように、高度１００ｍの風でさえ、地上風とは大きく異なっており、さまざまな手法で滑走路上空の風を測定する必要性が示されました。

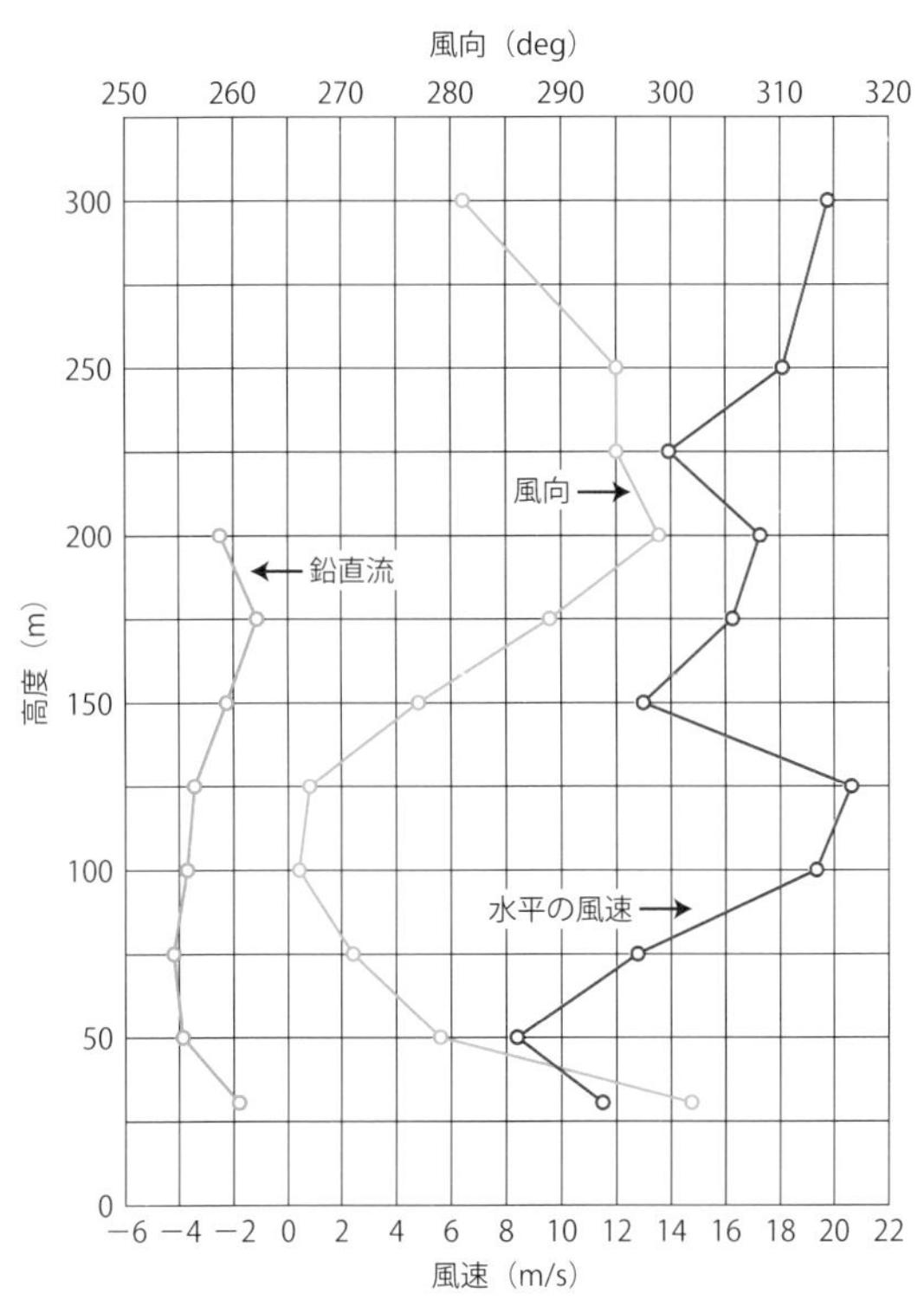

図2.15　ドップラーソーダで観測された水平の風速（—）・風向（—）・鉛直流（—）の鉛直分布

＊**ハードランディング（hard landing）事故**
乗員５名、乗客72名を乗せたDC-9型機は、花巻空港の滑走路に進入時に機体が降下し、地面に接触して火災が発生し機体は大破した。機体の停止後、全員が脱出したが、３名が重傷を、23名が軽傷を負った。

＊**おろし風**
山脈を越えた気流が風下斜面で強い風となり吹き下ろす現象。山頂付近に逆転層が存在する時に発生しやすい。

＊**複雑な地形**
飛行場の移転や新設時には人口密集地を避けるために、山間部や海上（海岸）に設置されることが多く、地形性の風の影響を受けやすい。

＊**風向風速計**
風速計は地上高10ｍに設置されており、このデータが刻々と空港関係者に送られる。

＊**ドップラーソーダ（Doppler sodar）**
音波レーダー。筒状のパラボラから音波を出して、温度成層からの反射波を測定し、高度１km程度までの風の鉛直分布を観測することができる。ドップラーソーダによる観測は晴天時に適しており、海陸風などの局地循環、積乱雲周辺下層大気の環境場などを調べることができる。

2.5 竜巻・ダウンバーストの階層構造

藤田博士は、フジタスケールだけでなく、竜巻やダウンバーストのスケールの概念も提案しました。大気現象はしばしば大きなスケールの擾乱*の中に小さなスケールの構造が存在します。これを階層構造（マルチスケール構造）とよびます。特に、スーパーセル*型の竜巻は親雲（parent cloud）内に存在する直径数㎞のメソサイクロンが親渦となり、そこから直径数百mの竜巻渦が発生するわけですから、典型的な階層構造を有しています。

そこで博士は、日本語の母音（あ(a)、い(i)、う(u)、え(e)、お(o)）を用いて5つのスケールを提唱しました。水平スケール1000㎞の総観スケールとマイクロスケールの中間という意味のメソスケール（mesoscale）という用語は既に存在しており、「メソ（meso）」という用語を基にして、母音を用いて細分化したのです。MASO（マソ）スケール、MESO（メソ）スケール、MISO（マイソ）スケール、MOSO（モソ）スケール、MUSO（ムソ）スケールです。竜巻では、1000㎞スケールの総観スケールの低気圧に相当するMasocyclone（マソサイクロン）の中に10㎞スケールのMesocyclone（メソサイクロン）が存在し、メソサイクロン内に竜巻渦（tornado）に対応する1㎞スケールのMisocyclone（マイソサイクロン）*が形成され、竜巻内部には吸い上げ渦（suction vortex）とよばれる直径100mのMosocyclone（モソサイクロン）が存在します。このスケールの概念

***擾乱**
大気中の乱れを、気象用語では「disturbance」を訳して「擾乱（じょうらん）」という。大気擾乱はさまざまなスケールを有し、台風や（温帯）低気圧など水平スケールで1000㎞を有する大規模（マクロスケール、総観スケール）な現象から、数㎞～数百㎞のスケールを有する中小規模（メソスケール）現象、竜巻のように直径数百mのミクロ（マイクロ）スケールの現象が存在。

***スーパーセル**（supercell）
日本語では単一巨大積乱雲。スーパーセルの組織化には、気温、水蒸気、周囲の風の場という環境条件が重要である。スーパーセル型竜巻は、雲内に存在するメソサイクロンが親渦となり、そこから発生する。メソサイクロンを有する積乱雲をスーパーセルと定義することもある。

***マイソサイクロン**（misocyclone）
直径1㎞程度の親渦（parent vortex）。メソサイクロンより1オーダー小さい渦。発音は「ミソ」となるが、「味噌」を連想するので「マイソ」という。

は１９７８年に論文発表されました。現在では、メソサイクロンは気象用語として定着していますし、マイソサイクロンも用いられています（図２・16）。

一方、ダウンバーストの場合は、１０００㎞の総観スケールの高気圧に相当するMasohigh（マソハイ）の前面の寒冷前線内に、積乱雲からの下降気流によって１００㎞スケールのMesohigh（メソハイ）*が形成されます。メソハイ前面はガストフロントであり、その中に10㎞スケールのダウンバーストが存在し、Misohigh（マイソハイ）が形成されます。ダウンバースト内部には１㎞程度の強風域つまり被害の爪痕がみられ、burst swath*とよばれます。これがMosohigh（モソハイ）に相当します。

博士の提案した５つの母音を用いたスケールの概念の名称は、残念ながらすべての用語が定着するには至りませんでしたが、「メソ」、「マイソ」は気象学のさまざまな用語で用いられています。現在、メソスケールをα、β、γに細分化したスケールの名称が一般的に用いられています。積乱雲１個のスケールに相当する、数㎞から10㎞程度のメソγスケール（２～20㎞）、積乱雲群に相当する、数十㎞から数百㎞のメソβスケール（20

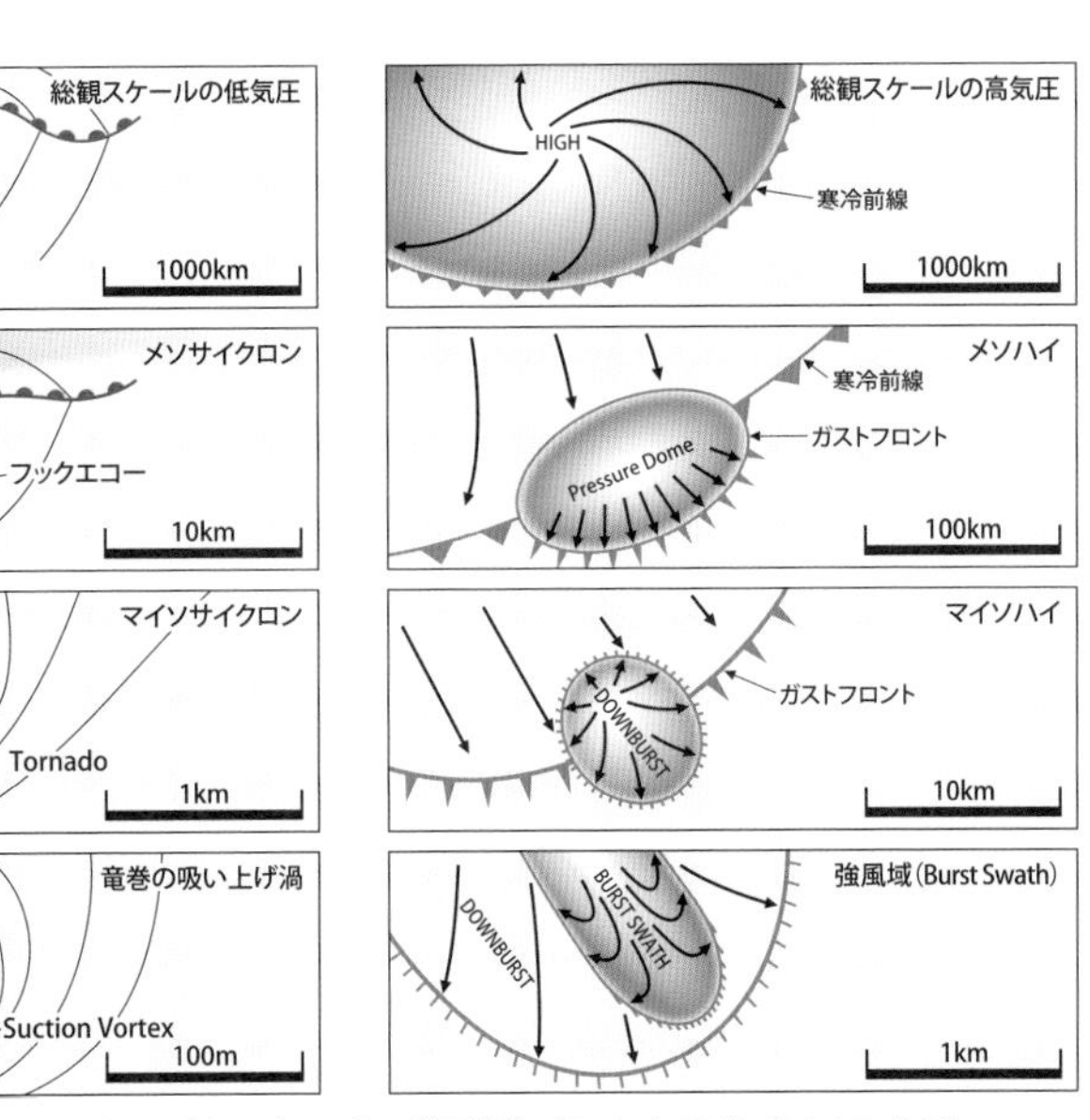

図2.16　竜巻（トルネード）とダウンバーストの階層構造（Fujita（1981）をもとに作図）

～200km)、さらに積乱雲群を形成するメソ低気圧や前線などはメソαスケール（200～2000km）となります。ダウンバーストの階層構造をまとめると、ダウンバースト群の集合体がマソβ（数1000km）、ダウンバースト群がメソα、ダウンバーストがメソβ、マイクロバーストがマイソ（マイクロ）α、burst swathがマイソ（マイクロ）βスケールに対応します（図2・17）。

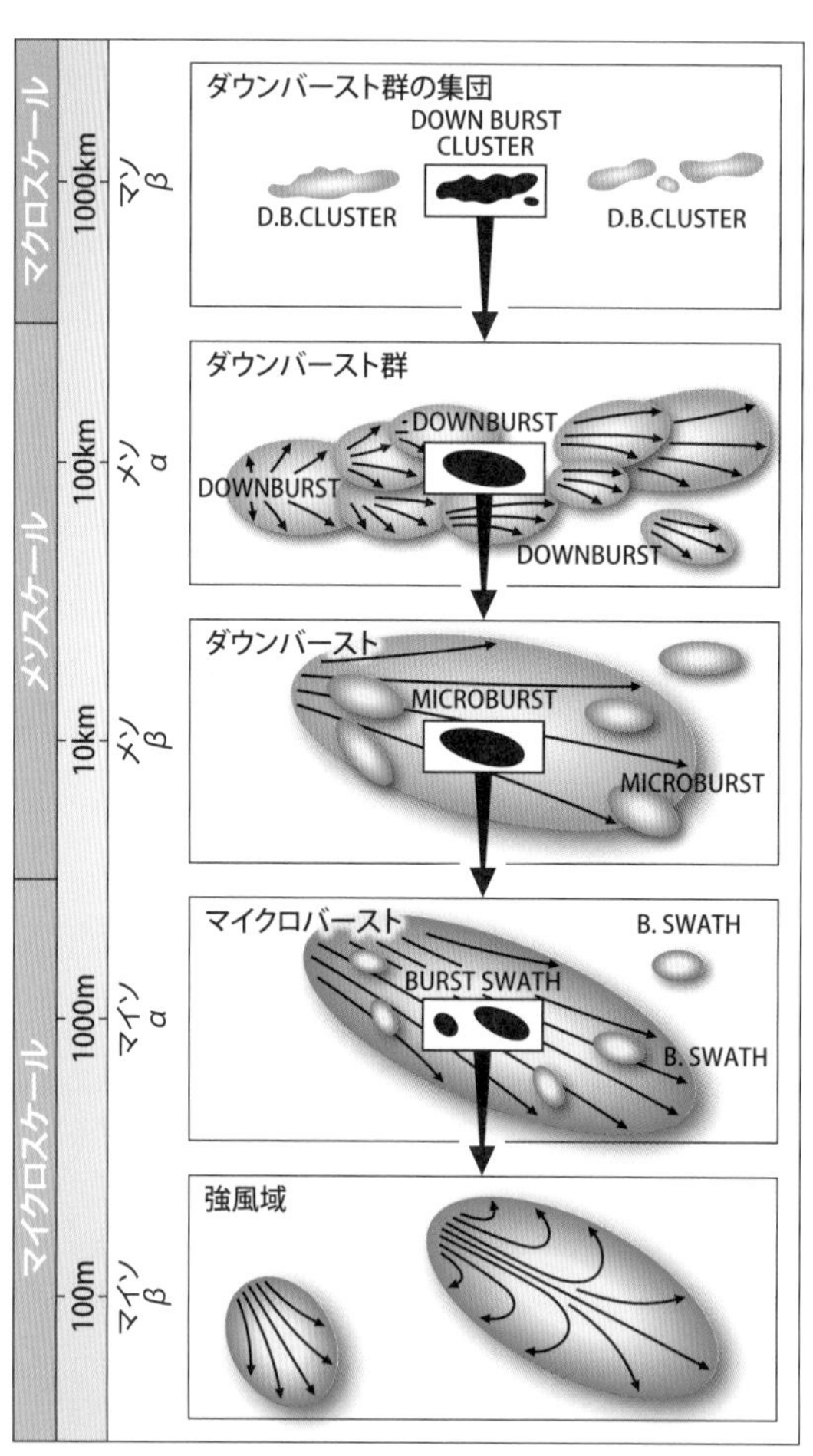

図2.17　ダウンバーストの階層構造（Fujita and Wakimoto（1981）をもとに作図）

＊メソハイ（mesohigh）
水平スケールで数十kmを有するメソスケールの高圧部。

＊burst swath
マイクロバースト内に存在する強風域。数百mのスケールを有する強風軸。地上の被害と対応することが多い。

3章　謎の雲アーク

3.1 ダウンバーストの先端に形成されるガストフロント

ダウンバーストが地面に達した後はどのように振る舞うのでしょうか。ガストフロント（突風前線）は、積乱雲からの下降流が地面にぶつかり水平に発散するアウトフローの先端部分です。アウトフローは、密度の高い重い流体が、軽い流体の下を流れる2層流体として理解され、重力流*あるいは密度流*といわれます。例えば、真水の中に海水が入り込む場合や湖底で真水のなかに泥水が入り込む過程など、重い流体が軽い流体の下にもぐり込み進行するのが重力流です。重力流は、身近な例としてドライアイスを用いて実験することができます。ドライアイスを容器に入れて、昇華*した炭酸ガスを流すと、低温で密度が高いために円弧状に広がり、円弧状の先端をよくみると、凹凸が生じているのがわかります。また、流れ出し方は一様でなく数回の波動状に広がっている様子がわかり、この波動を横からみると、波動に対応して上部に渦が存在しています。ドライアイスでみた重力流の振る舞いは、ダウンバーストが地上を発散する様子をよく再現しています（図3・1）。

アウトフローの先端では冷気の塊と周囲の暖湿気の間にメソスケールの前線が形成され、ガストフロントとよばれます。ガストは突風、フロントは前線を意味する

*重力流（gravity current）
密度の高い流体が密度の低い流体の下に潜り込んで流れること。

*密度流（density current）
重力流と同じ。

*昇華
固体から気体に相変化すること。

「アーク」という雲の名前はあまり聞き慣れないかもしれませんが、激しい突風や雷雨がくるサインです。発生パターンをみていきましょう。

小林

ので突風前線、または、陣風前線ともよばれています。突風、風向の急変、気温の急降下、気圧の急上昇を伴い、ミニチュアの寒冷前線的な様相を示します。蒸し暑い夏、夕立ちが起きる直前に涼しい風を感じますが、それがガストフロントの通過です。時代小説などを読むと、「一転にわかにかき煙り、一陣の風が吹いたかと思うと……」というような記述がみられますが、これも積乱雲に伴うガストフロントで、「陣風」「早手（はやて）」などといわれましたが、こうした言葉は、現在ではあまり使われなくなりました。

ダウンバーストで重要なのは、アウトフローの先端であるガストフロントの構造です（図3・2）。ガストフロントではアウトフローが反転して、周囲の暖湿気との間に前線構造を形成するからです。アウトフローの厚みに対して、ガストフロントではアウトフローが反転する鉛直循環（ヘッドの循環）が形成されるために、ヘッドの厚みは2倍に達し、特徴的な構造を有しています。ガストフロントの先端は、その形状から「鼻」とよばれています。そこでは、気圧の急上昇も観測されるため、気圧の鼻*ともよばれます。また、ガス

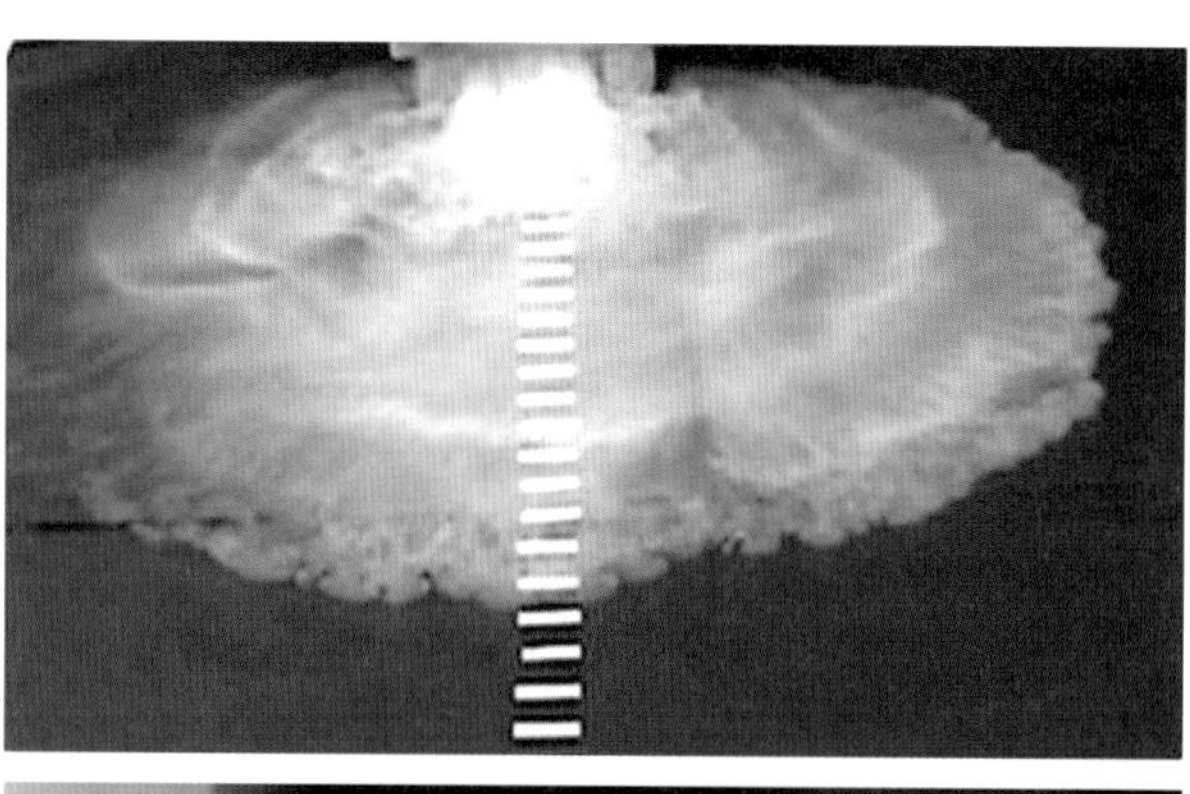

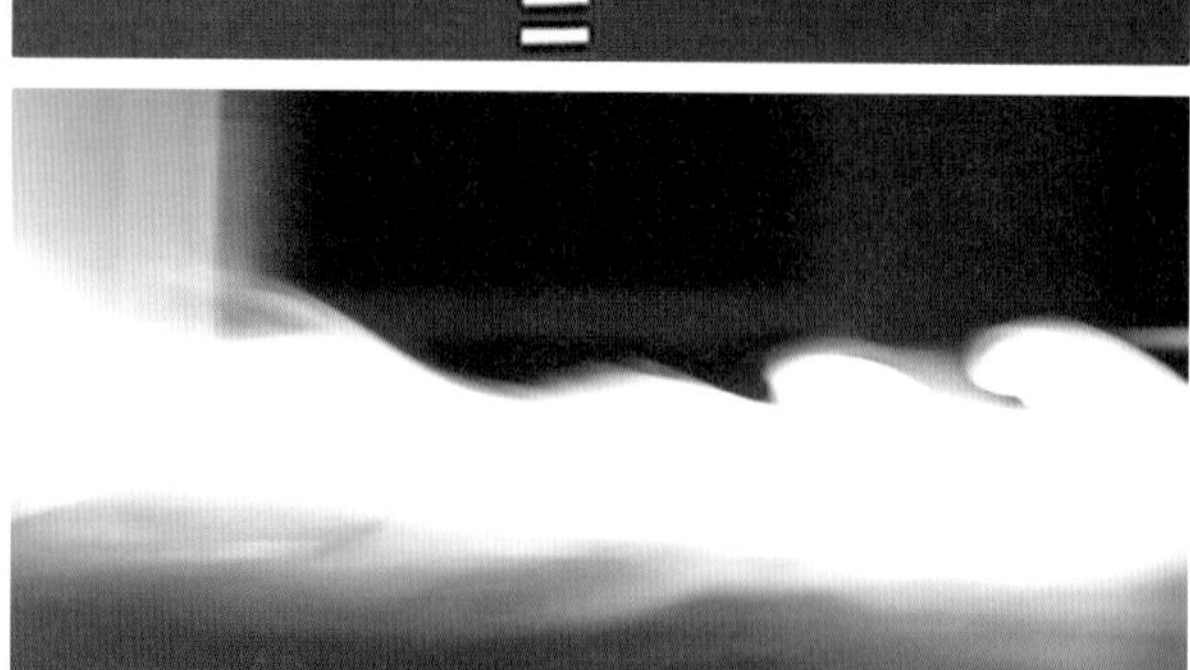

図3.1　ドライアイスによる重力流の実験
平面的な広がり（上）と横からみた構造（下）.

***気圧の鼻**（pressure nose）
ガストフロントにおける気圧の急上昇、あるいはガストフロントの先端部分の形状を指す。

トフロント上空には、暖湿気が上昇して凝結することにより「アーク」とよばれる、特殊な積雲が形成されることがあります。

ガストフロントのヘッドの具体的な構造をみましょう。ドップラーソーダで観測されたヘッドの構造には、高度500mに達する鉛直循環（ヘッドの循環）が明瞭で、時間的に先行する上昇流とその後の下降流で構成されていることがわかります（図3・3）。地上の突風は、ヘッド循環の前面上昇流と同時刻に観測され、循環の先端に存在する上昇流によって発生します。上昇流と後面の下降流両方とも鉛直風速は5m／sを超え、鉛直速度としては大きな値を示しました。上昇流と下降流のピークは、高度200〜300mに位置していましたが、地上付近でも20m／sを超えるような強風域が認められました。また、この循環の後に弱いながらもう1回循環が存在し、ガストフロントは複数の循環が存在する、複雑な構造を有していることがわかります。鉛直循環のスケールは時間で約5分間、空間スケールに直すと約5kmですから、ガストフロント通過時には少なくとも10分程度は周囲の状況に注意して嵐が通り

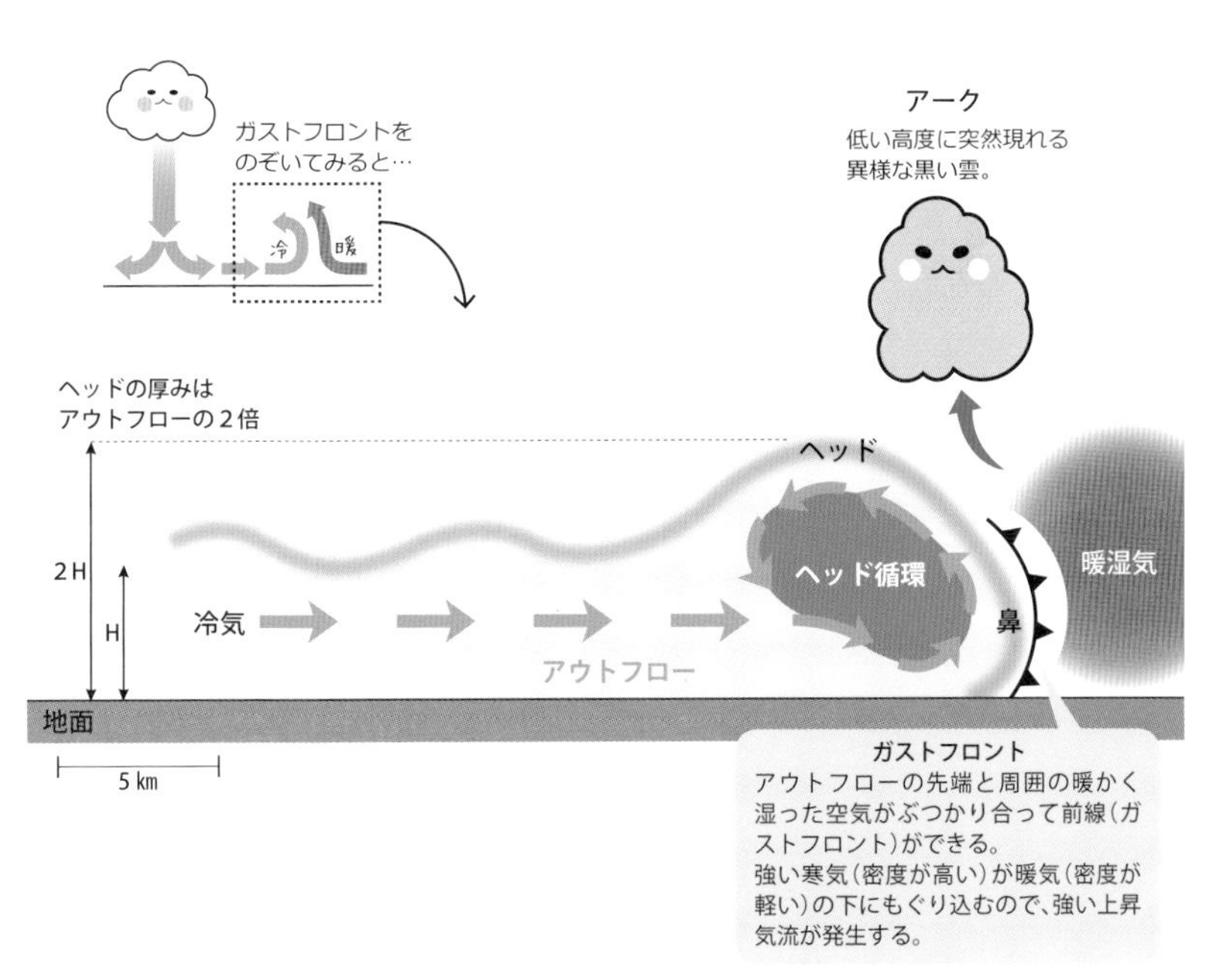

図3.2　ガストフロントの構造（Charba（1974）をもとに作図）

過ぎるのを待つべきなのです。

3.2 アークの形態

ガストフロント上では、アーク（Arc）とよばれる特殊な積雲がしばしば発生します。アークは、積乱雲に付随する雲に分類され、ガストフロントに沿いアーチ（円弧）状に積雲*が形成されるため、「アーチ雲」という場合もあります。ガストフロント上では、周囲の暖湿気が上昇することでしばしば雲底高度より低い高度で雲が形成されます。よく天気予報で「発達した積乱雲の接近時、〝黒い雲〟を見たら注意しましょう」と注意喚起していますが、まさに黒い雲＝アークであり、手の届くような低い高度に突然現れる異様な黒い雲の正体です。

なぜ、雲底高度より低い高度で雲が発生するのでしょうか。ガストフロントの前面に沿って放射状に雲が形成されることからもわかるように、ガストフロント前面の低圧部（メソロウ*）で気圧が降下することにより凝結が起こると考えられます。このアークによってガストフロントの形状が可視化されることにより、ガストフロントが存在するサイン、つまり身を守るサインとなります。日本でも顕著なダウンバースト被害時にアークが報告されています。

アークは、通常の雲底よりかなり低い手の届くような高度（地上高

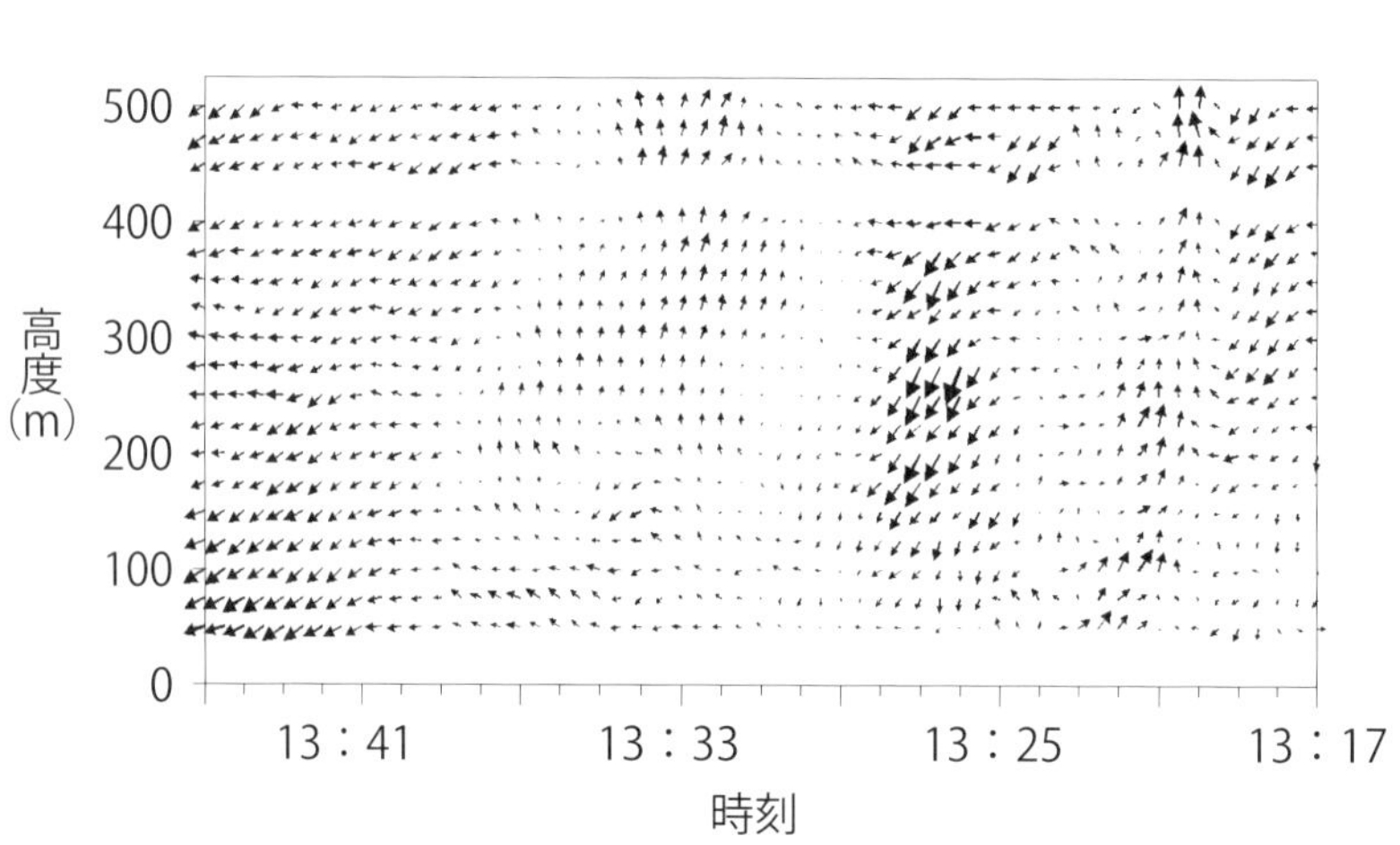

図3.3　ドップラーソーダで観測されたガストフロントの気流構造
ガストフロント進行方向の水平風と鉛直流を風ベクトルで表した時間–高度断面図.

200～300m）に形成され、低い高度に突然現れる異様な黒い雲のため、ガストフロント固有の雲といえます。アークの形状は千差万別ですが、周囲の気温や湿度の環境条件により大きく影響されます。もちろんガストフロントに雲が形成されないことも多いです。アークの形態は、積雲が円弧（アーチ）状に並んだものから、水平スケールが数十㎞に達するひとつのロール状の雲として確認されるアーク、あるいは厚い積雲に覆われることもあり、多種多様です（図3・4）。きれいな構造のアークだけではなく、その時の環境条件により複雑でわかりにくいアークもしばしば発生します。また、アークの寿命は長くても数10分程度で、時間変化も著しいため、竜巻同様捉えるのは容易ではありません。また、アークはしばしば2層など多層構造を示しますが、その理由はよくわかっていません。

＊アーチ状の積雲　アーチ雲ともよばれるが、正確には「アーク（arc, arcus cloud）」。低く水平な形の雲がガストフロントに沿って形成されるため、ロール雲や棚雲など低い水平な雲がしばしば観測されるが、環境条件によっては積雲が円弧（アーチ）状に並ぶこともある。

＊メソロウ（mesolow）　メソスケールの低圧部。

さまざまなアークの形態

まずは、さまざまなアークをみましょう。一般にアークは、積乱雲の前面下層に形成される、ロール状構造の雲ですが、注意してみないとなかなかわかりません。アークは積乱雲に先行する形で発生しますが、庇（ひさし）のように突出した雲と先端のロール状の積雲が特徴的です（図3・5）。このアーク通過時には、各地で突風が観測され、

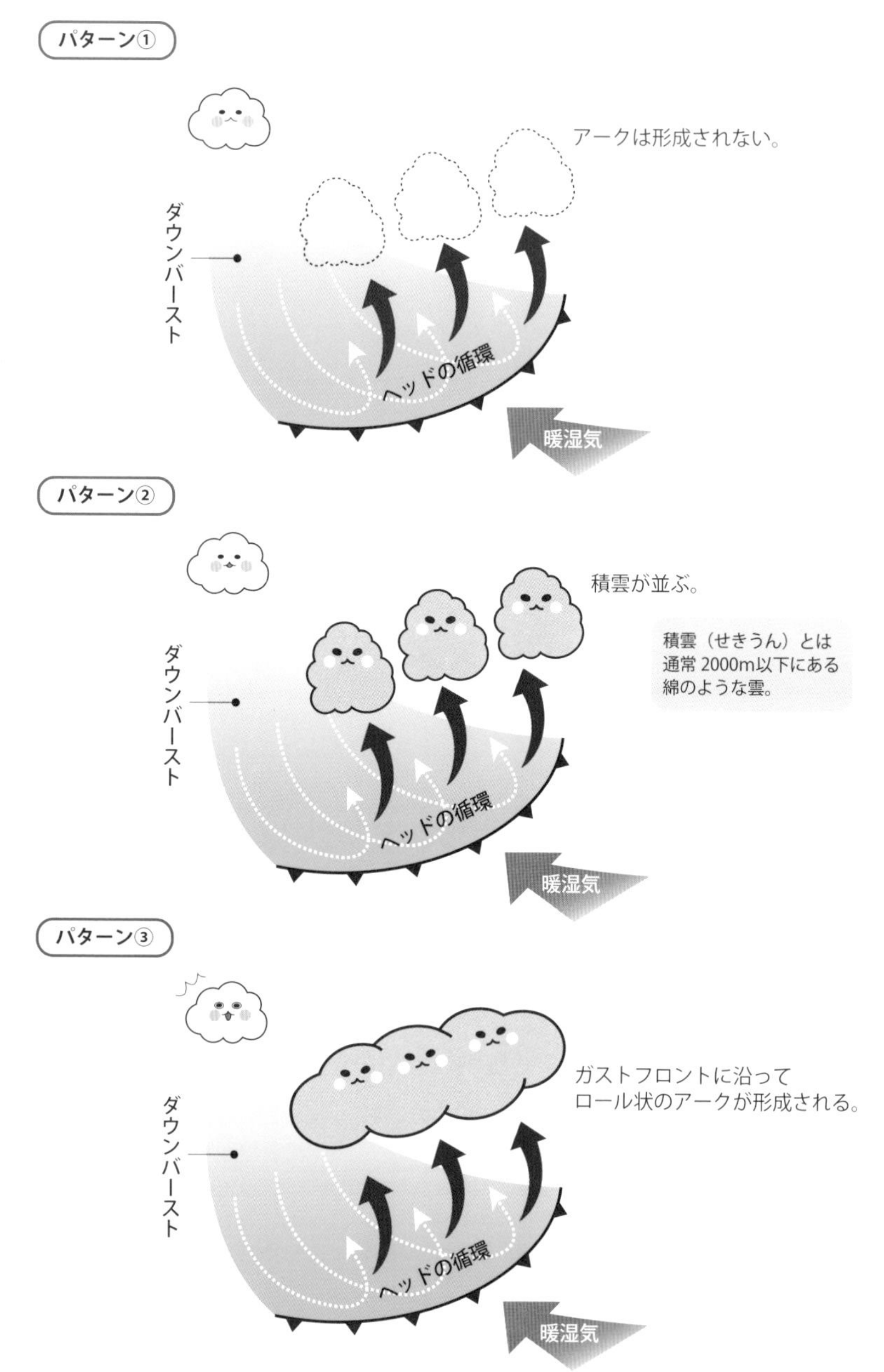

図3.4　アークの発生パターン
パターン①はアークが形成されない場合．パターン②は積雲が並んだ場合．パターン③はガストフロントに沿って層状（ロール状）のアークが形成される場合．

図3.5　2007年4月4日に横須賀で観測されたアーク

図3.6　2002年2月18日に札幌で観測された降雪雲（上）とアーク（下）

被害も生じました。石狩平野の札幌市内で観測された事例では、激しい降雪（霰）が迫っている様子がいくつもの雪足で確認することができます（図３・６）。この数分後、アークが形成され、アーク通過と同時に霰を含んだ猛吹雪になりました。絶対的な水蒸気量の少ない厳冬期においてもアークが形成されることがわかりました。いくつかの下降流が一体となって形成されたアークでは、発達中の複数の積乱雲（積乱雲群）からの下降流がひとつになり、数十kmにおよぶスケールのガストフロントが形成され、進行した事例です（図３・７）。長くうねったアークが特徴的です。この時、最下層のアークの上空にはもうひとつのアークが確認でき、２層構造のアークが形成されているのがわかります。厚い積雲に覆われたアークもしばしば観測されます（図３・８）。この写真から異様な乱れの雰囲気は伝わってきますが、ガストフロントの構造を想像するのは難しいものがあります。アーク前面の細部をみると、小さな積雲がいくつも並んでアークが形成されることがわかります（図３・９）。また、しばしばアークの周

図3.7　2009年8月24日に横須賀で観測された複数の積乱雲からのアウトフローが一体化したアーク

図3.8　厚い積雲に覆われたアーク

辺には、片乱雲に分類されるちぎれ雲*が発生することもあります。アークの裏側をみると、ガストフロント上のアークは積雲で構成されていることがわかります。

アークの時間変化

アークの時間変化を具体的な事例で紹介しましょう。1994年9月17日に三浦半島東岸で発生した雷雨を撮影した連続写真をみると、アークは雷雨に先行して広がったため、アークの微細構造が鮮明にわかりました（図3・10）。積乱雲のレーダーエコー*は三浦半島の東側に存在し、強い降水域を表す強エコーが観測点（図3・11のA点）の東、東京湾上にあったことがわかります。各写真の左側（南東方向）が暗くなっているのは降水のためです。アークは積乱雲本体の西方に形成され、西に進行していきました。アークの形状は、スカートのように襞があり円形に広がっています。襞に相当する凹凸は、出っ張り（lobe*）と裂け目（cleft*）の構造といわれ、ガストフロントの微細構造を表しています。この時のアークの雲底高度は約200m、雲層は約400mあったと推定され、通常の積乱雲の雲底高度（約1km）に比べてはるかに低い高度でした。15時58分までの3分間にアークは

図3.9　アークの前面と（上）アーク形成時のちぎれ雲（下）

*ちぎれ雲（scud cloud）
積乱雲の雲底から引きはがされた片乱雲で、寒冷前線やガストフロント上あるいはその後方に見える。この雲はアウトフローのように、一般には湿った冷たい空気塊に伴い発生する。

*レーダーエコー（radar echo）
レーダー電波の後方散乱物体から反射した電力量。

西進しながら、その形状も大きく変化しました。アーク前面の傾斜角は大きくなり、雲層の厚みも増し、アーク上空にもうひとつの雲も形成されました（2層構造）。アーク先端の移動速度は、14m/s（時速50km/h）と見積もられました。観測された風速記録には、アーク通過時に移動速度とほぼ等しい14・4m/sのガストが記録され

＊Lobe　出っ張った凸の部分。

＊Cleft　引っ込んだ凹の部分。

図3.10　1994年9月17日に三浦半島東岸で発生した積乱雲に伴うアークの時間変化

ました（図３・11のＢ点）。この風速計の記録をみると、４ｍ／ｓ程度の弱い風が吹く中、突然10ｍ／ｓを超える突風が生じたことがわかります（図３・12）。さらに詳しくみると、２回の風速の立ち上がりが観測されています。すなわち、ガストフロントの微細構造として、第１波、第２波が存在したことを示しています。つまり、アウトフローの内部構造として間欠的な複数のダウンバーストを反映して、複数のガストが存在していたのです。

２００４年７月11日13時頃、観測地点をアークが通過しました。当日は朝から積乱雲が湧く不安定な大気状態であり、11時過ぎから横浜で積乱雲が湧き始めたので、ドップラーレーダー、ドップラーソーダ、地上気象観測、ビデオカメラと複数台のカメラによる観測を開始し、ガストフロントに沿って暖気が滑昇してアークが形成される過程とガストフロントの微細構造を捉えました。12時頃から積乱雲が神奈川県内で発生、発達し、積乱雲からの強い下降気流（ダウンバースト）が横浜市内で発生しました（ダウンバーストによる被害は報告されませんでした）。このダウンバーストの地上発散（アウトフロー）はちょうど観測地点（横須賀）に向かっており、ガストフロントで形成されたアークの一部始終を観測することができました。ガストフロント上には周囲の暖湿気が上昇して形成されたアークが目の前に迫り、横浜から横須賀にかけて刻々と近づいてくるのがわかりました。

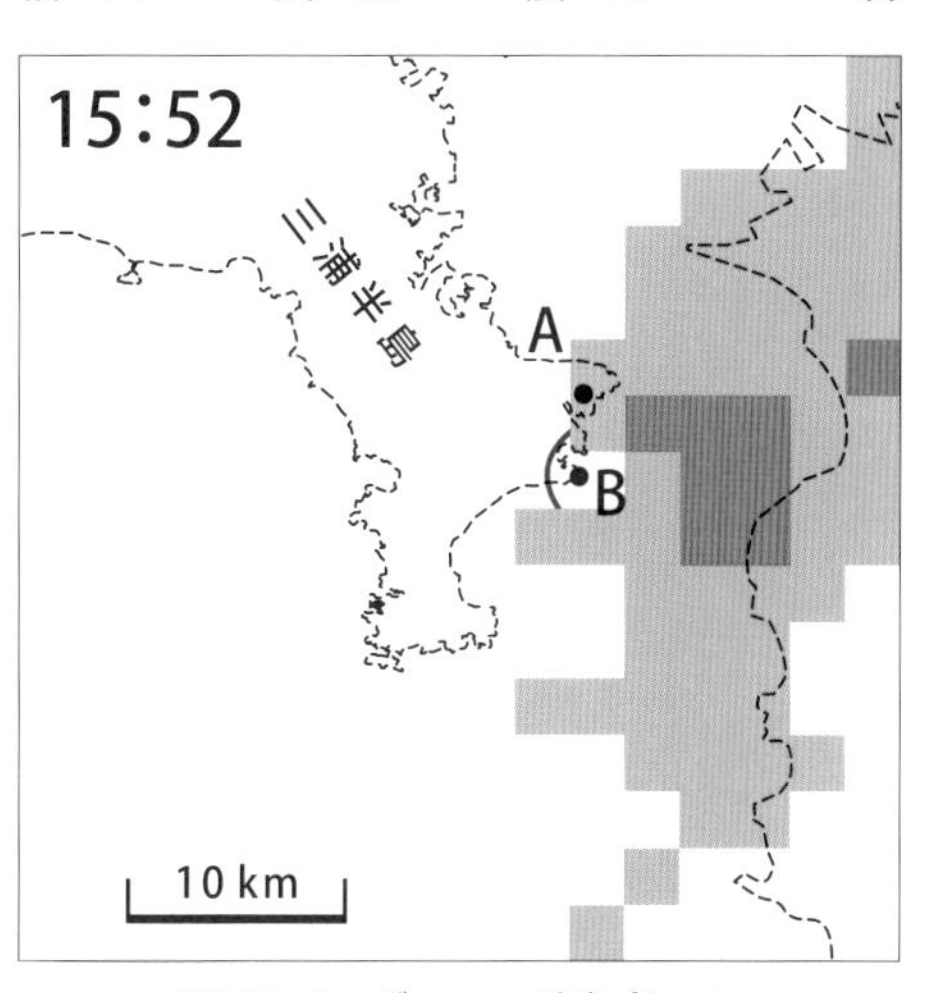

図3.11　レーダーエコー強度パターン

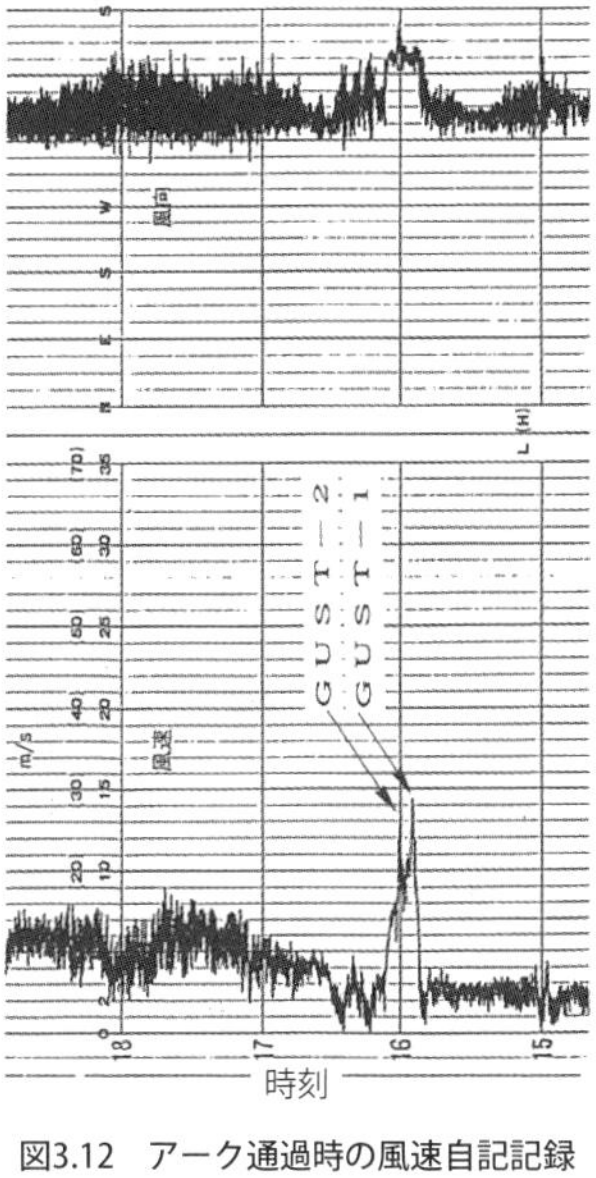

図3.12　アーク通過時の風速自記記録

　ガストフロント通過直前に観測されたアークをみると、真っ黒い積乱雲下部に円弧状に広がり、地上付近とその上空に2層の構造で形成されていることがわかります（図3・13）。ガストフロント通過時のアークを真下から捉えた写真をみると、アークの前面はたいへん滑らかできれいな雲にみえます（図3・14）。ガストフロント上を暖湿気が滑昇して、ある高度から水蒸気が凝結して雲が形成されるため、このような形状になります。一方、アークの雲底は平坦ではなく凹凸が大きく、強い気流の乱れが存在することがわかります。さまざまな大きさの渦や上昇流が入り乱れて存在するのは、ヘッド上部の乱れの大きな場所に相当するからです。アークの先端がまさにガストフロント（突風前線）であり、実際地上でも突風が生じました。この構造は、ヘッド循環前面の上昇流に対応します。観測点でもビデオカメラの三脚が飛ばされました。よく、屋外にいてガストフロントに遭遇した人から「突然上空に雲がかかり突風が吹いたのでびっくりした」という声を聞きますが、あっという間に通り過ぎて、特にニュースになるような被害も生じないために、「今の現象は一体何だったの？」と多くの人が疑問に思いながらもそのままで過ごすことが多いようです。見晴らしのよい場所で観測した

図3.13　2004年7月11日に横須賀で観測されたアーク（13時１分）

図3.14　観測地点通過直前のアーク（13時10分）

のでこの写真のような全体像を捉えることができましたが、街中のビルの谷間から空の一部を見ただけでは全体の構造は想像ができないのも致し方ないことです。

ガストフロント内側の冷気内（アウトフロー内）から〝ガストフロントの裏側〟をみると、アーク先端には雲が列状に並び、薄い所と濃い所が存在していることがわかります（図3・15）。これがガストフロント先端の出っ張り(lobe)と裂け目(cleft)

図3.15　ガストフロント通過後のアーク（13時15分）の３形態

の構造です。アーク先端の雲は積雲ですが、その後面には雲の切れ間が見えます。これはヘッド循環の下降流によって雲が消滅したためです。

一般に、アークの雲底高度、雲頂高度は親雲の積乱雲に比べ低く、今回のアークの雲底高度はビデオや写真画像から、アーク先端部（雲の形成地点）で高度200m、その後面で300mと見積もられました。また、雲頂高度は500～600mと推定され、前線面（ガストフロント）の傾斜角は約30度でした（図3・16）。観測地点（横須賀）における風速（風車型風速計）の自記記録には、ガストフロント通過時に2回のガストが観測されていたことがわかります（図3・17）。つまり、風速約10m/sを有する1回目のガストの約10分後に相対的に強い2回目のガスト16m/sが観測されていました。2回のガストは間欠的に2回のダウンバーストが発生したことを意味しています。

3.3 地上気象要素の変化

ダウンバーストの空気塊は、相対的に気温が低く、密度が高いため、地上で観測していると、アウトフロー（ガス

図3.16　アークの構造

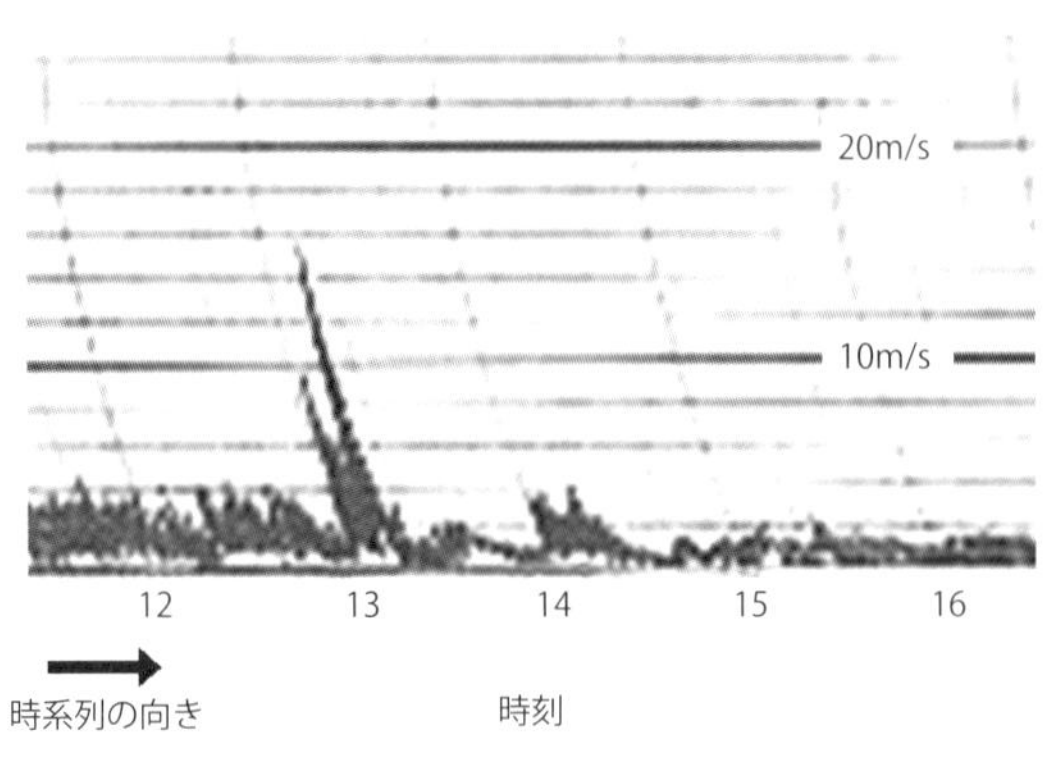

図3.17　ガストフロント通過時の風速自記記録

トフロント）通過時に各気象要素に顕著な変化が生じます。まず、気圧は密度の高いアウトフロー内部の空気塊を反映して上昇します。気圧計で観測すると気圧の急上昇がみられ、これを気圧のジャンプ*といいます。さらに、ガストフロントでは、突風を伴うため、感度のよい気圧計には風圧の効果も現れます。この変化を、気圧の鼻といいます（図3・18）。言い換えると、気圧の鼻は動圧*を観測、気圧のジャンプは静圧*を観測しているといえます。このような気圧の変化は、平面的にみると、冷気塊は高圧帯であるため、メソハイあるいは気圧のドーム*とよばれます。ガストフロントの前面には相対的に低圧部が形成されるため、メソハイに対して、メソロウとよばれます（図3・19）。1地点の観測でこの気圧変化を観測すると、気圧のジャンプの前に気圧の極小*が記録されます。時系列でみると、①気圧の極小（pressure dip）、②気圧の鼻（pressure nose）、③気圧のジャンプ（pressure jump）という順番で観測されます。また、気圧のジャンプとほぼ同時に気温の低下（temperature drop）が始まり、（相対的に乾いた）下降流に対応して湿度の極小（humidity dip）が観測されることもあります。

　実際の地上観測例をみてみましょう。ダウンバースト発生近傍における地上の気象要素（気温・気圧・混合比・感雨）の時系列変化をみると、これらの気象要素の中で特に気圧に顕著な変化がみられ、1・3hPa*と1・9hPaの2回の気圧のジャンプが観測されました（図3・20）。この気圧の時間変化には、最も顕著な気圧のジャンプに先

*気圧のジャンプ（pressure jump）
密度の高い空気塊通過による気圧の上昇。

*動圧
空気塊の運動（風）による気圧の変化。風圧。

*静圧
その空気塊の持つ重さ（圧力）。

*気圧のドーム（pressure dome）
高密度の空気塊がドーム状に存在するため、こうよばれる。

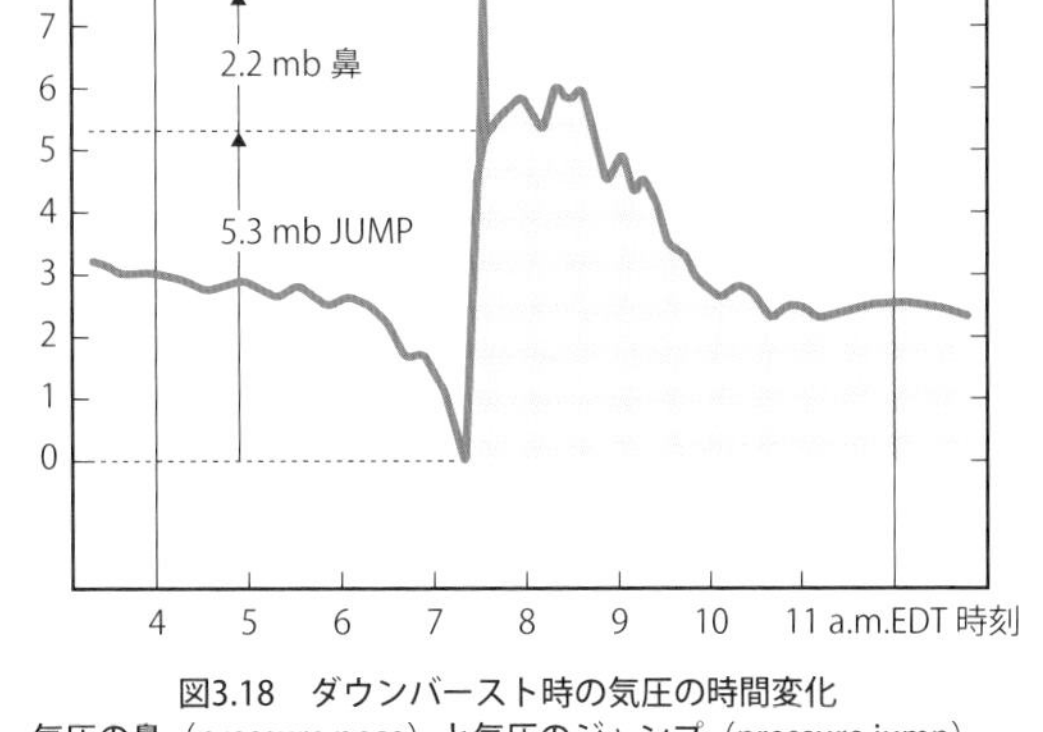

図3.18　ダウンバースト時の気圧の時間変化
気圧の鼻（pressure nose）と気圧のジャンプ（pressure jump）.

行する形で、もう1回の気圧のジャンプが観測された点が特徴的であり、間欠的に複数発生したダウンバーストによる2回のアウトフローが到達した結果と考えられます。最初の気圧のジャンプは、周囲の暖気との境界ですから、ガストフロントといってよいでしょう。それぞれの気圧のジャンプの前後には、局所的な低圧部による気圧の極小（pressure dip）が観測されました。他の気象要素をみると、最初の気圧のジャンプと感雨（雨の降り始め）と気温の急降下（temperature drop）が時間的に一致していました。この事例では、混合比*の変動もみられましたが、その変化は相対的に小さいものでした。

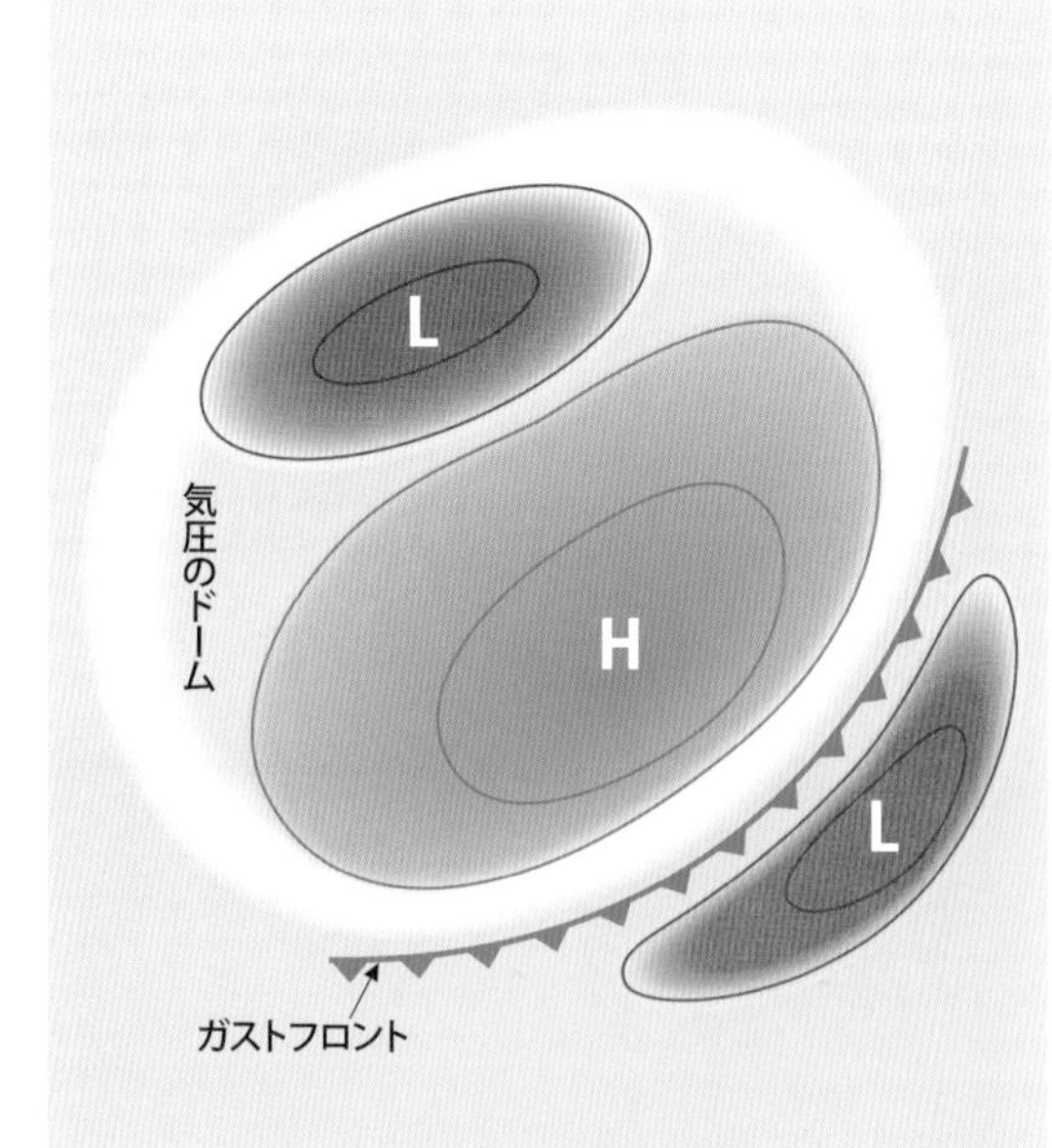

図3.19　ダウンバーストに伴う地上気圧メソハイとメソロウの概念図

3.4 突風構造

ガストフロント通過時には突風（ガスト）を伴いますが、多くの場合20～30m／s程度であり、被害もF0（17～32m／s）クラスであるため、その報告例は実態に比べて少ない数になります。しかしながら、比較的弱い突風であっても、テント、足場、高層ビルの清掃用ゴンドラ、大型遊具（エアー遊具）などは要注意です。ガストフロントによる仮設物の被害は多発していますが、たまたま軽微な被害で済んでいるだけなので、野外イベントやキャンプ時などは、十分注

＊気圧の極小（pressure dip）
局所的な気圧の低下。

＊hPa（ヘクトパスカル）
気圧の単位。mb（ミリバール）と同じ。1hPa＝100Pa（パスカル）。標準大気は、1㎠当たり、1・033kgの重さを有し、1013・25hPaに相当。

意が必要です。実際、２００８年７月27日福井県敦賀市のイベント会場でテントが飛ばされ、１名が死亡しています。[*]

ガストフロント通過時の事故の多くで、現場に居合わせた人が口をそろえて、「空模様が怪しくなり、黒い雲が近づいたので、片付け始めた矢先に突風で……」という声をよく耳にします。これは、ガストフロントが積乱雲本体の前方に形成されるために、積乱雲に伴う雨より一足早く到達する風に間に合わなかったことを物語っています。ガストフロント上には、アーククラウドが形成されることが多く、この特殊なアークがガストフロント接近の目印となります。

ガストフロント通過時に地上で観測された気象要素の変化をみましょう（図３・21）。２００４年７月11日の事例でも、アークの先端通過時（13時10分、図中太い青線）をガストフロントの通過とすると、ガストは３分後の13時13分と11分後の13時21分の２回発生しており、それぞれ10ｍ／ｓを超えるガストが連続して発生していたことがわかります。２回のガストも、時間分解能のよい風速計で観測すると、それぞれ１回のガストは〃ガスト群〃といってよい

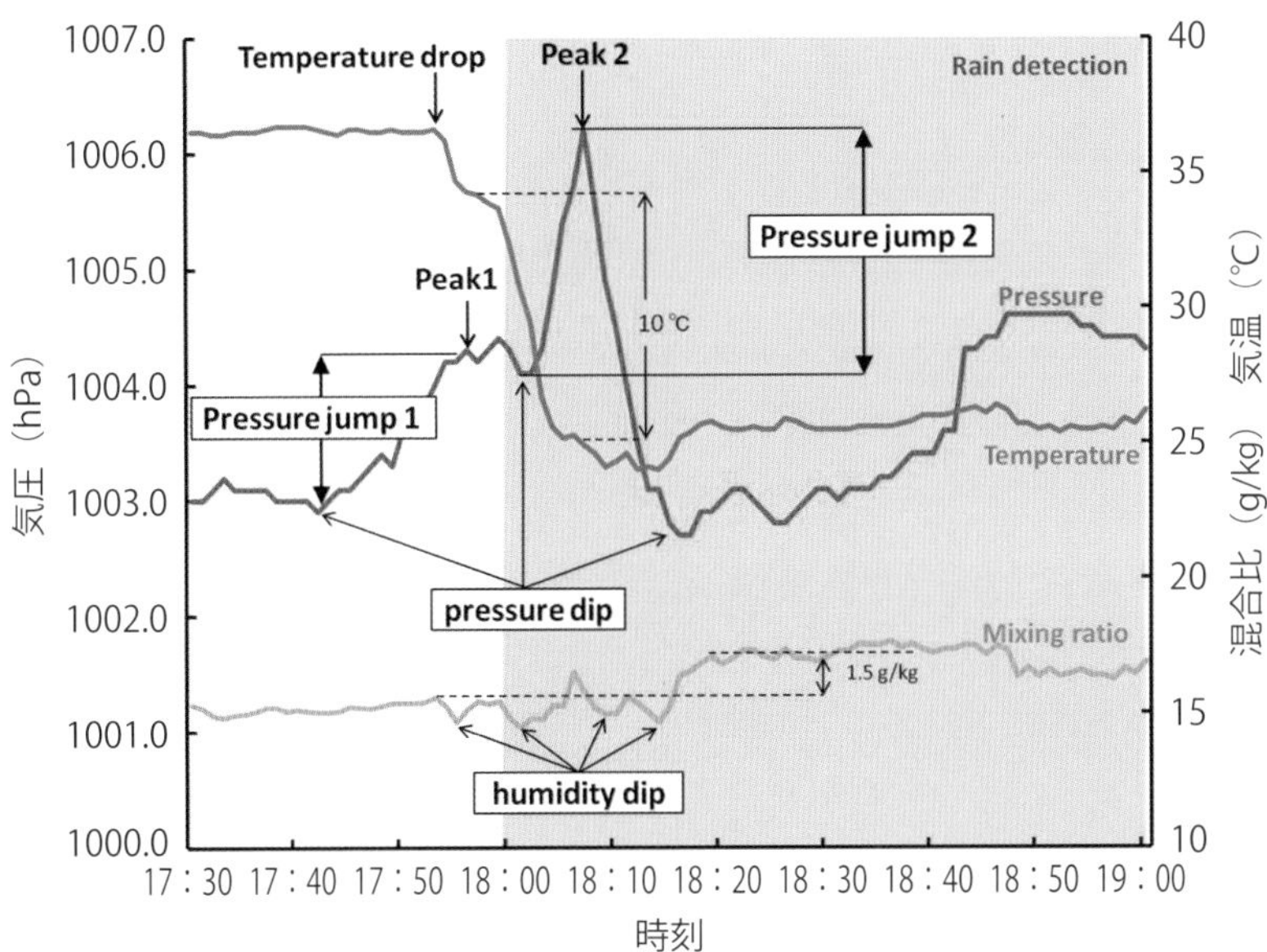

図3.20　2013年8月11日に群馬県で発生したダウンバーストの突風発生時の各気象要素の時系列
17時42分〜17時59分に1.3 hPa，17時53分〜18時7分に1.9 hPaの気圧のジャンプが観測された．

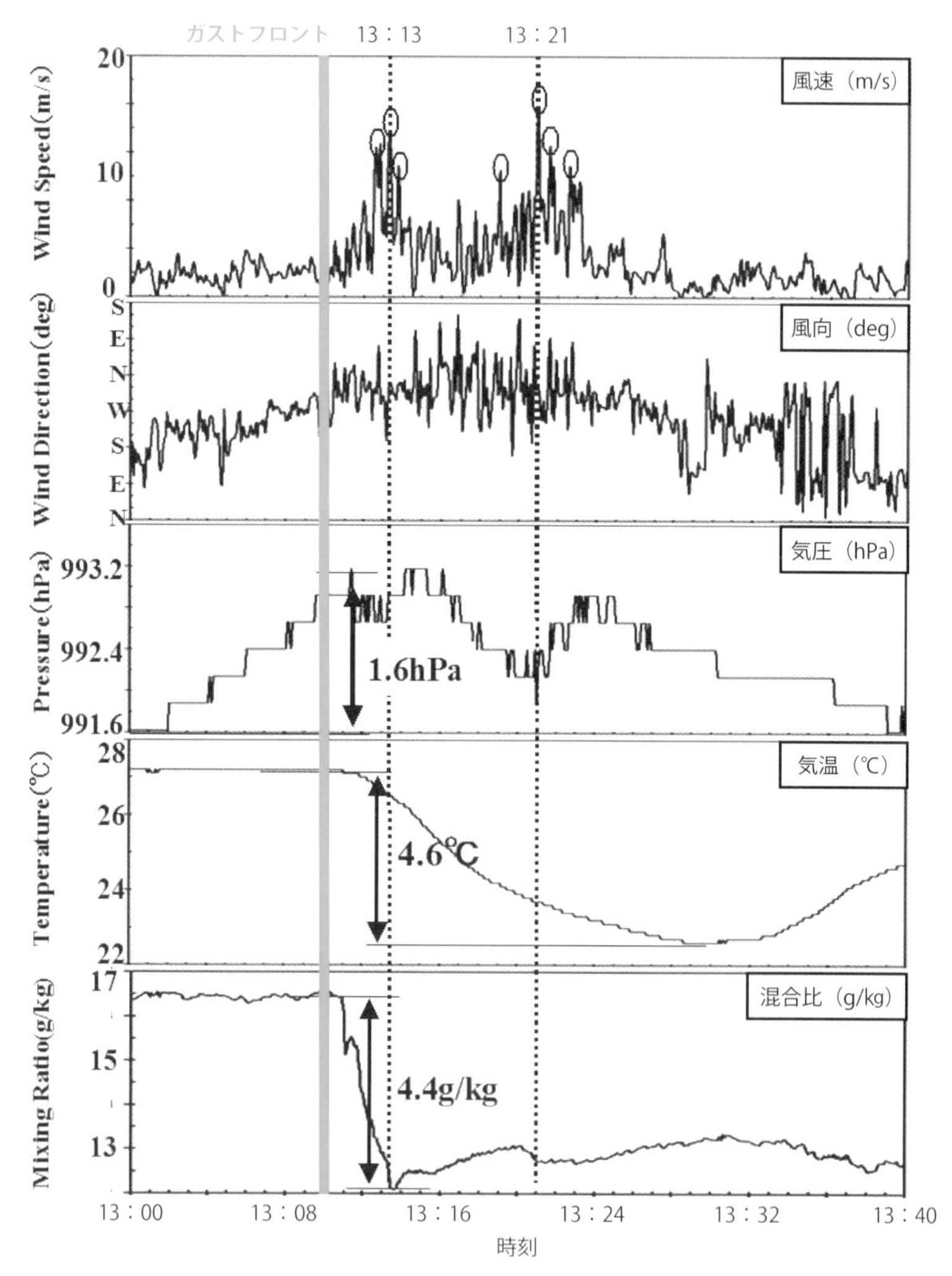

図3.21　ガストフロント通過前後の気象要素の時間変化
図中の――がアークの先端通過時（13時10分）.

複数のガストで構成されていることがわかります。ピーク値は、1回目のガストが14m/s、2回目は15m/sを記録しました。これらのガスト発生時には、小枝が折れたり、埃や紙が舞う、ビデオの三脚が転倒するなどの現象が観測されましたが、構造物等に顕著な被害は発生しませんでした。F（フジタ）スケールではF0（17～32m/s）に対応しています。

各気象要素の変化をみると、気圧はガストフロント通過前後で1・6hPa上昇した後、それぞれのガストに対応して0・4hPa程度の変動（ガスト前に低下、ガスト後に上昇）がみられました。相対的に密度の高い冷気が進入した結果、ガストフロント通過時に気圧のジャンプが記録されました。ガスト時にみられた気圧変動は、ガストフロント内のヘッドの鉛直循環による、より微細な構造を反映した結果と考えられています。つまり、ヘッドの上昇流と気圧降下が、下降流と気圧上昇が対応しています。一方、気温はガストフロント通過後から一気に低下し、最終的に4・6℃下がりました。水蒸気量を表す混合比はガストフロント通過後、4・4g/kg急激に減少しただけでなく、ガスト時にも0・5g/kg程度の低下（humidity dip）が観測されました。

これらの気象要素の変化は次のように考えられます。まず、ガストフロント通過前後に、周囲の暖湿気と相対的に寒冷で乾燥したガストフロント後面のアウトフロー内の気塊の違いが、それぞれ1・6hPa（気圧）、4・6℃（気温）、4・4g/kg（混合比）の変化として表れました。さらに、アウトフローの冷気内の鉛直循環

＊混合比
空気塊の持つ水蒸気量。1kgの空気塊中の水の量（g/kg）で表わされる。相対湿度に対して絶対湿度とよばれる。

＊福井県敦賀市のイベント会場
ガストフロントの通過で、イベント会場のテントが飛ばされ1名が死亡した。このテントは、300kgのおもり計4個で固定されていたが、空中に飛ばされた。テントは風を受けやすい構造であり、ビニールの風除け等を垂らしていると、さらに風を受けやすくなる。たとえおもりをつけていても、20m/s弱の風速で簡単に飛ばされてしまう。

に起因した変動が、気圧（0・4hPa）と混合比（0・5g/kg）に、それぞれの循環の下降気流時に対応して観測されたわけです。ただし、厚さ500m程度の冷気内の鉛直循環であるため、気圧、混合比ともその変動量は小さく、気温については微小な変化はみられませんでした。

＊動画①
2007年5月31日東京湾で発生した竜巻その1。（提供：山根修一）

＊動画②
2007年5月31日東京湾で発生した竜巻その2。（提供：山根修一）

3.5 短寿命の渦ガストネード

ガストフロントに伴って、竜巻のような渦が形成されることがあります。ガストフロント上の渦は、スーパーセルの上昇流で形成される竜巻とは構造が異なり2次的な渦であるため、ガストネード（gustnado）とよばれます。ガストネードは短寿命でスケールも小さく、明瞭な漏斗雲が確認されないことの方が多く、地上付近のつむじ風のように見えます。ガストフロントでは、相対的に軽い暖湿気がガストフロント上を滑昇し、アウトフローの冷気はガストフロントで反転します。こうして形成されたヘッドの循環で生じる渦がガストネードのメカニズムです。ガストフロント上では、新しい積雲・積乱雲が発生するので、竜巻と同様の様相を呈することもありますが、短寿命の渦であることには変わりません。

では、ガストネードはつむじ風でしょうか。一般に、ガストフロント上の上昇流（地上付近の上昇流）が原因で上空に雲を伴わずに発生した渦は、「つむじ風」です。ゆえにつむじ風といっても間違いではありませんが、結構大きなつむじ風になります。では、雲（アーク）を伴う場合はどうでしょうか。地上からアーク（積雲）まで上昇流はつながっていて、渦も雲から地上まで達しています。この形態は、海上竜巻（ウォータースパウト）のメカニズムとよく似ています。海上竜巻もガストネードも渦の回転速度は20m／s程度とそれほど大きくなく、気圧降下量も小さく漏斗雲が形成されないこともしばしばです。

ガストネードは竜巻か？

ガストネードは、ガストフロント上で形成された〝2次的な竜巻〟と述べましたが、厳密には竜巻なのでしょうか。ガストフロントの上昇流と渦（ヘッドの循環）により鉛直渦が生じるため、渦の原因は地上付近にあり、スーパーセルのように雲内に渦があるわけではありません。しかも、上空に雲がなければ、「つむじ風」になります（図3・22の上）。ただし、ガストフロント上にはしばしばアーク（積雲）が形成され、この場合はガストフロント上で形成された鉛直渦がアーク（積雲）と一体になります（図3・22の中）。つまり、形態だけをみれば上空に親雲（積雲）が存在しているため、「竜巻」といっても間違いとはいえません。ここで、非スーパーセルである「海上竜巻」を考えてみましょう（図3・22の下）。海上竜巻は、周囲の積乱雲からのアウトフローの境界（ガストフロント）で形成された渦（鉛直渦）が、たまたま上空に存在した積雲・積乱雲の上昇流によって〝引き伸ばされた〟結果、竜巻になります。では、アークが存在する場合と海上竜巻とのメカニズムの違いは何でしょうか。アークの場合、上昇流はガストフロントが作るのに対して、海

＊動画③
２００４年７月11日研究室上空（横須賀）を通過したガストフロント前編。

＊動画④
２００４年７月11日研究室上空（横須賀）を通過したガストフロント後編。

上空に積雲がない

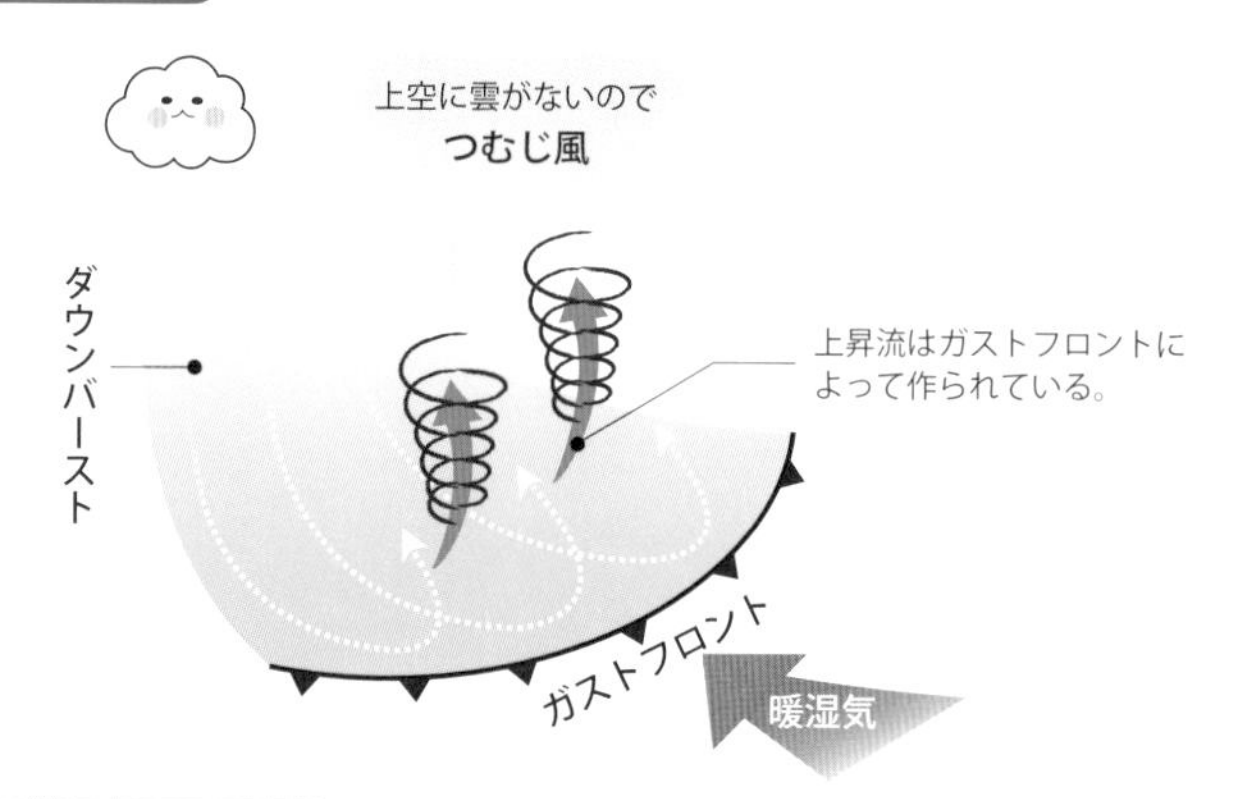

上空に積雲(アーク)がある

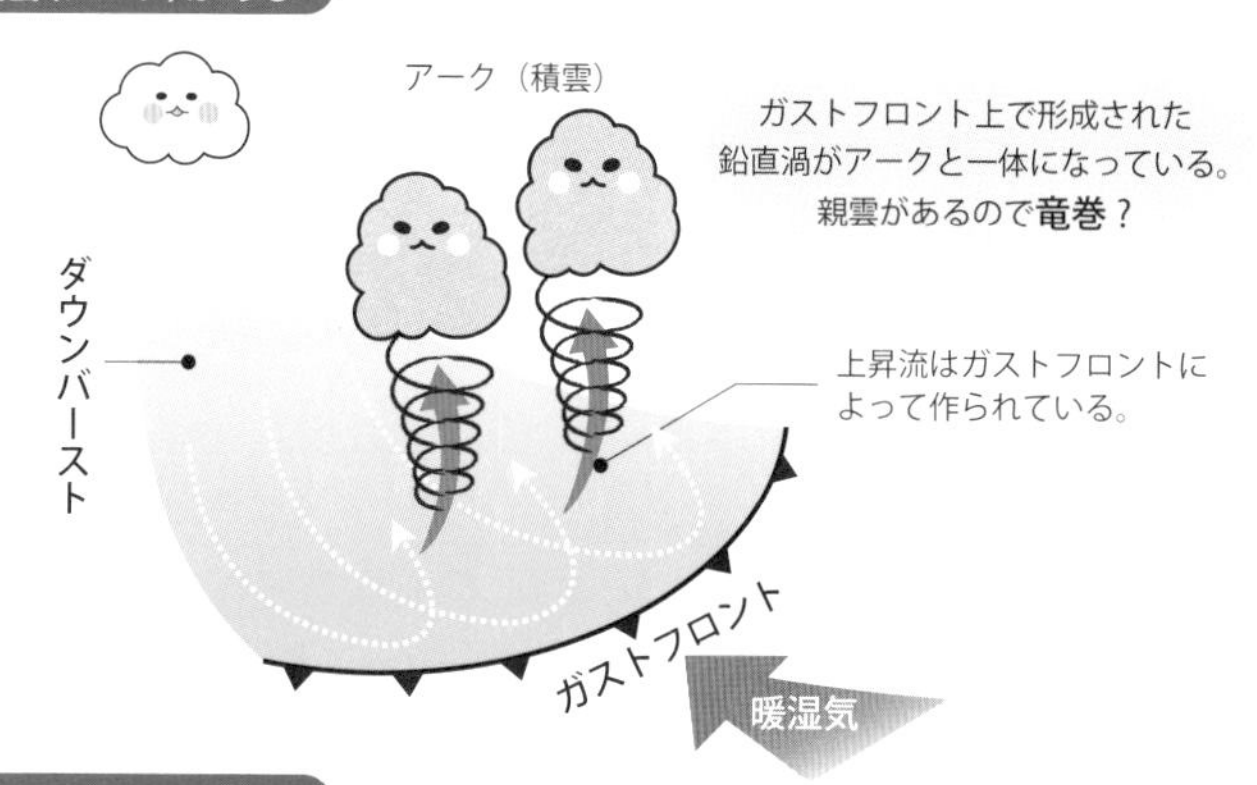

海上竜巻発生メカニズム

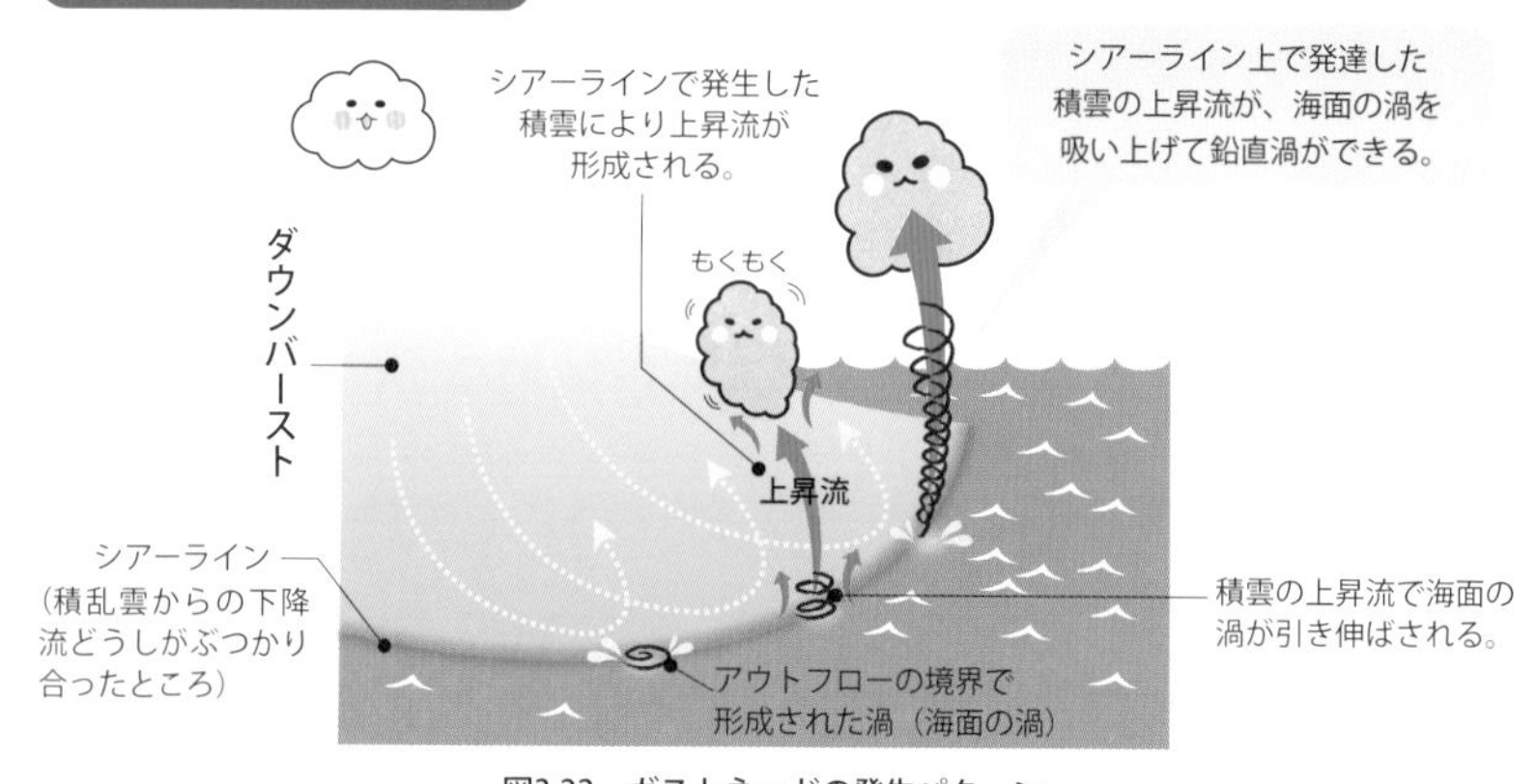

図3.22　ガストネードの発生パターン
（上）上空に積雲がない場合.（中）上空に積雲（アーク）が存在する場合.（下）海上竜巻（ウォータースパウト）発生メカニズム.

上竜巻の場合、上昇流は積雲が作ります。つまり、力学的には上昇流の成因が異なるため、ガストネードとウォータースパウトは区別されます。しかしながら、実際には、目視やレーダーで竜巻を観測して判断しますから、上空に雲（アーク）を伴うガストフロントは、〝親雲が存在している〟、〝気象レーダーで親雲のエコーや渦（マイソサイクロン）が観測される〟という現象の条件をクリアーします。また、上昇流の起源を積雲なのか地上のガストフロントなのかを厳密に把握することは困難です。その意味では、アークを伴うガストネードは竜巻に含めてもよいかもしれません。このように、ガストネードひとつをみても、その形態、構造、メカニズムは多様性があり、複雑であることがわかります。

　現在、気象庁の突風データベースにも、「ガストフロント」や「つむじ風」の分類があります。厚木の事例（4・3参照）でも、住民の目撃情報により〝竜巻注意情報〟が発表されました。一般の人にとって、竜巻とガストネードは区別がつきません。住宅密集地では、ガストネードによる被害も結構生じています。「2次的な竜巻」であるガストネードの位置づけは難しいですが、防災上の観点からそれなりの構造と大きさを有したものは、「広義の竜巻」としてもよいかもしれません。

＊動画⑤
2009年8月24日房総半島で発生した積乱雲からのガストフロント前編。研究室屋上から撮影。

＊動画⑥
2009年8月24日房総半島で発生した積乱雲からのガストフロント後編。

4章　近年の観測事例

4.1 つくば竜巻（2012年5月6日）

２０１２年５月６日ゴールデンウィーク最終日のお昼過ぎに、茨城県から栃木県にかけた広い範囲で竜巻が発生しました。１番目の竜巻は、12時30分に茨城県筑西市にタッチダウンし、桜川市にかけて長さ約21㎞の痕跡を残しました。２番目の竜巻は、12時35分に茨城県常総市にタッチダウンし、つくば市北条地区にかけて長さ約17㎞の痕跡を残し、さらに３番目の竜巻は、12時40分に栃木県真岡市にタッチダウンし、茨城県常陸大宮市にかけて長さ約31㎞にわたって痕跡を残しました。これだけ大規模な竜巻が、近接した場所で同時多発的に発生したのは、日本では珍しいことです。さらに、竜巻の強さもトップクラスであり、つくば市の竜巻は気象庁の発表でＦ３、その後の専門家の解析では局所的にＦ４*の可能性が指摘されています（図４・１、４・２）。

主な被害は、茨城県常総市からつくば市、筑西市から桜川市にかけてと栃木県真岡市、益子町、茂木町で確認され、死

つくば竜巻は
国内観測史上最大級の竜巻
といわれているよ。

!?

＊Ｆ４
基礎から横転した住宅について、建築、耐風工学の専門家が解析した結果によると、最大で１００ｍ／ｓを超える風速が計算された。

筆者が実際に現地調査した被害の実態です。竜巻は短時間の発生にも関わらず、甚大な被害をもたらします。

小林

者１名を含む55名の人的被害をはじめ、全半壊５８５棟を含む２４００棟以上の住家被害が生じました。

常総市の被害は、非住家の屋根の破損や植生などごく一部に限られていましたが、つくば市の被害は吉沼地区から始まり、北条地区にかけてほぼ直線的に連続した被害が確認できました。吉沼地区は田畑が広がるなかで、ビニールハウスの破壊や植生の被害、飛散物が連続して散乱している様子が、大久保地区にかけては、防風林に囲まれた旧家や研究所、工場オフィス建物群の被害がみられました。住宅が密集した北条地区では、家の土台から横転した木造家屋、集合住宅の全階におよぶ被害など、住宅密集地で比較的新しい構造物が被害を受けました。羽越線列車横転事故*や佐呂間竜巻では、列車や仮設構造物が被害を受けましたが、つくば竜巻や２０１３年９月に発生した関東における複数の竜巻から、自分の住んでいる家が大丈夫かという身近な問題になってきました。

これだけの広範囲の被害になると、１個の竜巻被害を追うだけで数日かかってしまいます。いち早く被害の全体像を把握するためには、上空からの観測が必要です。竜巻発生翌日の午後、ヘリコプターによる上空からの調査観測を実施しましたが、２回のフライトで常総市からつくば市にかけてと、真岡市、益子町、茂木町上空を飛ぶので精いっぱいでした。

北条地区では壊滅的な被害を受けた構造物や住家の屋根被害など顕著な被害域が直線的に存在し、その周辺、特に進行方向左側には相対的に軽微な被害域が広がる

＊羽越線列車横転事故
２００５年12月25日19時すぎ、ＪＲ羽越本線・北余目駅と砂越駅の間、第２最上川鉄橋の南３００ｍ付近の山形県庄内町で、秋田から新潟に向かう6両編成の特急列車「いなほ14号」が、強風を受けて脱線した。寒冷前線通過時で暴風雨雪のため、通常の速度１２０㎞／ｈより減速した１００㎞／ｈ前後で運転していたが、６両全てが脱線し、３両が転覆。死者5名、負傷者33名を数える大惨事となった。４日間におよぶ被害調査から作成された被害マップをみると、約14㎞にわたり局地的な被害が直線的に散在していた。主な被害は、海岸線近くの防風林、国道7号線沿い、羽越線事故現場周辺、その北西地域に分布していた。突風災害は南西から北東方向に時系列的に発生し、防風林の中で直径50㎝もある松の木の幹折れ、多くのビニールハウスの変形、国道沿いの防雪板の飛散、住宅の南～南西側の窓や軒、瓦の被害、農機具用の小屋の全壊などが確認された。被害状況から竜巻による被害とみなされ、被害スケールは、Ｆ1、長さ約14㎞、幅は最大で50ｍ程度とみなされ、ＦＰＰスケールでいうと、Ｆ１‐Ｐ２‐Ｐ１となった。海岸線で発生した竜巻が被害を残しながら、内陸10㎞以上走ったというのは珍しく、その中でたまたま走行中の列車と遭遇したと位置づけられた。この竜巻は、寒冷前線の暖域側で形成された積乱雲列（プレフロンタルライン）に伴い発生した。

という、竜巻に固有な被害の局在化が明瞭でした。竜巻渦中心の経路と最も被害の大きかった地域がずれているのは移動速度が、少なくとも60㎞/hと推定されており、竜巻渦の進行方向右側で風速が増大した結果、被害域がより集中する結果となったためです。つくば竜巻の被害スケールは、F3、長さ約17㎞、幅は100m程度とみなすことができましたから、FPPスケールでいうと、F3-P3-P2となります。

　つくば竜巻は北条地区で甚大な被害をもたらした後、つくば山麓のゴルフ場付近で消滅しました。通常、竜巻は明瞭なライフサイクルを示しますが、今回最も被害の大きかった北条地区の通過直後に消滅したのは、つくば山系の影響で最盛期の竜巻が山に当たって消滅したものと考えられます。もし、つくば山系がなければ、17㎞ではなく、30㎞位走ったかもしれません。

　真岡市から益子町、茂木町にかけては、つくば市に比べて相対的に住宅や構造物は少なく、田畑が広がり、住家や農業施設が散在し、上空から確認できた顕著な被害は、点在した住家や小屋、農業施設に集中していました。各々の被害個所では、

図4.1　2012年5月6日につくば市で発生した竜巻による被害

図4.2　真岡市における被害を受けた農業施設（ビニールハウス）

木造小屋の倒壊、屋根の剥ぎ取り、農業施設、倒木などの被害が確認されました。真岡市はいちご栽培*で有名ですが、広範囲な農業施設では、パイプハウス（ビニールハウス）の壊滅的被害が目立ちました（図4・3）。通常、竜巻が通過した後、パイプハウスは、押しつぶされた状態になりますが、今回は引きちぎられてめちゃくちゃになったものがいくつもあります。低気圧性の渦によって反時計回りに壊され、飛ばされたことがわかります。道路のアスファルトが剥がされる被害も後日発見されましたが、これは、アメリカでF5スケールの竜巻が起きたときに報告された被害と同じような剥がれ方でした。また、竜巻の通過した小学校では、教室内がめちゃくちゃになっていましたが、休日であったために人的な被害はゼロでした。もし平日であったらちょうど給食の時間に当たり、どれだけの被害が生じたか考えただけでもゾーッとします。

真岡市から益子町、茂木町にかけては、住宅などの構造物が少なくなり、被害分布の把握が難しくなりましたが、非住家の倒壊や倒木など顕著な被害が点々と続いていました。全体として、被害域は直線ではなく、また場所により被害幅の大きな変化が認められました。被害の長さが全体で31㎞に達した中で、被害域が点々と局在化した状況から、竜巻渦が発生と消滅を繰り返しながら、地上付近の竜巻渦が複雑な挙動をした可能性を示しています。真岡竜巻は、F2、長さ約31㎞、幅は100m程度とみなすと、FPPスケールで、F2‐P3‐P2となります。

*真岡市のいちご
とちおとめ。

図4.3　壊滅的な被害を受けた農業施設（ビニールハウス）

今回のように、日本ではこれまで経験のない広範囲で同時発生した竜巻の被害調査は、大変難しいことが実感できました。20㎞から30㎞走った1個の竜巻を地上で調査するのに2、3日はかかりました。筆者は、被害の全体像を把握するために航空機観測を行いましたが、それでも筑西市から桜川市にかけての被害は、直後十分に調査することができませんでした。今回の3個の竜巻による被害を全部見た人は誰もいません。竜巻が襲った直後の被害を、実際に現地で見ることは、竜巻のスケールを決める上でも重要ですが、実際はなかなか難しいことです。

竜巻発生当日の地上天気図には日本海上に低気圧が解析され、この季節としては低温である−25℃を下る寒気を伴った寒冷渦*の様相を呈していました（図4・4）。この寒冷渦は5月3日から約1週間停滞したため、ゴールデンウィークに入っても肌寒い日が続いていました。ようやく5月5日に爽やかに晴れましたが、翌6日はこの低気圧に吹き込む形で、関東平野では比較的強い南風が入り込み、朝から季節を疑うような蒸し暑さを感じたことを記憶しています。南関東の各地では、午前中から晴れて日射が強く気温は25℃を超え、この時点で、地上と上空の温度差は45℃近くに達し、年間何日もないような非常に不安定な状況となりました。実際、横浜地方気象台では、10時に南南西の風6・4m/s、相対湿度73%が観測されたように、南風により水蒸気が輸送された結果、下層大気は非常に湿っていました。大気の安定度はエネルギー量として定量的に表しますが、当日12時の竜巻が発生した茨城県上空のCAPE*は２０００J

＊寒冷渦
切離低気圧（cutoff low）ともいう。気圧の谷に寒気が入り込み、振幅が大きくなり、南の端が切り離されて閉じた等圧線（等温線）が形成される。そのため、移動速度は小さく、雷雨や豪雪が起こりやすくなる。

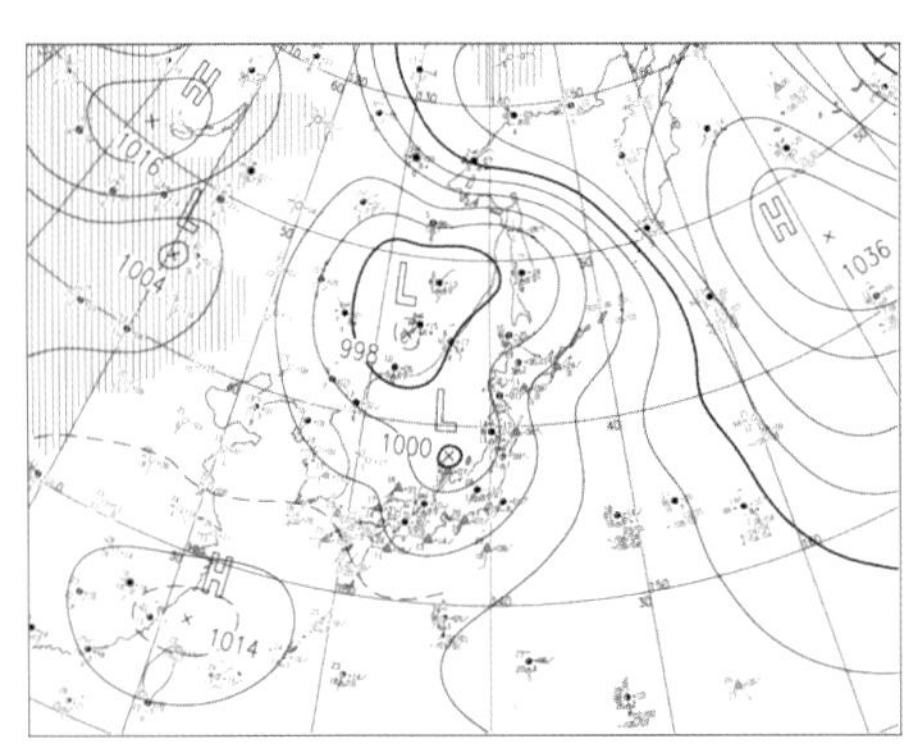

図4.4　2012年５月６日９時の地上天気図（気象庁）
日本海上には前線を伴わない低気圧（寒冷低気圧）が解析されている.（Kobayashi and Yamaji 2013）

／kgを超え、大きな値を示し、活発な対流活動が予想されました。アメリカでも、2000を超えるCAPEの値は大きいものであり、スーパーセル発生レベルとされています。横須賀から北関東を望むと、夏のような積雲、積乱雲がお昼前から湧き上っていました。

寒冷低気圧に伴い、日本の広い範囲で気象レーダーによる積乱雲エコーが確認されました。竜巻をもたらした親雲である積乱雲は、南北のバンド状エコーの形態を有しながら北東へ移動しました。バンドエコーの中で、個々のエコーはセル状を呈し、南北に並んで11時過ぎから急速に発達し、その南端のエコーセルは12時30分には発達したエコーとして茨城県上空で確認されました。エコーシステム南端のエコーはつくば上空で、湾曲した形状（フック状*）を有しており、フックエコーの中心付近には、ドップラーレーダーで明瞭な渦パターンが観測されました（図4・5）。

13時過ぎにこの南北に並んだ竜巻をもたらした積乱雲群は衰弱しましたが、その後南西から北東方向に再び積乱雲が発生し、南西から北東に伸びた別のライン状エコーが形成されました。このラインの中には、つくばや栃木上空で観測された積乱雲と同程度の強度を有した積乱雲が存在し、神奈川県、東京都、埼玉県を通過しました。ドップラーレーダーによる観測から、多くの積乱雲が渦を伴い、当日発生・発達した多くの積乱雲が竜巻のポテンシャルを有していました。

*CAPE
Convective Available Potential Energy：対流有効位置エネルギー。

*フック状
フックエコーはスーパーセルの特徴的な構造。

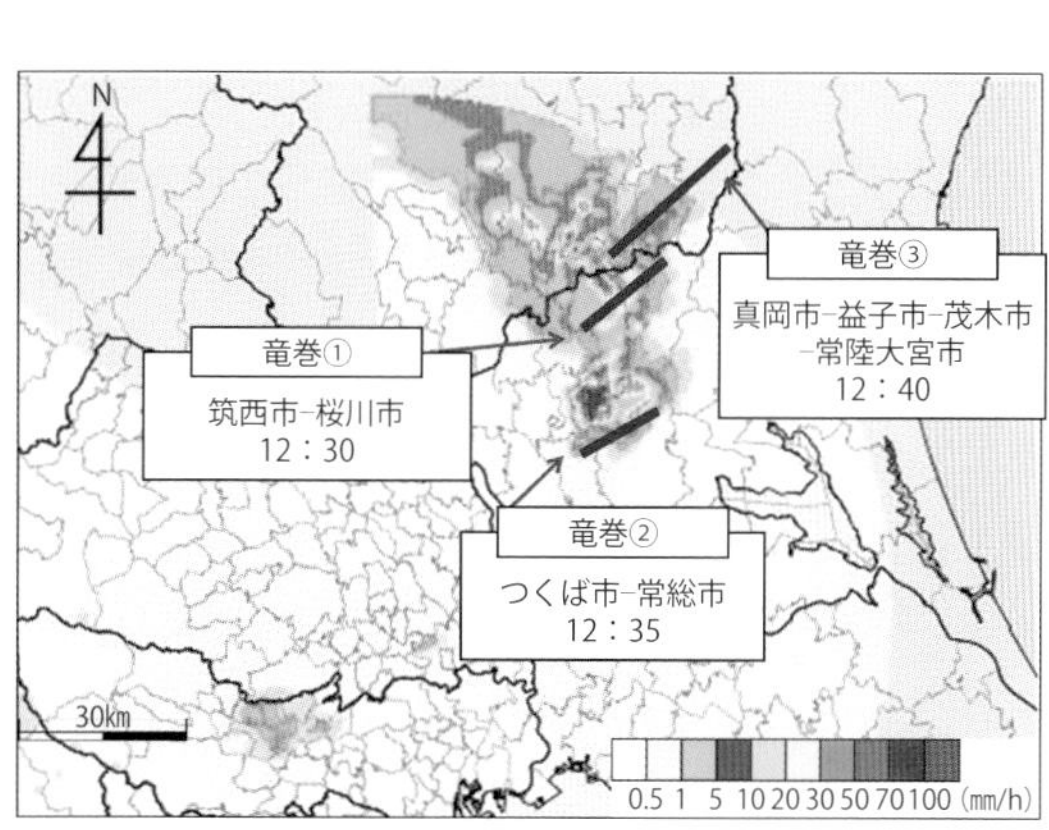

図4.5　2012年5月6日に北関東で発生した3個の竜巻経路（—）と12時30分のレーダーエコー図（国土交通省XRAINレーダー）（Kobayashi and Yamaji 2013）

発達した積乱雲からは活発な雷活動も観測され、5月6日の10時から18時までに関東周辺で観測された落雷数は40000回を超え、この時期における落雷としては非常に活発でした。落雷分布をみると、発達した積乱雲群による落雷が集中した結果、落雷域が時間とともに移動したことがわかります。落雷の極性*は、負極性落雷が全体の90%を占め、夏季積乱雲の落雷極性*と同じ割合を示しました。*

4.2 竜巻大発生（2013年9月）

2013年9月2日から16日にかけて、日本各地で竜巻被害が頻発しました。2日14時頃埼玉県越谷市から千葉県野田市にかけて、F2の竜巻が発生し、長さ19㎞、幅300mにわたって痕跡を残しました。この竜巻は住宅地を襲ったために、被害家屋は全壊18棟を含む、1300棟以上に達し、重傷7名を含む60名以上の人的被害をもたらしました。4日には、高知県宿毛市（6時30分：F0）、安芸市（11時50分：F0）、栃木県鹿沼市（12時20分：F1）、塩谷町・矢板市・宇都宮市（12時50分：F1）、三重県伊勢市（14時20分：F0）と広範囲で竜巻が発生しました。さらに、15日から16日にかけて、和歌山県串本町（15日14時30分：F1、17時10分：F1、18時5分：F1）、三重県志摩市（15日21時10分：F0）、栃木県那須町（15日22時30分：F0）、埼玉県滑川町（16日1時30分：F1）、熊谷市（2時00分：F1）、行田市（2時30分：F1、2時40分：F0）、群馬県みどり市（2時20分：F1）で、計10個の竜巻が発生しました。9月16日に埼玉県熊谷市で発生した竜巻は、長さ8

＊**落雷の極性**
雷放電は雲内の降水粒子がプラスとマイナスの電荷に分離することで発生する。プラス電荷を中和する雷放電を正極性、マイナス電荷を中和するのを負極性とよぶ。電荷分離で重要なのは−10〜−20℃高度で形成される霰粒子であり、積乱雲内は上層にプラス、中層にマイナス、そして雲底付近にプラスの2次的な電荷がたまりやすくなる。

＊**夏季積乱雲の落雷極性**
落雷は雲から地面への放電であり、暖候期の積乱雲では雲中のマイナス電荷を中和するための、負極性の下向き落雷がメインで約9割を占める。一方、雪雲は雲頂、雲底高度とも低く、地上から上向きに延びる放電路が雲に達する確率が高くなり、雲頂（プラス）への上向き落雷の数が増えるため、冬季雷は、正極性雷や上向き放電の割合が高くなるのが特徴といえる。

＊拙著『雷』（成山堂書店）参照。

km、幅300mにわたって700棟以上の建物被害があり、多大な被害を残しました。

この一連の竜巻は、8月から続いた猛暑と、停滞した前線と台風の接近という環境下で発生しました。9月15日から16日にかけて発生した10個の竜巻は、台風18号（T1318、アジア名マンニィ）の影響を強く受けたものですが、わずか12時間の間に10個の竜巻が発生したのは、これまでの観測でも珍しいことといえます。延岡竜巻時*にもその前後に、九州から四国にかけて10個近い竜巻が発生しましたが、これが台風に伴う竜巻の特徴といえます。台風をとり囲む数多くの積乱雲がスーパーセル化すると、広範囲で竜巻発生の可能性が高まります。ただし、竜巻を生む台風と生まない台風の違いはよくわかっていません。

9月2日は、東シナ海に台風17号が存在しており、埼玉県や千葉県は台風中心からは遠く、1500km以上離れていましたが、関東付近は停滞前線に吹き込む南からの暖かく湿った空気の影響で、大気の状態は不安定でした。停滞前線の南側に位置する関東南部では、午前中から晴れて積雲が発生消滅を繰り返していた中で、13時過ぎから埼玉県南部で急速に孤立した積乱雲が発達し、雲頂は高度15kmを超えます。この積乱雲の発達の様子やかなとこ雲の広がりは、東京都、神奈川県、千葉県など広い範囲で確認され、いかに巨大であったかがわかります。竜巻をもたらした積乱雲は、13時20分頃から急速に発達を始め、13時30分には雲頂は高度10kmを超え、13時50分にはかなとこ雲が広がり始め、雲頂のオーバーシュートも発生しました（図4・6）。この様子は、気象衛星の可視画像でもはっきりと捉えられており（図4・

＊延岡竜巻
2006年9月17日に宮崎県延岡市で台風13号に伴い発生した竜巻。台風が長崎県に上陸する4時間前の17日14時過ぎに海上で竜巻が発生し、上陸後延岡市内を約7kmにわたり走り、F2の被害をもたらした。死者3名、負傷者140名以上、市内の住宅被害の他、JR日豊本線で特急にちりん9号が脱線するなど甚大な被害が生じた。2019年9月22日に台風17号に伴い発生した竜巻も2006年と同じような経路を進んだ。

7）、かなとこ雲の広がりを確認することができ、14時頃には、気象庁・東京レーダーで明瞭なフックエコーとメソサイクロンが観測されました。当日は、午後に積乱雲が発生し、積乱雲の南側が晴れていたこともあり、多くの人が目撃し、竜巻や積乱雲の動画や写真が数多く残されました。積乱雲の写真やドップラーレーダー解析から、日本では珍しい、アメリカ中西部で観測されるようなスーパーセルが発生し、竜巻が引き起されたと考えられます。

9月4日9時には、台風17号は四国沖で温帯低気圧に変わっていましたが、四国から本州南岸は暖かく湿った南風の影響で引き続き大気が不安定になっていたため、高知県、三重県、栃木県と広範囲で時間差をもって竜巻が発生しました。気象レーダー観測によると、次々と南から積乱雲エコーが進入した中の発達したいくつかの積乱雲で竜巻がもたらされました。2日埼玉県で発生した積乱雲に比べると、雲頂は高度10㎞にも達しておらず、台風に伴う熱帯起源の水雲*といえる積乱雲によって竜巻がもたらされました。

台風18号が四国沖に存在した9月15日午後から16日未明にかけて、台風に伴うレインバンド*あるいは台風から数百㎞離れた場所で形成されたレインバンドの積乱雲内で竜巻が発生しました。4日の積乱雲と同様に、雲頂高度は低く、台風に伴う積乱雲でした。

佐呂間竜巻、つくば竜巻も含めた、近年日本で観測された主な竜巻被害と比較してみましょう。竜巻の寿命と被害の長さ（Pスケール）は豊橋竜巻（1999年9

図4.6　横須賀から観測された竜巻をもたらした積乱雲（2013年9月2日13時50分）

月24日）が突出していましたが、つくば竜巻がそれに匹敵するスケールです。日本の主な竜巻でも他の竜巻は寿命が5分程度、被害の長さは10㎞未満というスケールですから、瞬発的で短寿命な現象であることがわかります。その中で、豊橋竜巻、つくば竜巻が日本で発生した竜巻でいかに巨大であったかがわかります。

4.3 厚木ガストネード（2015年2月13日）

2015年2月13日に神奈川県厚木市で突風被害が発生しました。渦を見たという目撃証言もあり、竜巻注意情報も発表されました。真冬の関東では珍しい、雪雲からの下降気流で形成されたガストネードによる被害事例です。当日の気象状況は、日本海で発達した寒冷低気圧（寒冷渦）が通過し、北東の季節風が卓越していました。関東南岸では北風（寒気の南下）と南西風との間で風のシアーが形成され、このシアーライン上で積乱雲が発生しました。この積乱雲は寒気内の現象であったため、夏季の積乱雲に比べて雲頂高度も低く、雪雲といってよく、厚木の突風はこのライン状積乱雲の南下に伴って発生しました（図4・8）。この積乱雲は南下しながら、東西数十㎞に達する積乱雲エコーとしてレーダーでも確認できました。この積乱雲の前面にはすでに一部アークが確認でき、ガストフロントが形成されていたこと、寒気の進入に伴い雲頂は低く、強い風により乱れていたことがわかります。また、雲底下にはいくつもの雨足（雪足）が観測さ

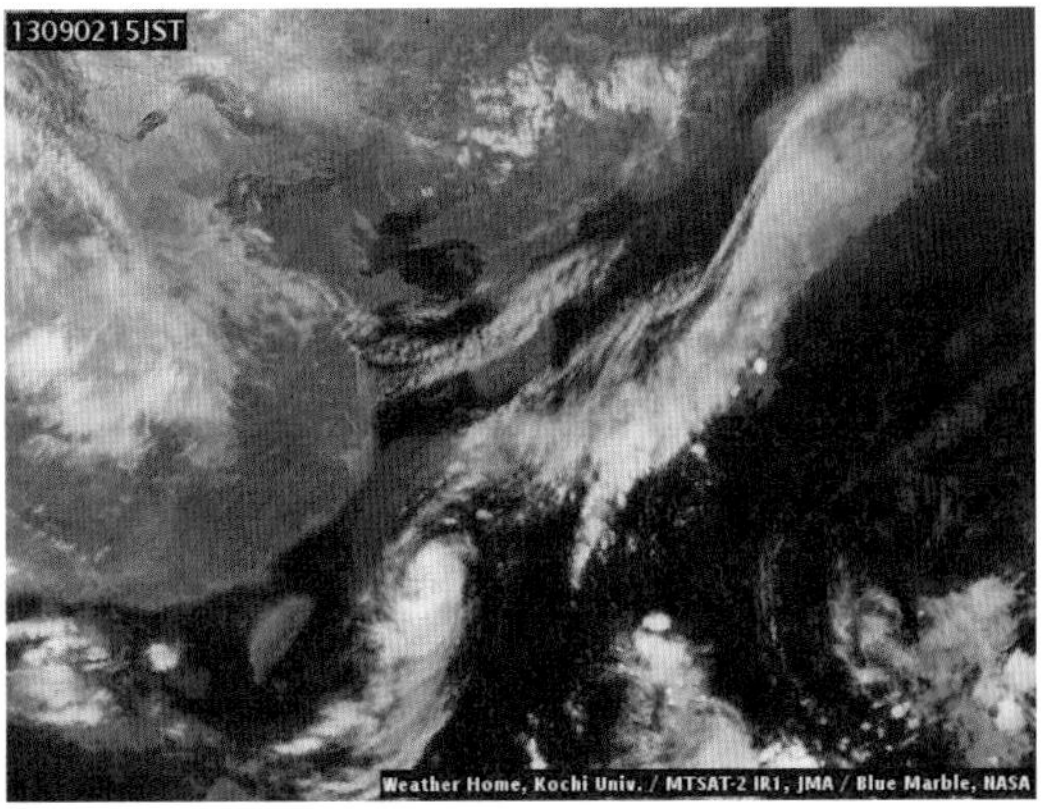

図4.7　2013年9月2日15時の衛星赤外画像（気象庁）（小林 2013）

＊水雲
雲頂が0℃を超えない対流雲であり、氷晶過程を含まないので〝暖かい雨（warm rain）〟とよばれる。

＊レインバンド
台風中心付近に形成される壁雲の外側にらせん状に形成される降雨帯。

れ、強い下降流の存在を裏付けていました。観測地点ではまだ西風成分（相対的な暖気10℃程度）であり、その後雲の通過と同時に北風にシフトし、寒気からより強い寒気に入れ替わりました。積乱雲の前面の雲（積雲）の通過時には、雲底が低く黒い乱れた雲（アーク）に覆われ、この異様な空模様を神奈川県内の多くの住人が目撃していました。比較的遠方から見ると、積乱雲（積雲）の雲底から渦が伸びて地面に到達するように見えました。まさに竜巻です。

厚木市内では、物置が飛ばされたり、倉庫の屋根が破損、ガソリンスタンドの看板が転倒、住家の窓ガラスが破損したりするなどの被害が局所的に発生しました。極めて局地的であったため、被害マップを作成してもライン状の被害域は現れなかったことから、渦がタッチダウンしてすぐに消滅したことを物語っています。現場付近の住民からは、「竜巻が発生して電柱から火花が上がった」、「高さ20ｍほどの黒っぽい風の渦のようなものが紙やビニール等を巻き上げながら自分の方に向かってきた」などの通報がありました。また、

主な竜巻リスト（小林2007）

竜巻	茂原 1990.12.11	豊橋 1999.9.24	佐賀 2004.6.27	延岡 2006.9.17	佐呂間 2006.11.7
寿命（分）	7	25	7	5	3
Fスケール	F3	F3	F2	F2	F3
Pスケール（長さ）	P2 6.5㎞	P3 19㎞	P2 8㎞	P2 7.5㎞	P1 1.5㎞
Pスケール（幅）	P3 500m	P3 550m	P2 200m	P2 250m	P2 300m
移動速度（m/s）	16	13	18	25	20
建物被害数	1800	2500	500	1400	100
他の竜巻の存在	○	○	○	○	○

神奈川県南部の多くの住民が北の方から雲が広がってきて突然風が強くなった様子を目撃していました。厚木と同様の現象は、藤沢市内でも発生し被害が報告されています。アーク通過時には、雲底下の渦（乱れ）や漏斗雲への成りかけのような雲はいくつも観測することができたことから当日はガストフロント通過時に、ガストフロント上で渦ができたり消えたりを繰り返していたことがわかります（図４・９）。

厚木で被害が生じたと考えられる時刻（15時6分）のドップラーレーダー画像をみると、積乱雲のエコー本体はまだ厚木に達していないものの、ドップラー速度には明瞭なシアー（渦）パターンが複数確認でき、厚木付近にも存在していました（図４・10）。エコーのない領域でドップラー速度パターンが得られたのは、アークなどの積雲と降水粒子の存在により速度データが得られたためです。今回の渦は、関東スケールでみればシアーライン上の現象と理解できますが、このようなシアーライン（局地前線）* は冬季に南関東ではよく観測される現象であり、この水平シアーだけでは今回の渦は説明できません。すなわち、シアーライン上の上昇流が必要なのです。積乱雲とそ

雪（雪片）や氷（水晶、霰）でできた雲が雪雲だよ。
上空の強い寒気におおわれて雲は発達できないから
雲底高度が低いよ。

図4.8　2015年2月13日14時50分（上）と15時40分（下）の横須賀から北（西〜北〜東）を望んだパノラマ写真

の前面に形成されたガストフロントの存在が重要であり、ガストフロントにおける上昇流が渦（2次的な竜巻）を形成したと考えるべきです。当日、同様の渦が藤沢など複数の地点で観測されたのも、単に偶然ではなく、ガストフロントで複数の渦が起こるべくして発生したのです。被害域は極めて局所的でしたが、渦の寿命が短い点と、移動速度（ガストフロント）が遅かった点が原因と考えらます。厚木など各地で観測された渦は、ガストフロント上で形成された2次的な渦、すなわちガストネード（gustnado）と結論づけられました。

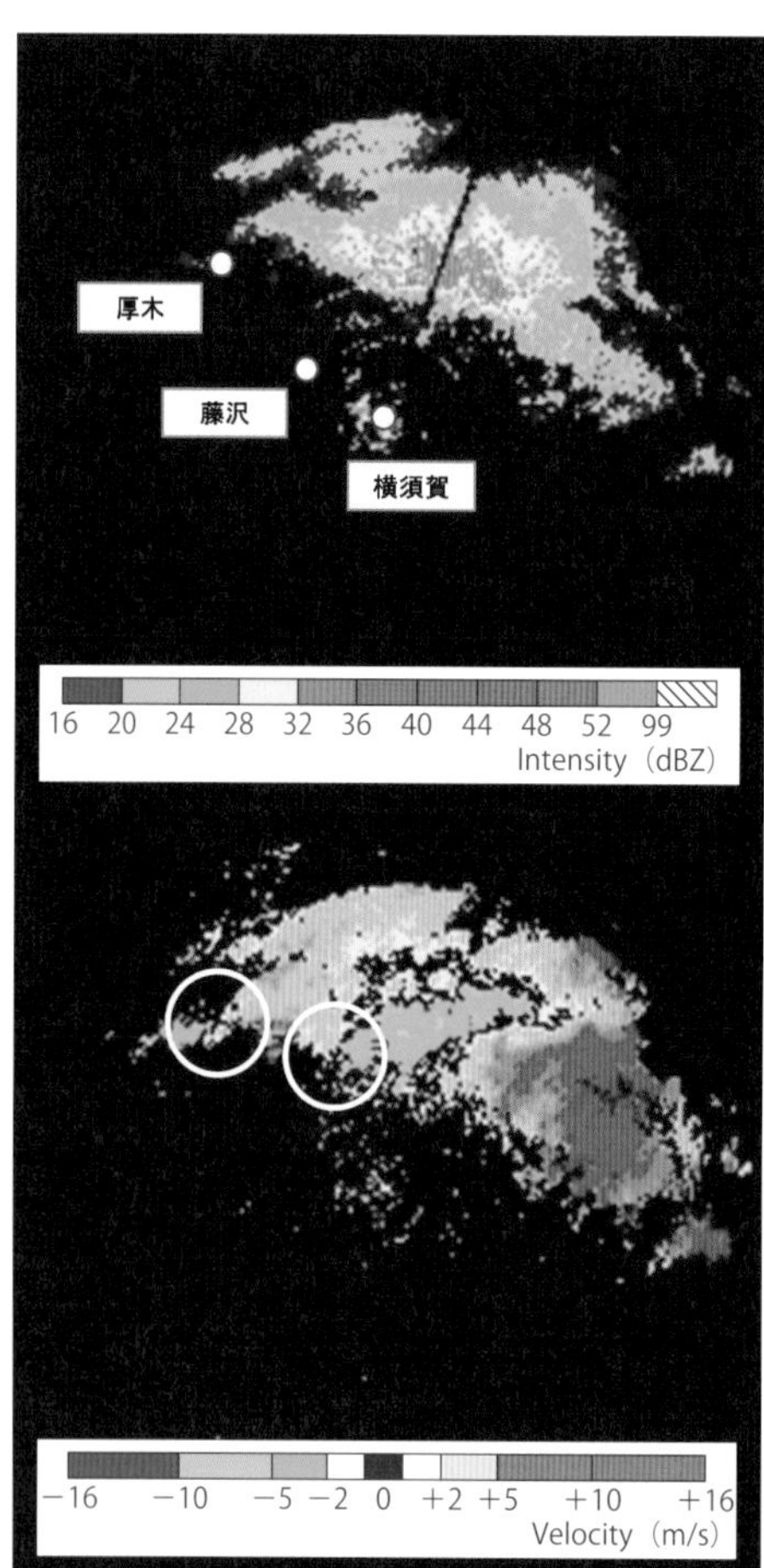

図4.10　15時6分のドップラーレーダー画像
（上）反射強度，（下）ドップラー速度．

図4.9　アーク（積雲）先端の雲底部分

4.4 伊勢崎ダウンバースト（2015年6月15日）

２０１５年6月15日に群馬県前橋市から伊勢崎市を襲ったダウンバーストは、各地でF１スケールの被害をもたらしました。ダウンバースト発生時の伊勢崎市上空の写真には、シャフト状の降雨が確認でき、降水に伴うダウンバーストが原因であったことを裏付けています（図４・11）。地上の被害は複数の地点で確認され、数百mの被害域では軽自動車の横転、住宅、倉庫、農業用設備、太陽光パネルなどの破損が報告されました（図４・12）。ＰＯＴＥＫＡ*の気象計は当初、気温、気圧、湿度、感雨、日照でした（ＰＯＴＥＫＡ-Ⅰ）が、２０１４年から新型ＰＯＴＥＫＡ-Ⅱが設置され、風向風速と雨量が加わりました。前橋市内で観測された気象要素の時間変化には、明瞭な気圧上昇と気温降下、時間的に遅れて風速の立ち上がりが観測されました（図４・13）。このダウンバーストの瞬間を捉えた、温度場（図４・14の等値線）と風の場（矢印）です。20℃以下の青い領域がダウンバーストの冷気を表しており、南側の30℃を超える高温域とは大きな気温の変化が存在します。この等温線が混んだ部分がガストフロントです。風の場をみると、ダウンバースト領域では発散したアウトフローを捉えており、またガストフロントでは前方高温域の南東風と北北西の風がぶつかっていることがわかります。このように、超高密度の地上気象観測を行えば、竜巻やダウンバーストを捉えることができ、いながらにして周囲の詳細な気象変化を把握することが可能になります。

＊局地前線
異なった空気塊がぶつかることで形成されるメソスケールの前線。不連続線ともよばれる。関東では初冬にみられる、房総不連続線が有名。

＊ＰＯＴＥＫＡ
５・５節参照。

図4.11　伊勢崎市上空を撮った写真（呉宏堯）

図4.12　被害状況（明星電気）

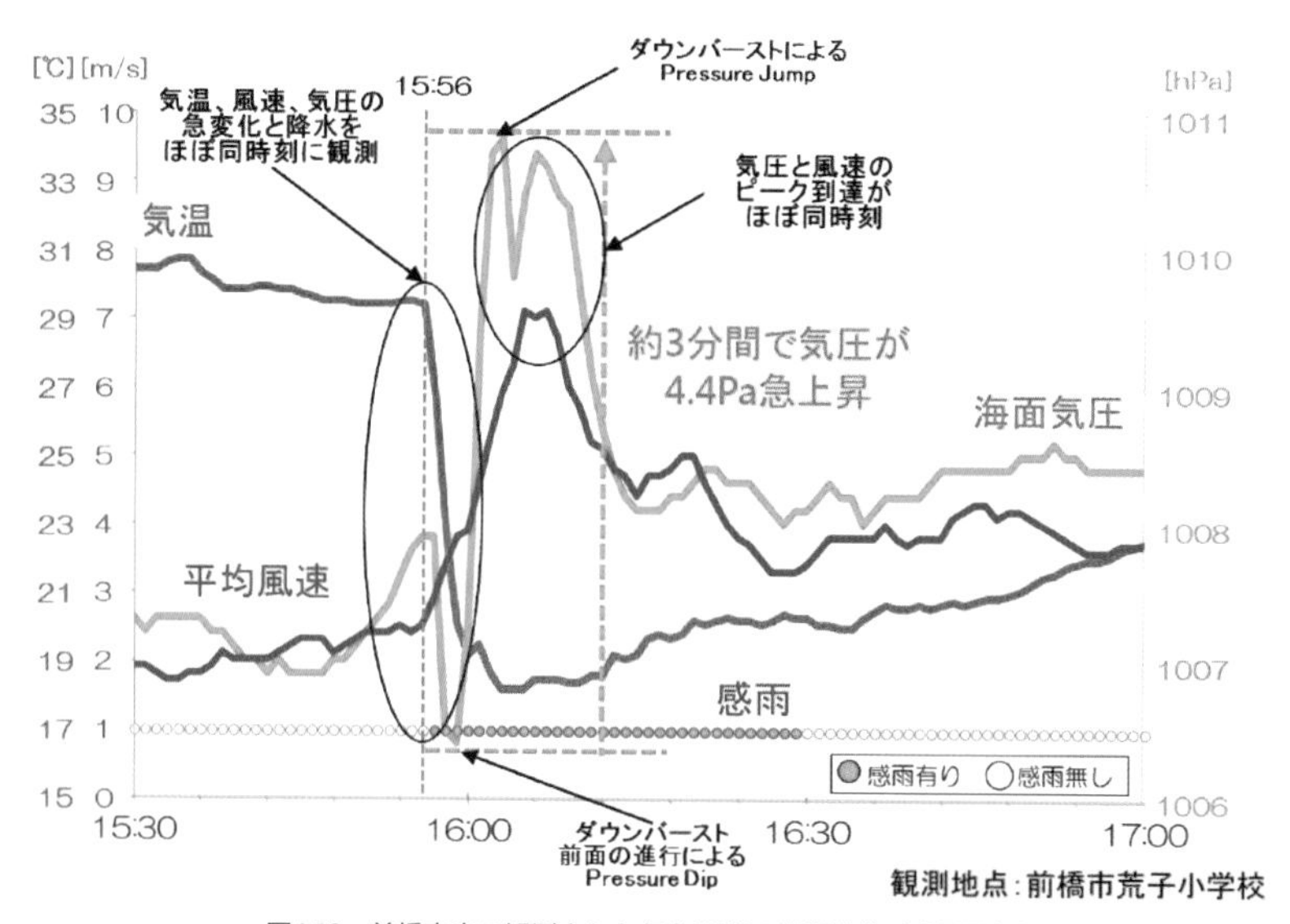

図4.13　前橋市内で観測された気象要素の時間変化（明星電気）

4.5 市原竜巻（2019年10月12日）

台風19号（T1919、アジア名ハジビス）は、発生直後に〝急速強化*〟し大型で猛烈な勢力に発達した後、2019年10月12日19時前に強い勢力で伊豆半島に上陸し、関東地方を通過しました。東日本では台風が上陸する前から、台風北側の雨雲により地形性降雨が強化された結果、総降水量は東日本を中心に17地点で500㎜を超えるなど、記録的な大雨となりました。*

台風19号が上陸した半日前の12日8時過ぎに、千葉県市原市内で竜巻が発生しました。戸建て住宅の倒壊や変形、車両、配電柱、樹木、ネットフェンス等に竜巻特有の被害がみられ、運転中の方が1名亡くなりました（図4・15）。気象庁の発表では、最大風速は55m/sと推定され、日本版改良フジタスケール（Japan Enhanced Fujita scale）でJEF2（53~66m/s）と認定されました。

竜巻が発生した時、台風19号は日本の南海上に位置しており、市原市から約500㎞離れていました。竜巻は、台風の北東象限に存在したアウターレインバンド（南東から北西に走向を持つ）内の積乱雲に伴い発生しました。当日のレーダーエコーをみると、台風中心から離れた本州太平洋沿岸域に発達したエコーが散在していたことがわかります。X-NET（関東におけるXバンドレーダーネットワーク）で観測されたデータから、竜巻を引き起こした積乱雲（親雲）を解析する

＊急速強化
一般に、台風が24時間で40hPa以上発達する場合、急速強化とよぶ。台風19号の場合、10月6日18時で992hPaだったものが、7日18時に915hPaと24時間で77hPaの中心気圧の低下となった。強力な台風特有の現象と考えられている。

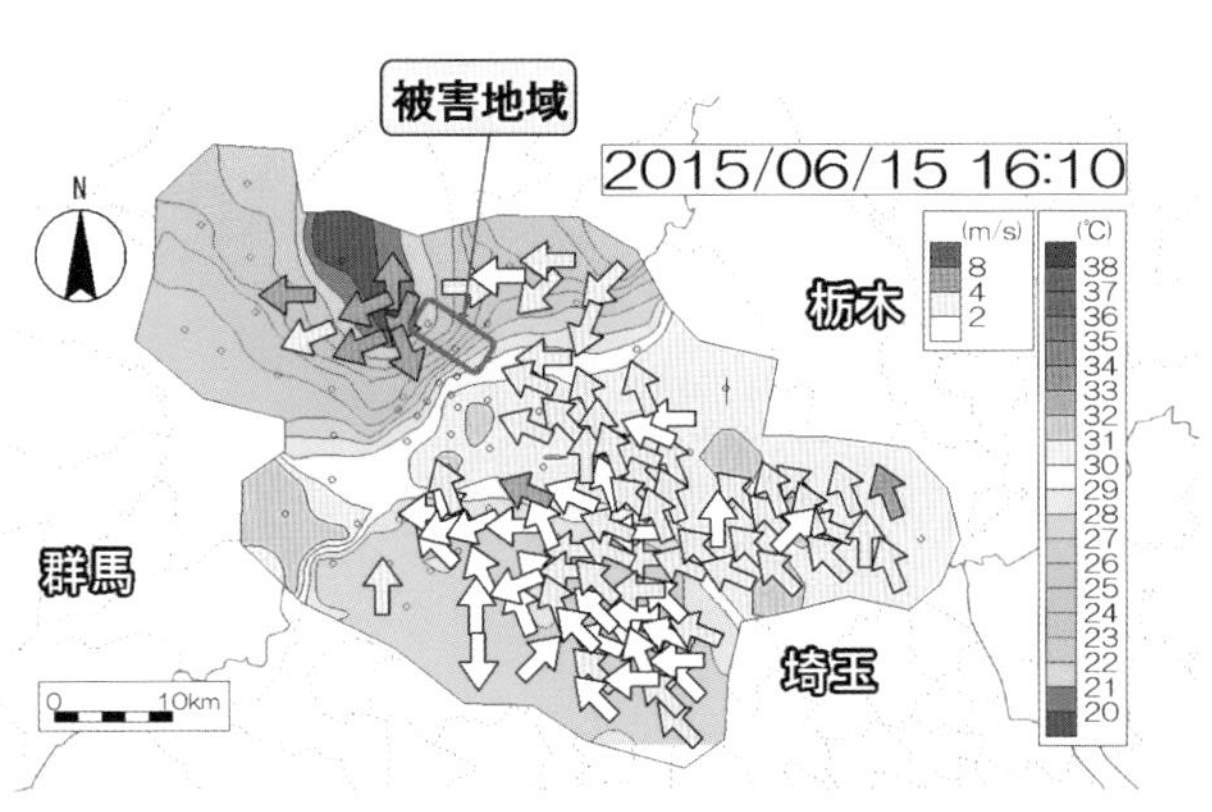

図4.14　2015年6月15日16時10分の気温場（等値線）と風の場（矢印）（明星電気）

と、エコー南端部では、明瞭なフックエコー（hook echo）が検出され、ドップラー速度場ではメソサイクロン（mesocyclone）が解析されました。

フェーズドアレイ気象レーダーは、多数の素子で構成されたアンテナを有して、同時に電波を射出することで、これまでパラボラアンテナを機械的に回転させ天空全体を観測するのに5分から10分かかっていたものが、秒単位での観測が可能となりました（図4・16）。このため、竜巻や局地的な豪雨など短時間の激しい大気現象の観測には特に有効であったと考えられています。すでに日本でも気象用フェーズドアレイレーダーが開発され、実用化されています。１００本以上のスロットアンテナから異なった仰角で同時に電波が発射しながら、この平板アンテナを機械的に回転させることで3次元データが得られ、半径60㎞レンジ内のデータは30秒で1回転、半径15㎞であれば10秒に1回転させればよいので、パラボラ型レーダーに比べて観測時間は1／10から1／30に短縮されました。距離分解能は約１００ｍと、従来型のパラボラレーダーとほぼ同様の距離分解能が確保されています。

千葉市内に設置されたXバンドフェーズドアレイ気象レーダーで、市原竜巻およびその親雲の観測に成功しました。この観測では、平板アンテナを30秒に1回転させ全空のデータを観測し、30秒間隔でレーダーエコーの3次元分布が得られました。フックエコーの微細構造が明らかにされ、直径数㎞を有するメソサイクロンの中に、直径５００ｍの親渦（misocyclone）が存在し、その中

＊**台風19号による記録的な大雨**
台風が上陸する前から、関東甲信、東北、静岡県、新潟県で大雨が続き、各地で降水量（3時間、12時間、24時間）が観測史上1位を更新し、広範囲で記録的な大雨となった。神奈川県箱根町では、降り始めからの雨量が１０００㎜を超え、10月12日の日降水量は９２２・５㎜を記録した。アメダスで観測された総降水量は、７３０７５㎜と、過去最多となった。気象庁は、「令和元年東日本台風」と命名。

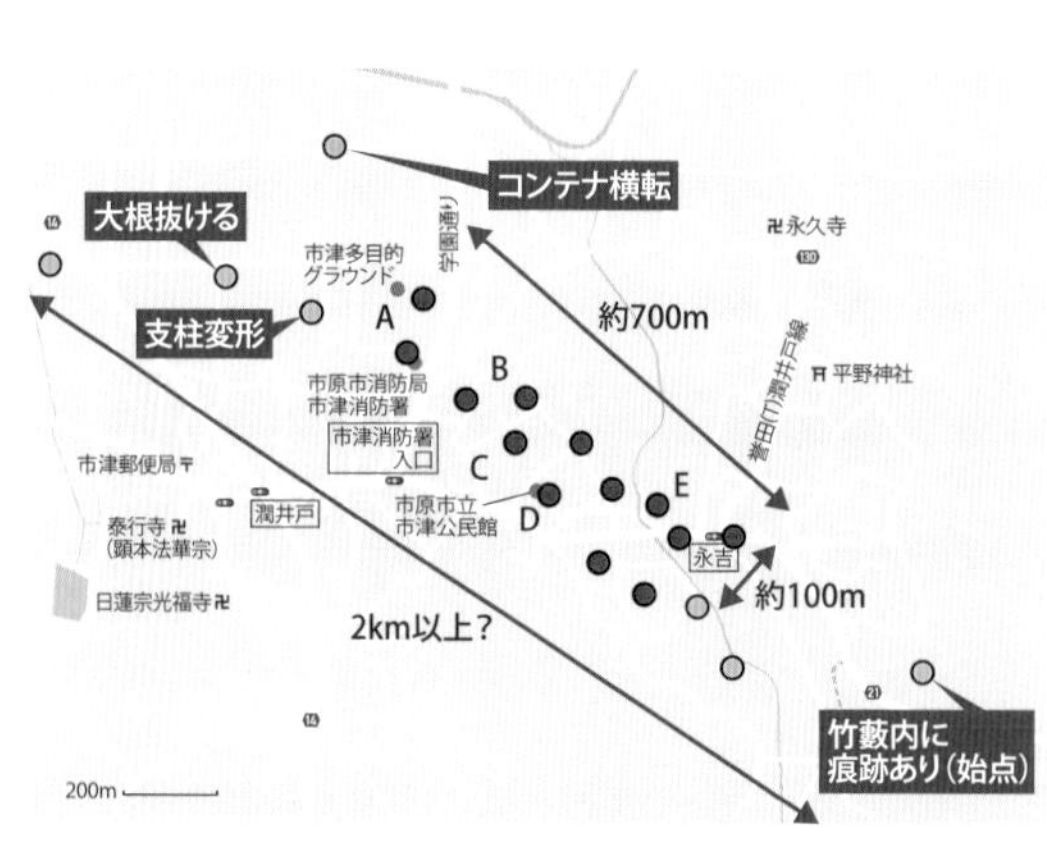

図4.15　市原竜巻被害マップ（市原市下野付近（旧市津町））

には竜巻渦（直径200m）まで検出することに成功したのです。さらに、竜巻がタッチダウンして家屋等を破壊して大量の飛散物が空中を舞う様子をレーダーで捉えました。これはデブリボール（debris ball）とよばれ、強い反射強度（渦の中心に存在する赤いエコー）が竜巻渦の中心に観測されたのです。* 親雲のエコー頂高度は高度10km以下であり、アメリカ中西部で観測されるスーパーセルと比べて背の低い積乱雲であり、台風に伴う積乱雲（熱帯起源の水雲）の特徴的な構造（ミニスーパーセル）を有していました。

関東地方に設置してある地上稠密気象観測ネットワーク（POTEKA）は、約300か所の観測点で構成されており、数km間隔における空間分解能の観測を可能にしています。気象観測値の中で、気圧値は地形や構造物の影響をほとんど受けないため、観測地点の標高による更正（海面更正気圧）のみを行えば議論することができます。市原市近傍5点における気圧の時間変化をみると、いずれの地点も竜巻の直接被害は受けていませんが、数hPaの気圧変化とさらに微小な変動が観測されていました（図4・17）。これは、上空のメソサイクロン通過に伴う変動と、マイソサイクロンの接近に伴う微小変動を観測した結果と考えられています。各地点における変化パターンは異なっており、複数回の変動が観測された地点もみられ、メソサイクロン内部の複雑な構造を示唆しています。

*本来は渦の中心付近はレーダーエコーが弱い"エコーフリー"領域となるが、飛散物からの後方散乱は強く"赤い強エコー"として観測される。

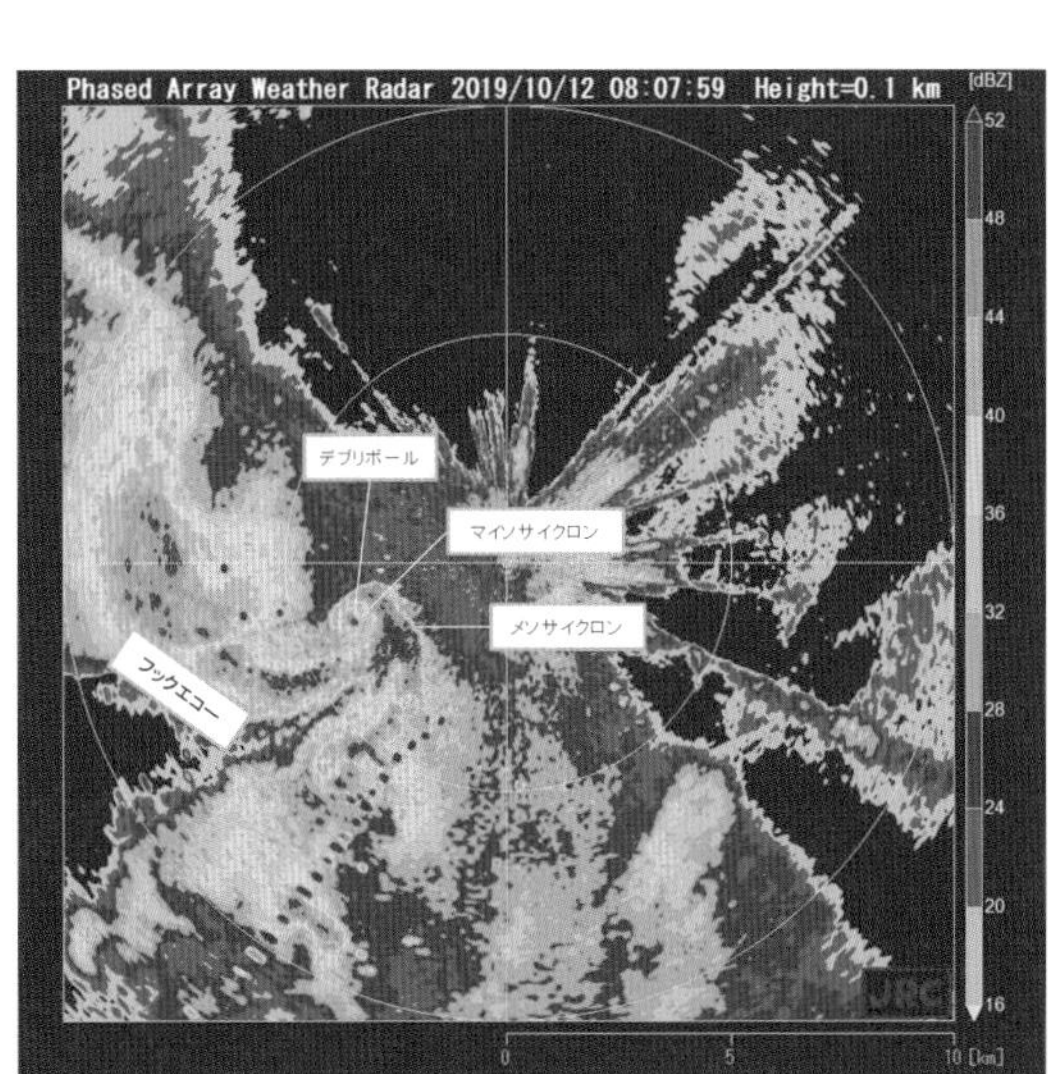

図4.16　フェーズドアレイレーダーエコー（Morotomi et. al. 2020）

市原竜巻に関しては、後日竜巻のミステリーが報道されました。「竜巻で家が全壊した家族のもとに1通の年賀状が戻った」という内容です。市原市の竜巻被害場所から30㎞ほど離れた千葉県浦安市の小学校校庭で、竜巻の翌日に発見されたのです。この事実は、市原竜巻は上空にマイソサイクロン、メソサイクロンといった親渦を伴ったスーパーセル的構造を有していたため、竜巻渦で舞いあげられたハガキは雲内のメソサイクロンで漂いながら、時速60㎞/hのスピードで水平移動し、メソサイクロンの消滅とともに落下したと考えられます。佐呂間竜巻の時と同様のミステリー*が確認されたわけです。

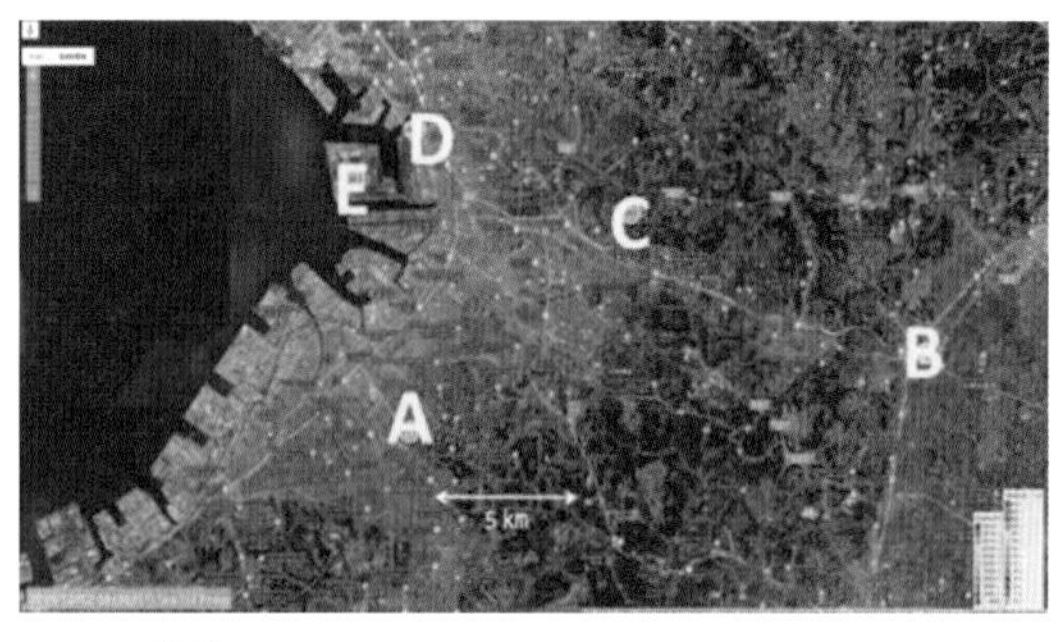

図4.17　観測地点（上）と気圧変化（下）

＊佐呂間竜巻ミステリー
竜巻発生地点から約30㎞北のサロマ湖で漁をしていた人が、上空から書類（飛ばされたプレハブ内にあったもの）がパラパラと降ってくるのを確認。

郵便はがき

料金受取人払郵便

新宿局承認

4831

差出有効期間
2023年2月
28日まで

1 6 0 - 8 7 9 2

1 9 5

（受取人）

東京都新宿区南元町４の５１
（成山堂ビル）

㈱成山堂書店 行

お名前	年　齢　　歳 ご職業
ご住所（お送先）（〒　　－　　）	1．自　宅 2．勤務先・学校
お勤め先（学生の方は学校名）	所属部署（学生の方は専攻部門）
本書をどのようにしてお知りになりましたか A. 書店で実物を見て　B. 広告を見て（掲載紙名　　　） C. 小社からのＤＭ　D. 小社ウェブサイト　E. その他（　　　）	
お買い上げ書店名 市　　町　　書店	
本書のご利用目的は何ですか A. 教科書・業務参考書として　B. 趣味　C. その他（　　　）	
よく読む 新　聞	よく読む 雑　誌
E-mail（メールマガジン配信希望の方） @	
図書目録　送付希望・不　要	

—皆様の声をお聞かせください—

成山堂書店の出版物をご購読いただき、ありがとうございました。今後もお役にたてる出版物を発行するために、読者の皆様のお声をぜひお聞かせください。

代表取締役社長
小 川 典 子

本書のタイトル（お手数ですがご記入下さい）

■ 本書のお気づきの点や、ご感想をお書きください。

■ 今後、成山堂書店に出版を望む本を、具体的に教えてください。

こんな本が欲しい！（理由・用途など）

■ 小社の広告・宣伝物・ウェブサイト等に、上記の内容を掲載させていただいてもよろしいでしょうか？（個人名・住所は掲載いたしません）

はい ・ いいえ

ご協力ありがとうございました。

（お知らせいただきました個人情報は、小社企画・宣伝資料としての利用以外には使用しません。25.4）

5章　竜巻から身を守る

5.1 建物内での避難場所

　最強クラスの竜巻になると、鉄筋の構造物でさえ倒壊するわけですから、竜巻にとって絶対安全な建物はないといってよいでしょう。アメリカ中西部のトルネード街道で地下シェルターを造っているのはそのためです。日本の場合、そこまで悲観的になる必要はありませんから、Ｆ３クラスの竜巻が襲ってきた場合を想定して、具体的な構造物を考えていきましょう。

戸建住宅

　ここでは2階建ての住宅を想定しましょう。リビング、寝室、浴室、トイレ……さまざまな居場所が考えられます。屋内にいた場合、どこが安全で、どこに逃げればよいのでしょうか。竜巻による住宅被害の2大ポイントは、〝窓〟と〝屋根〟です。戸建住宅の場合、多くは飛散物により、まず窓が割れて、次に反対側の窓や屋根、あるいは2階そのものが壊れて飛散するパターンが多くみられます。例えば、1階の居間の窓が割れると、内圧が高まって、反対側（玄関など）の窓、あるいは2階の窓や屋根が壊れて、風が通るようになります。当然大量の飛散物を含んだ風です

から、そのルートにいるとひとたまりもありません。
一旦窓が割れて風が入り込むと、真横から飛散物が飛んできますから、テーブルの下に隠れても安全とはいえません。また、押し入れの中も一見よさそうですが、木片（ミサイル）が、家具や冷蔵庫に突き刺さった現場をみると、安全な場所としてお勧めできません。以上のことを考慮すると、トイレや浴槽などの個室で窓の小さな部屋が最も安全な場所といえます。特に浴槽は、水回りで基礎がしっかりしている上に、バスタブが保護してくれます。浴槽の中に、毛布や布団に包まってうずくまっているのが*ベストといえます。実際に、アメリカでは竜巻が通過して跡形もなくなった家で、バスタブが残っていて、中にいた人が助かった事例がいくつもあります。
家の造りは千差万別ですから、わが家で普段風通しの悪い場所、空気がよどむ場所が、竜巻避難にとって安全地帯となります。日頃からこのような場所をチェックしておきましょう。特に湿潤な気候である日本の住宅は、風通しを考えて造られていますから、*竜巻に対しては弱い造りと言わざるをえません。
戸建住宅の場合、地下室*があれば最も安全ですからそこに身を隠す、地下室がなければ、2階よりも1階の方がはるかにリスクは小さいため、1階の安全な場所に避難するのが最善の策といえます。

*バスタブが安全
小さい子どもさんを覆い、さらに自分は毛布や布団で頭部を保護してうつ伏せにうずくまって竜巻が通り過ぎるのを待つ。

*日本家屋の造り
関東では江戸時代から、家を建てる時に南北方向を風の道、東西方向を光の道として、日差しと風を多く取り入れてきた。

*地下室
アメリカ中西部の竜巻多発地帯では、個人の家や公共施設に避難用の地下シェルターがあり、竜巻警報が出ると近所の人がそこに避難する。

マンションなど集合住宅

マンションなどの集合住宅は、窓も厚く、台風が来ても特に対策などをせずに安心して暮らしている方が大半と思います。ただし、F3クラスの竜巻になると、つくば竜巻の時にそうであったように、小石やガラス、木片などの飛散物が高速で舞うため、マンションの厚いガラスであっても割れてしまいます。集合住宅の場合、気密性が良い分、一旦風が入り込んで内圧が高まると、確実に反対方向の窓やなどが破壊されるでしょう。例えば、玄関からリビングまでが直線的に配置された造りであれば、その間のドアなどは簡単に壊れてしまい、風が吹き抜けるでしょう。また、最近の住宅の場合、リビング・ダイニングが南や東に面して大きなガラス窓があり、部屋自体も広く取っていることが多いですから、一旦その窓が破壊されると、リビングの中はめちゃくちゃになります。ですから、リビングのテーブルの下に隠れても意味がありません。ソファーにうずくまり、クッションや毛布で頭を守るのは、咄嗟の判断としては有効ですが、ソファー自体が吹っ飛んでしまう可能性を考えれば絶対に安全とはいえません。クローゼット内に逃げるのも一手ですが、洋服や荷物が詰まった中に家族が入る余地があるかどうかという現実的な問題もあります。

集合住宅の場合、屋根はありませんから、吹き込んだ風は廊下を抜けて反対側の窓や玄関などに抜けるでしょう。そういう意味で、集合住宅においては避難場所が限られてしまいますが、戸建て住宅と同じくトイレとバスタブなど窓のない部屋が

＊動画⑦
ガストネード。2006年8月12日研究室屋上から撮影。

最も安全な場所といえます。

学校や職場

　学生や就職している人は、日中の多くの時間を自宅以外で過ごします。学校や職場は竜巻に対してどうでしょうか。授業中や仕事中では自由な行動を取ることは難しいでしょうから、もし教室や職場が安全でないとしたら大変です。学生であれば1年のうち日中の大半を校舎で暮らすことになりますし、社会人になっても、職種によっては大半を仮設構造物や車中で仕事をされる方も少なくありません。人は、屋根があると心理的に安心するものですが、仮設構造物や開口部の多い校舎などは竜巻にとってリスクの高い場所になります。特に学校では、教室内は窓が多く隠れる場所がなく、校舎自体に大勢の生徒の避難場所がありません。また、避難場所としても使われる体育館も竜巻などの突風に対して脆弱である、という問題点が指摘されています。体育館は風に対して弱く、まず窓が割れ、内圧が高まって屋根が飛ばされるパターンが、竜巻だけでなく台風時にも多くみられます。体育館の構造は、校舎に比べてはるかに弱いのです。避難所にも使用される体育館の整備は喫緊の課題といえます。

　日本でも２０１２年5月に北関東を襲った竜巻の中で、栃木県真岡市の竜巻は小学校を直撃しました。教室の中は割れたガラスが散乱し、机や椅子が吹き飛ばされていました。竜巻が発生したのがたまたま休日であったため、けが人はいませんで

＊動画⑧
１９９９年7月21日練馬豪雨をもたらした積乱雲前編。研究室屋上から撮影。

＊動画⑨
１９９９年7月21日練馬豪雨をもたらした積乱雲後編。校内給水塔から撮影。

したが、これがもし平日であったらちょうど給食の時間であり、どれだけの被害になったか想像できません。*また、校庭にはガラスの破片が散乱し、先生や父兄が拾ってもきりがなく、校庭の土を換えるしかありませんでした。このような被害を受けて、学校のガラスに飛散防止フィルムを貼るなどの対策が取られつつあります。また、竜巻が通過した被災地では、その後さまざまな対策が考えられており、小学校では〝防災ずきん〟を義務付けたところもあります。授業中に数十人、数百人を避難させる余裕がない時は、防災ずきんで頭部を守り、机の下に身を隠す訓練をしている所もあります。防災ずきんは、竜巻だけでなく、地震やその他の災害時でも役立ち、教室や体育館で避難する時には、座布団や枕にもなります。このような防災ずきんは、子どもや学校だけでなく、大人の職場でも十分に役立つグッズといえます。

大型店舗

郊外型のスーパーマーケットやテーマパーク、屋外施設などは、竜巻に対してどうでしょうか。例えば、店舗の入り口で飛散物により亡くなったりけがをされたりした事例、駐車場で車が飛ばされてけがをした事例等を考えると、竜巻リスクが高い場所といえます。これは、飛散物となりうる物が大量に存在し、建物自体の作りが住宅等に比べて弱く、物置、遊具などの仮設構造物が多く存在するためです。また、買い物中や遊んでいる最中は、たとえ携帯電話を持っていても気象情報の入手

◆防災ずきんの活用法

①被って頭部を守る

②座布団にして座る

③枕にして眠る

は難しく、迅速な避難行動を取りにくいという点も考えなくてはいけません。
一般的に、竜巻に強い建物は、①開口部が少なく、②建物高さが低い構造物といえますので、その逆である建物は危ないという目で日頃から見ることが大事です。また、建物本体が丈夫でも周囲の被害が大きな影響を及ぼすことを考える必要があります。つまり、建物ハードの被害は大きくなくても、電線が切断され停電が続く、あるいは付随する強雨により雨漏りや浸水が発生するなどということも想定すべきでしょう。スーパーセルは、竜巻、ダウンバースト、強雨、降雹、落雷をほぼ同時にもたらすという視点で対策を考える必要があります。
日本の住宅は、台風や大雨、積雪に備えるように工夫されてきましたが、強い竜巻には無防備と言わざるを得ません。アメリカ中西部では竜巻に備えて人も物も地下に隠すという発想が定着していますが、日本では、地震・津波や大雨などで地下の安全性は決して高くありません。* 地震、津波、大雨、大雪、強風、落雷などすべての自然災害に強い施設や万能な住宅を作るのは容易なことではありません。自分の住んでいる地域、場所の自然災害に対するリスクを知り、備えることが最も現実的な対策といえるでしょう。

＊真岡市の竜巻が平日であったら……
平日の学校では何百人という生徒が校舎内におり、給食中の教室内にいる生徒全員を安全な場所に避難させることは困難といわざるを得ない。

＊地下室の安全性
この点は福島原発事故でも指摘されている。

「わが家でできること」一覧

①「とにかく家の中に逃げる。」

飛散物が飛んでくる外はとにかく危険です。

②「ズバリ！最も安全な場所は、浴室」

トイレ、クローゼット、押し入れの奥、地下室、
隠し部屋など自宅の避難場所を確認しましょう。

③「避難時には頭を守る」

頭部のけがは致命傷につながります。咄嗟のときにも、まずは
クッション、毛布、防災ずきんなどで頭を守りましょう。

④「子どもは飛ばされる」

体重の軽い子どもは簡単に飛ばされます。
F2 以上になると、大人でも簡単に飛ばされるでしょう。
家の中でも子どもの手は離さず、飛散物から守ってあげましょう。

⑤「ベランダの物が凶器に変わる」

ベランダの植木鉢、物干し竿、スリッパなどが
飛散物となって、隣の家を破壊する凶器に変わります。
エアコンの室外機（自重で置いてあるもの）が飛ばされるのも
竜巻特有といってよいでしょう。
室外機をあらかじめボルトで固定したり、それ以外の物は、
台風や発達した低気圧時には室内に取り込む癖をつけましょう。

5.2 自分の立ち位置を知る

ここでは竜巻が近づいた場合の具体的な退避行動を考えていきましょう。竜巻が目の前に迫った時にどうするかです。それぞれの状況によって時間的な猶予は異なりますが、数分から数秒と思ってください。

家の中では

実際に家の中で竜巻被害に遭った人の話では、「リビングの窓がみるみる湾曲して、手で押さえようとしても大きく膨らんで……窓が割れた瞬間にものすごい勢いで風が入り込んできて逃げた……映画のワンシーンをスローモーションで見ているようだった」というように、数秒の間に劇的な変化が起こります。マンション内では、外の風の音などはほとんど聞こえず、飛散物が窓ガラスに当たって初めて気づくため、避難行動までのリードタイムはほとんど無いと考えた方がよいでしょう。わずか数秒の行動で生死を分けるといっても過言ではありません。

巨大地震と同様に、F3の竜巻に遭遇する確率は高くありませんが、台風や低気圧の強風に備えておくことがいざという時に役立つでしょう。一度、竜巻が襲った時を想像してみる、家族で話し合うことが重要です。最近では、竜巻だけでなく、爆弾低気圧*、大雨、大雪、落雷など極端気象が頻発し、PM2・5、花粉、放射能などの環境汚染問題など、嫌でも天気や大気現象に注意を払わざるを得ない状況を

*爆弾低気圧
bombの訳。緯度φにおいて低気圧が24時間に、24（sinφ/sin60）hPa以上中心気圧が降下した温帯低気圧。北緯45度で計算すると、約20hPa。2012年4月3日に日本海で発達した低気圧のように、半日で20hPaの気圧降下を示した稀な事例もある。

考えると、最も瞬発性の高い竜巻に備えることは、他の防災にもつながります。

わが家でできることは、以下のようにまとめられます。

❶ とにかく家の中に逃げる：飛散物が飛んでくる外はとにかく危険です。

❷ ズバリ！　最も安全な場所は、浴室・トイレ、クローゼット、押し入れの奥、地下室、隠し部屋など自宅の避難場所を確認しましょう。

❸ 避難時には頭を守る：頭部のけがは致命傷につながります。咄嗟のときにも、まずはクッション、毛布、防災ずきんなどで頭を守りましょう。

❹ 子どもは飛ばされる：体重の軽い子どもは簡単に飛ばされます。F2以上になると、大人でも簡単に飛ばされるでしょう。家の中でも、子どもの手は離さず、飛散物から守りましょう。

❺ ベランダの物が凶器に変わる：ベランダの植木鉢、物干し竿、スリッパなどが飛散物となって、隣の家を破壊する凶器に変わります。エアコンの室外機（自重で置いてあるもの）が飛ばされるのも竜巻特有といってよいでしょう。室外機をあらかじめボルトで固定したり、それ以外の物は、台風や発達した低気圧時には室内に取り込む癖をつけましょう。

屋外では

○開けた場所

巨大積乱雲は、1章で述べたようにさまざまなサインがあるために、屋外の開け

とにかく、逃げる！

た場所にいれば案外気づくものです。実際に、屋外で竜巻に遭った人の多くは、普通でない空模様に気づいています。異様な空模様や冷気、降雹、雷鳴などをきっかけに行動を起こしましょう。とにかく竜巻から逃げることが必須です。日本でも、海岸線にいて竜巻に巻き上げられて海に投げ出されて死亡した事例があるように、竜巻の吸い上げ渦で人は簡単に飛ばされます。竜巻をある程度離れた場所から確認できる場合は、竜巻の進行方向を冷静に見極めて、進行方向以外の方向に逃げましょう。

竜巻の被害域は全体としては直線状ですが、地上付近の渦は蛇行したり、突然消えたり（竜巻のジャンプ）、複数の渦が形成されたりと大変複雑な挙動を示します。また、竜巻の進行速度は毎時数十㎞と車並みのことが多いですから、走っても勝てません。とにかく竜巻が近づく前に、頑丈な建物などに移動することです。橋の下や側溝などくぼみに身を隠す*よりは、早めに逃げた方がリスクははるかに小さくなります。竜巻は周囲の一般風に流されますから、雲の動きや周囲の植生などから風向きがわかる場合は、風下を避けて逃げましょう。また、強い竜巻渦の回転は低気圧性（反時計回り）のことが多く、進行方向右側の風速が強まるため（台風と同様）、もし竜巻の渦内にいるという最悪の場合、イチかバチかで風を背にして左に逃げましょう。

住宅密集地

住宅密集地で竜巻が発生した場合、大量の飛散物が生じるため、外にいるのは大

***川や側溝は危険**
竜巻の近傍で発生する豪雨により、川や側溝は氾濫する可能性もあり、そういう意味でも危険。

変危険です。住宅そのものが破壊され、窓ガラス、屋根、瓦、壁面などが飛び交うだけでなく、カーポート、自転車、物置小屋など屋外に置いてある結構大きな物がガラス等の細かい飛散物に混じって飛んできます。特に、大都市における住宅密集地では24時間人が活動しており、出勤時、通学時、幼稚園の帰宅時など時間帯によっては多くの人が屋外におり、同時に車、自転車などの往来も多く、人的被害が拡大する可能性があります。住宅密集地で外にいた場合*は、とにかく丈夫な構造物内に入りましょう。

交通機関

走行中の車（自家用車、バス、トラック）は、F0～F1の竜巻で横転してしまいます。F2～F3になると軽自動車は空を舞います。F5になると数トンもあるトレーラーが飛ばされてしまいます。列車についても、羽越線事故や延岡竜巻だけでなく、遡れば1978年に東西線の脱線事故*が発生したように、竜巻による被害は実際に生じています。線路の多くが海岸線を走っており、一方半数以上の竜巻が海岸線で発生している日本では、多くの竜巻が線路や道路を横切っていますから*、走行中の車や列車が竜巻に遭遇するのは確率の問題といえます。また、ヨーロッパでは飛行機が竜巻に遭遇して墜落した記録もあります。

自分で運転している車以外は、竜巻が接近しても自分ではどうすることもできません。公共交通機関には、突風対策として予測情報の入手、その伝達方法、運転手

＊外にいた場合
飛散物が襲ってくる外はとにかく危険なので、幼稚園や学校の校舎、住宅、コンビニ、店舗など、建物を選ぶ余地がない場合は、とにかく近くの建物に入る。その場合でも、仮設構造物には入らない。多少時間的な余裕がある場合は、鉄筋のビルなどより頑丈な建物を選ぶ。ただし、建物内では、入口や窓の近くは避ける。

＊東西線の脱線事故
1978年2月28日夜に発生した竜巻は、神奈川県川崎市から千葉県鎌ケ谷市にかけて約30㎞にわたって被害を生じた。住家、自動車、船舶など多くの被害が発生し、中でも地下鉄東西線の列車が、荒川・中川橋梁で転覆した事故は当時としても社会に大きなインパクトを与えた。竜巻のスケールはF2。

＊多くの竜巻が線路や道路を横切る
日本では、竜巻の約6割が海岸線で発生している。海岸線に沿って都市が発展し、幹線道路や鉄道網が発達したわが国では、竜巻リスクが高いといえる。実際に多くの竜巻が道路や線路を横切っている。

への啓発、教育が求められます。例えば、ダウンバーストの存在がわからなかった時代に、航空機の墜落事故が頻発したように、突風の正体がわからないと対策は打てません。今では、パイロットの頭の中には発達した積乱雲からのダウンバーストの模式図がインプットされ、フライトシミュレータでもダウンバーストを体験し、回避訓練を行うことができます。他の災害にも共通することですが、まず自然現象を理解することが何よりも大事です。

一度経験することが最も学習効果が高いわけですが、竜巻や巨大地震などはなかなか体験することはできません。ただ、発達した積乱雲からの夕立は多くの人が一度は経験したことでしょう。雷雨の中でずぶ濡れになって、以来雷が怖くなった人も多いと思いますが、子どもの時の怖い体験を通じて、人は自然に対する畏怖の念が沸き、避難や対策などの行動につながります。竜巻に関しても、子どもの頃から、〝日本でも竜巻が起こりうる〟という事実をインプットしておくことが大事です。そのためには、自分の立ち位置を知ることが重要です。次節では、具体的に自分の住んでいる地域での竜巻発生頻度をみましょう。

①遠くでわかる前兆

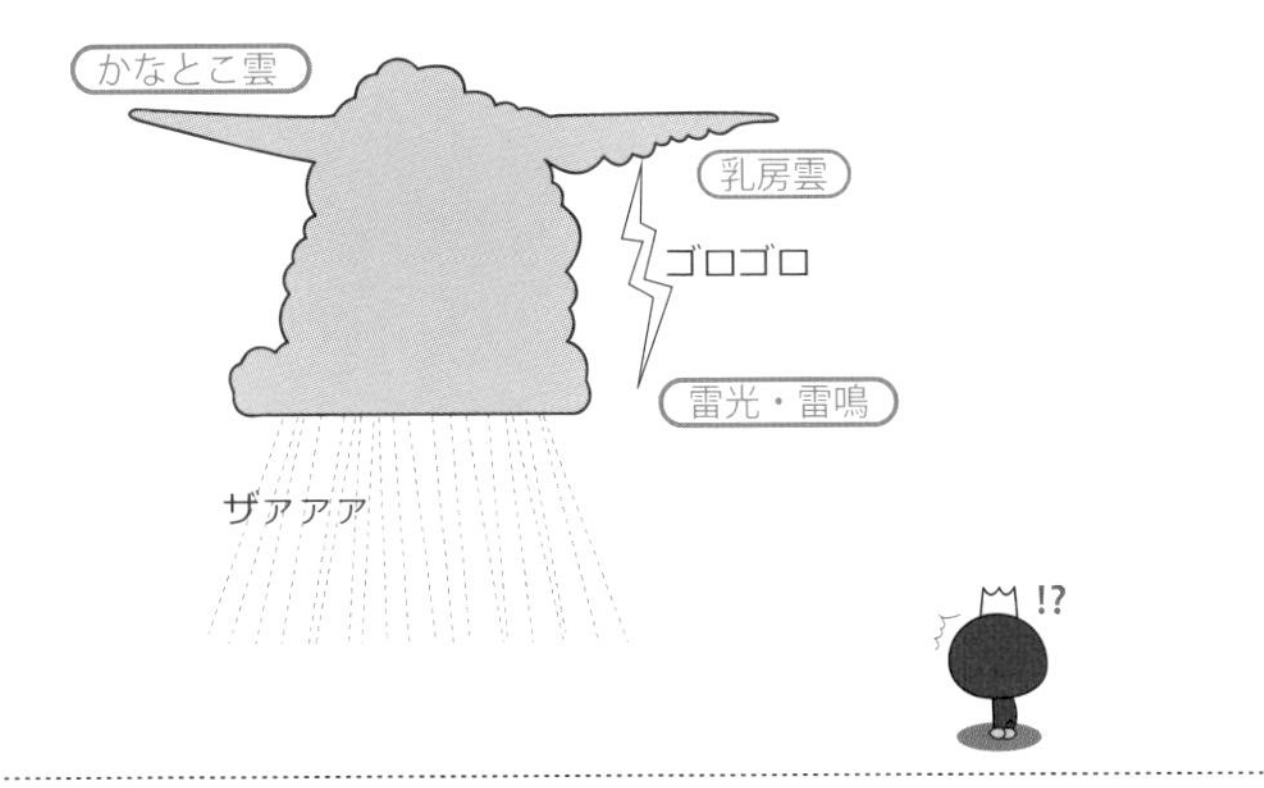

②近くでわかる前兆

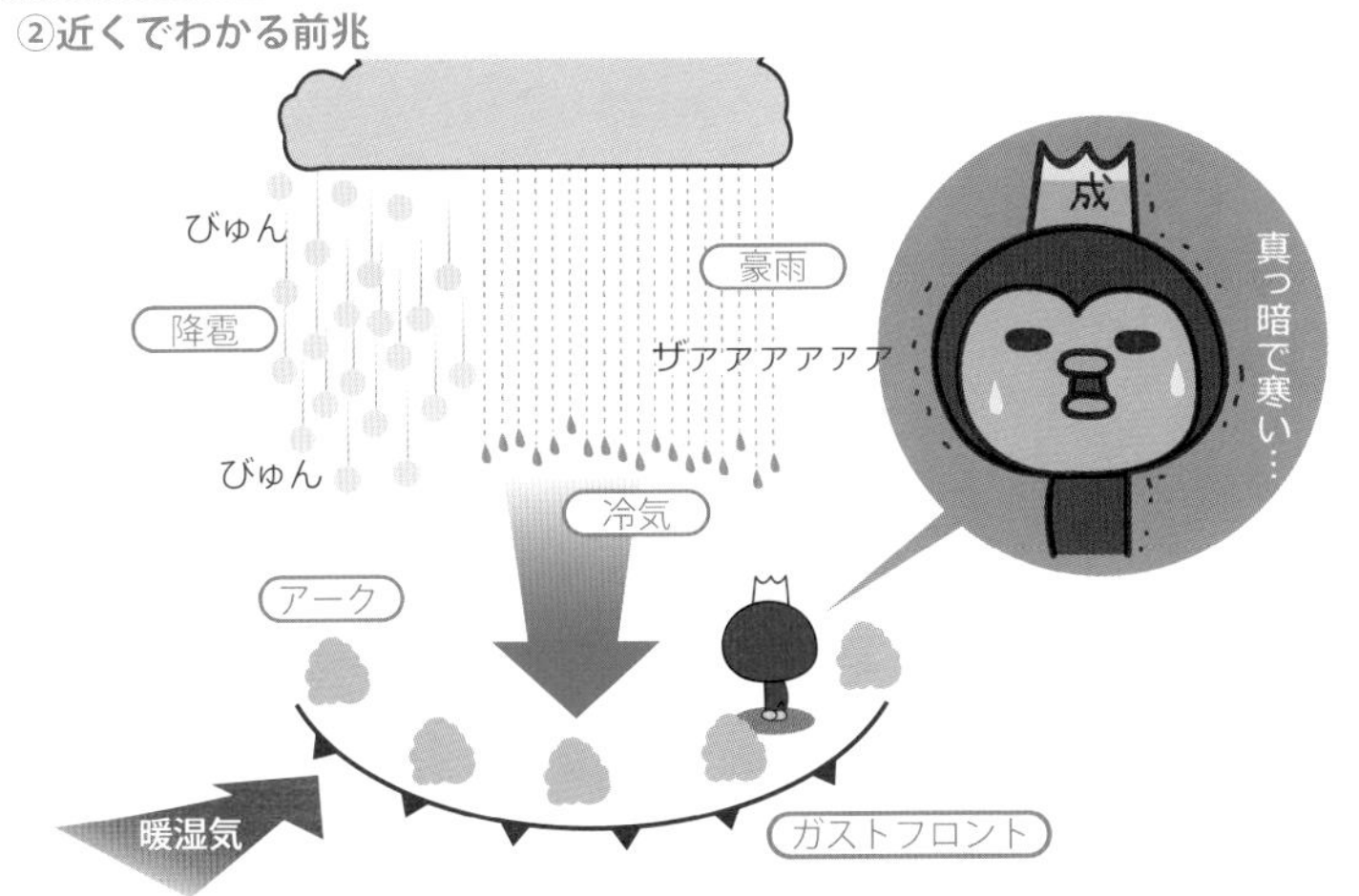

③積乱雲の真下や竜巻が目の前に迫ったサイン

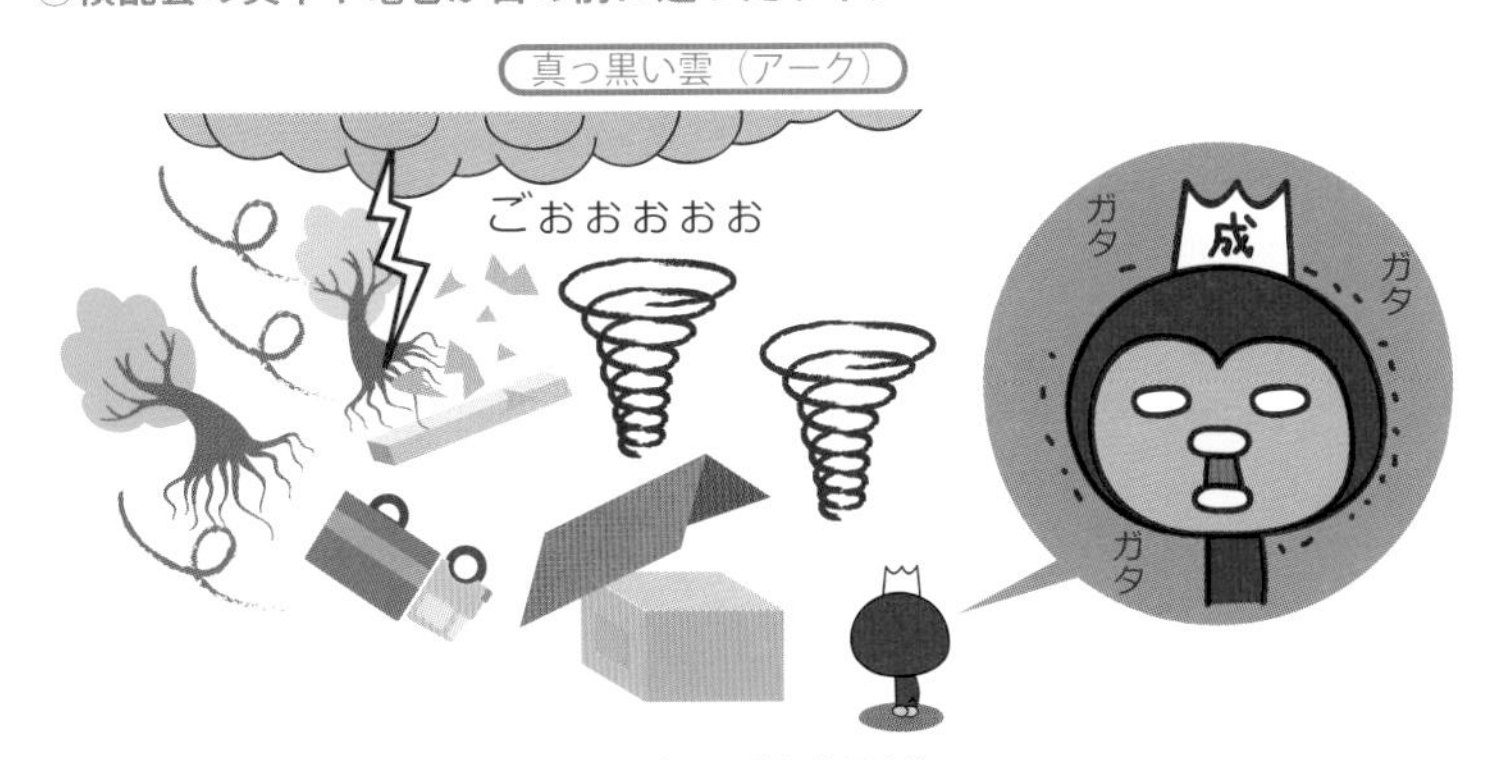

図5.1　自分の立ち位置を知る

5.3 竜巻のリスクが高い地域

日本における竜巻の実態は完全に把握できていませんが、ここ10年くらいで竜巻報告数は急増しています。日本における竜巻発生分布や発生確率の研究はこれまでにも行われていますが、最近のデータで再評価してみましょう。ここでは、1991年から2013年までに発生した突風*を対象に、都道府県別のリスクを考えます。陸上で発生した竜巻だけでなく、海上で発生した竜巻も考慮しました。各都道府県で実際に竜巻が発生した市町村の面積に海の面積*を加えた面積で、竜巻総数を割り、1年間に単位面積当たり発生する竜巻を比較しました。

図5・2はその結果です。赤色が発生頻度3個/10000㎢・年（1㎢当たり年間0・0003個）を超える都県を、青色が竜巻発生の絶対数が10個未満の府県を表しています。つまり、赤が竜巻リスクの高い県、青がリスクの低い県といえます。具体的には沖縄、鳥取が8個/10000㎢・年を超え最も多く、富山、埼玉、高知と続きます。地域でみると、関東、日本海沿岸域、太平洋沿岸域に集中していることがわかります。関東は、低気圧、台風、局地的な積乱雲などさまざまな要因で発生しており、太平洋沿岸（宮崎、高知、和歌山、愛知）は台風に伴う竜巻が発生することにより高く、日本海側は冬の竜巻により高くなっていることがわかりました。年間を通じて最も竜巻に注意を要するのが、関東の1都6県なのです。

一方、竜巻などのリスクが小さい地域は、近畿、瀬戸内海沿岸が特徴的です。こ

＊1991年から2013年までに発生した突風
気象庁突風データベースに基づく、竜巻、ダウンバースト、ガストフロント、その他突風を含む。

＊海上で発生した竜巻
海上の発生位置はわからないため、目視できる竜巻は10㎞以内と仮定し、面積を算出。

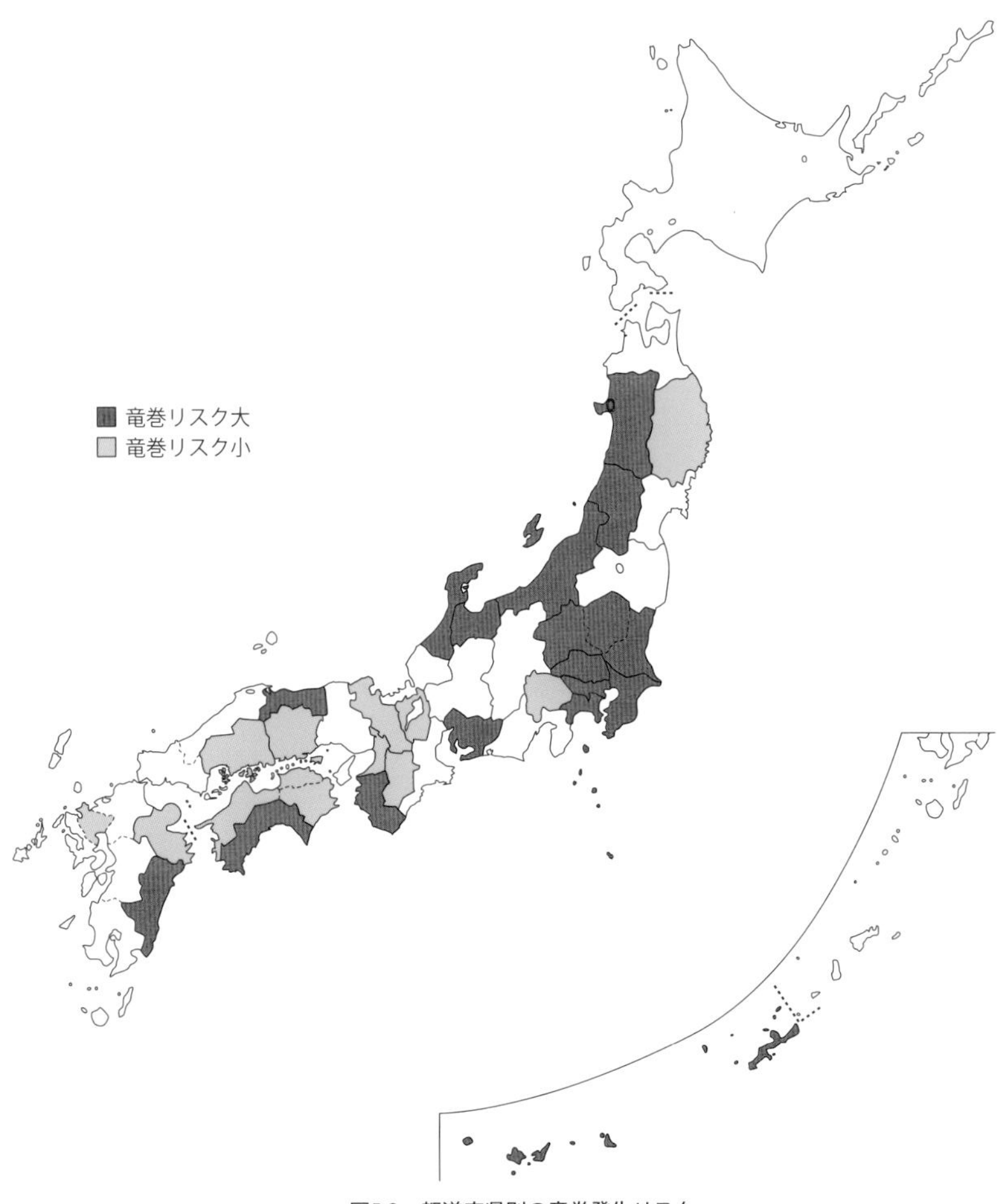

図5.2　都道府県別の竜巻発生リスク

れは小学校の地理の時間に習ったように、両地域は山地に囲まれており気象擾乱が直接進入しにくい場所といえます。また、気流が山を越えるために、統計的に雨も少ない地域、つまり積乱雲自体の発生が少ない地域なのです。統計データで、突風被害件数が5回以下だったのは、広島、奈良、大阪の2件、大分の4件、岡山、徳島の5件です。さらに、竜巻に限ってみると、広島、大阪はゼロ、奈良、滋賀、福島が1件、大分、岡山、長野、岩手の2件となっています。

ただし、岡山では50年間で竜巻等突風被害が5件しか報告されていませんが、その内の1件が1991年6月27日に岡山市で発生したF2のダウンバースト、もう1件が2009年7月19日に美作市で発生したF2の竜巻です。竜巻の発生頻度が低いからといって、強い竜巻が発生しないわけではありません。

この結果をみると、これまでの統計結果と大きく異なった地域があります。例えば鳥取ですが、最新のデータでは本州で最も竜巻発生リスクの高い地域になりました。これは、冬季海上で発生した竜巻の報告件数が急増した結果が反映されたためです。このように、竜巻の発生実態を把握することが、何よりも先に行うべき課題といえます。

海上竜巻のリスク

一般に、記録が残っている海上竜巻のほとんどは、陸地から漏斗雲を目視で観察したもので、発生地点や移動経路など詳細は不明です。詳細が観測されたいくつか

北海道佐呂間町で発生したF3の竜巻

の事例を示しましょう。

2007年5月31日に千葉県富津沖で発生した竜巻は、複数地点からの目視観測とドップラーレーダーによる観測から竜巻の発生地点が明らかになった事例です（1章）。竜巻発生地点の湾周辺では多くの目撃証言や映像が得られ、竜巻発生地点の東南東約1・5㎞の富津市上総湊、南南西3㎞の富津市竹富、さらに約10㎞離れた対岸の三浦半島・横須賀市観音崎でそれぞれ竜巻が目撃されました。この竜巻は、周囲の積乱雲により形成されたシアーライン（ガストフロント）上で発生した積乱雲と同時に形成され、典型的な海上竜巻（waterspout）的な構造を有し、ほとんど移動しなかった事例です。

2001年1月18日に福井県三国町沖で観測された竜巻は、冬季季節風下の雪雲に伴って発生し、海岸線から3㎞沖合で発生し上陸後消滅しました。1994年10月4日に土佐湾の海上で発生した竜巻は、湾曲した湾内の複数地点からの写真撮影が行われ、連続して発生した5本の竜巻の発生地点、移動経路が特定された事例です。5本の竜巻は、海岸線から2㎞沖合で発生し、移動速度も3～6㎞/hと遅く、上陸直前の竜巻の細部構造（漏斗雲、海水で可視化された渦、海面付近の水しぶき）までが確認されました。

最近では、デジタル写真の画像解析から海上で発生した竜巻の位置、漏斗雲の直径、雲底高度などを算出する試みも行われていますが、画像解析で竜巻の詳細な構造を議論できるのは、距離がだいたい海岸線から1㎞以内の竜巻です。竜巻（漏斗

雲）の存在を確認できるのは、だいたい10㎞以内の沖合で発生したものといえます。水平距離が数十㎞になると、例え漏斗雲が見えたとしても、地球の湾曲の効果により海面から高度約１５０ｍまでが死角となります。つまり海面付近の渦（水しぶき）を確認することはできなくなり、実質的に雲底から海面までつながった竜巻と判断することは難しいといえるのです。

ここでは、２００７年から２０１３年までに報告された竜巻*をもとに、都道府県別の海上竜巻を含む発生リスクをみましょう。解析対象の都道府県は、海岸線、島嶼部を有する39都道府県です。解析対象とした竜巻数は、２００７年から２０１３年までの４８８件（内海上竜巻３２２件）です。また、単位面積当たりの竜巻数を議論する際、海上竜巻の正確な発生位置はわからないため、竜巻発生を海岸線から10㎞以内と仮定し、海岸線を10㎞ごとに直線近似した長さに10㎞をかけた面積の総和を海の面積として計算しました。

月別竜巻数をみると、全体の傾向はこれまでの統計結果と同じ傾向ですが、10月にピークが現れ、2月と4月を除けば、海上竜巻が半分以上を占めました。海上竜巻発生時の天気図から判断した原因別では、温帯低気圧（寒冷前線含む）の41％に続いて、冬季季節風下（西高東低の気圧配置）が34％を占めており、冬季寒気の南下に伴い海上で発生する竜巻が多い結果となりました。これが、10月に海上竜巻のピークが現れた理由と考えられます。台風（熱帯低気圧）に伴う竜巻が1％と少ないのは、台風接近時に目視で竜巻を観察、確認することが難しいためと考えられ、

*２００７年から２０１３年までに報告された竜巻
気象庁が「竜巻等の突風データベース」を作成するようになり、海上竜巻の報告数も増加した。海上竜巻のリスク評価のために、この7年間のデータを用いた。

決して台風に伴い海上で竜巻が発生しないことを意味しているわけではありません。これらの結果は、１９９７年から２００６年までの約２００個の竜巻について、同様の解析を行った結果と大きく異なっていました。

海上竜巻の発生時刻をみると、7時から18時の日中に大部分が発生し、23時から5時はゼロとなっており、目視観測に頼らざるを得ない海上竜巻の夜間における観測の難しさを物語っています。地域別の発生頻度を比較すると、本州の太平洋側で海上竜巻の割合は半数以下でしたが、北海道、本州の日本海側、沖縄では海上竜巻の割合が7割以上を占めました。

２００７年から２０１３年までの7年間における竜巻について、１年当たりの単位面積（１００００㎞²）、人口１００万人当たりの発生数を都道府県別に示しました（図５・３）。海上竜巻の個数を海の面積で割った頻度（図中■印）、陸上の竜巻個数を陸地の面積で割った頻度（◆印）、および両者の個数を海陸の面積で割った頻度（棒グラフ）で示されています。海上竜巻で1年当たり5個/１００００㎞²を超えたのは、秋田、山形、新潟、富山、石川、鳥取、沖縄となりました。また、全竜巻（陸上＋海上）で5個/１００００㎞²を超えたのは、新潟、富山、鳥取、沖縄とな

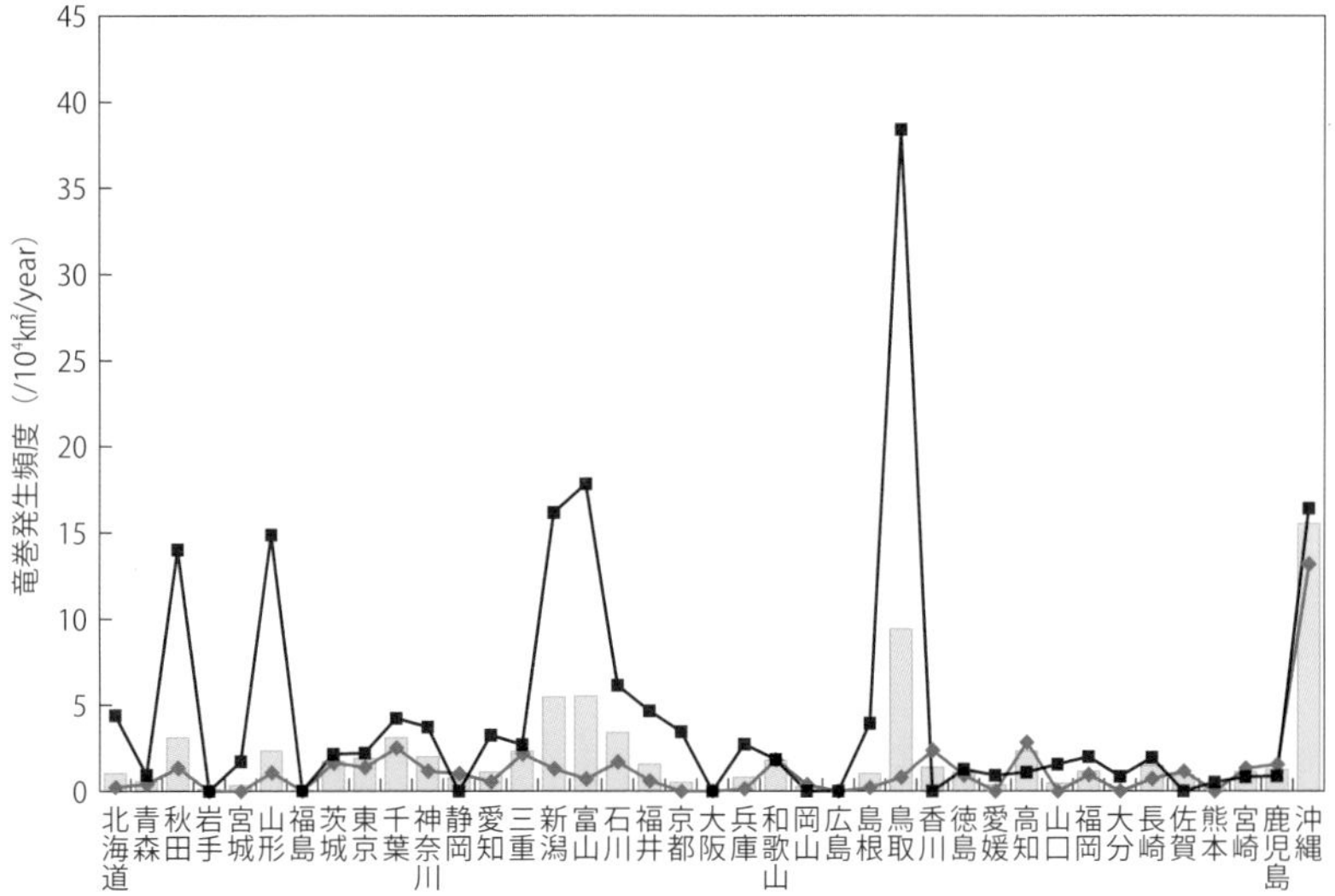

図5.3　2007年から2013年までの都道府県別の1年間当たりの単位面積（10000㎢），人口100万人当たりの発生数

りました。例えば、日本海側の鳥取県はこれまで竜巻（被害）の少ない県でしたが、海上竜巻を考慮した結果は、本州でも最も発生頻度の高い県に躍り出ました。海上竜巻を考慮すると、これまでの統計結果とは全く異なった結果となったのです。同様に、1年当たりの単位面積単位人口当たりの竜巻数で2個（100万人当たり）を超えたのは、秋田、山形、新潟、富山、石川、鳥取、高知、沖縄でした。以上のように、海上竜巻を考慮した結果は、竜巻発生リスクは、これまでの統計結果と異なる地域特性が認められました。

5.4 竜巻注意情報

2005年から2006年にかけて発生した、酒田竜巻（羽越線脱線事故）、延岡竜巻、佐呂間竜巻による甚大な災害を受けて、気象庁は2008年3月26日から「竜巻注意情報」の発表を開始しました。竜巻注意情報は、積乱雲下で発生する竜巻やダウンバーストなどの突風に対して注意を呼びかける気象情報で、「雷注意報」を補足する情報として発表されます。竜巻注意情報は、数値予報モデルによる突風発生危険度と全国に展開されたドップラーレーダーを用いた観測から、竜巻等の突風が発生しやすい気象状況になったと判断された時に、各地の気象台から発表されます。数値モデルからは、大気の安定度と風の鉛直シアーを計算して、この2つのパラメータを組み合わせた指数*で竜巻の発生しやすさを量的に計算します。この指数が高くなった地域で、ドップラーレーダーによりメソサイクロンが検出されると、

＊竜巻注意情報の数値予報
この指数は、数値計算により、12時間前や3時間前など刻々と最新情報が更新され、事前に竜巻の発生しやすい地域がわかる。

竜巻注意情報の発表につながるのです。

「竜巻注意情報」の発表を開始した翌日の２００８年3月27日に、さっそく九州で竜巻注意情報が発表されました。鹿児島県には当日朝から雷注意報が発表されていた中、17時59分、18時38分、19時17分、20時19分の４回（1回の発表で1時間の有効時間）竜巻注意情報が発表されました。[*] この時実際に、17時過ぎにいちき串木野市で、19時過ぎに垂水市で竜巻被害が生じました。

今のところ、竜巻注意情報が発表されて実際に竜巻が発生した割合（的中率）は10％未満、また発生したすべての突風に対して竜巻注意情報が発表された割合（捕捉率）は25％程度と決して高いとはいえません。もともと竜巻注意情報は、アメリカで発生するスーパーセル竜巻を念頭において予測、監視されたものです。つまり、〝直径10㎞のメソサイクロンが地上の竜巻に先行してスーパーセル内に存在する積乱雲〟を対象にした予測です。２００８年以降に発生したＦ２～Ｆ３のスーパーセル的な竜巻に関しては、ほとんど予測されており、当初の目的は達成されたといえます。

ただ、実際の竜巻予測の難しいところは、アメリカ中西部で発生する巨大なスーパーセルでさえ、メソサイクロンから竜巻が地上にタッチダウンするかどうかわからない点にあります。今にも竜巻が発生しそうなのに、結局竜巻が地上までつながらなかったという事例が結構多いのです。アメリカのスーパーセルでも竜巻警報の的中率は20～50％といわれています。まして、日本ではスーパーセル竜巻の発生頻

＊２００８年3月27日の竜巻注意情報
当日は熊本県と宮崎県にも発表。

度は少なく、竜巻やメソサイクロンのスケールが小さく、短寿命な非スーパーセル竜巻が大部分ですから、的中率の低さは致し方ないことともいえます。

ただ、竜巻注意情報が当たる、当たらないという議論は、通常の天気予報*で、「晴れ」が「雨」になったというような外れ方とは本質的に違います。竜巻注意情報の場合は、たとえ外れても、上空には発達した積乱雲が存在し、竜巻のポテンシャルを有したメソサイクロンが存在していることには違いないわけですから、自分の頭の上には〝危険な積乱雲〟が存在しています。ですから、ひとりひとりが「雷注意報」より1段階注意レベルを上げて、竜巻、ダウンバースト、落雷、豪雨、降雹に備えるべきなのです。

また、雨であれば地上雨量計で検証することができますが*、竜巻の場合は、地上付近の渦や漏斗雲を観測する手段がありません。実際に、検出されたメソサイクロン直下に行って、竜巻が発生したか、被害が生じたかを確認しているわけではありませんので、竜巻注意情報が外れたかどうかの検証自体が難しいのです。

現在、竜巻注意情報の最大の問題点は、県単位（その後細分化され発表）で発表される点です。竜巻のような極めて局所的な現象の対象を広範囲な県にしても受け取った人の対応は難しいといわざるを得ません。ドップラーレーダーでメソサイクロンを検出しているわけですから、その地域にピンポイントで情報を出せばよいと思われますが、メソサイクロンの検出精度が十分でないために現状のようになっています。近い将来、メソサイクロンの検出精度が上がれば、ピンポイントで〝竜巻

＊通常の天気予報
明日の天気を予報する短期予報。

＊地上雨量計での検証
ただし、積乱雲に伴う雨は17㎞間隔のアメダス（AMeDAS）でも捉えることは困難。

警報〞あるいは〝メソサイクロン情報〞が出せるようになるでしょう。ちなみに、気象庁は２０１０年から、10km間隔の領域で10分ごとに、「竜巻発生確度ナウキャスト」情報の発表を開始しました。

5.5 竜巻の予測に欠かせないドップラーレーダー

竜巻やダウンバースト／ガストフロントなどの突風を観測、予測することは可能なのでしょうか。そもそも竜巻は、人にとっては巨大な渦ですが、気象現象としてはミクロのスケールです。台風や低気圧のように１０００kmのスケールを有して天気図に現れる現象ではないために、竜巻そのものを観測するのは容易なことではありません。気象庁は、全国に約20台のドップラーレーダーを配備しメソサイクロンを監視していますが、日本で観測されるメソサイクロンの多くは直径が1～５km程度であるため、レーダー観測の空間分解能が、日々の天気予報で使っている１kmの分解能だと良く見えません。例えるなら、目の悪い人が眼鏡を外して見ているような状態といえます。また、スーパーセルの下で必ずしも地上の竜巻が生じるわけではないという本質的な課題も残されています。

気象レーダー

一般的に、気象レーダーは雨を測る道具ですが、ドップラー効果を利用して雲内の風速を測定することが可能となっています。ドップラーレーダーというリモート

図5.4　ドップラーレーダー（防衛大学校）の外観

センシング（遠隔測定）技術を用いれば、竜巻やダウンバースト・ガストフロントを空間的に捉えることができ、観測・予測することができます（図5・4）。すでに世界各地の空港などにはドップラーレーダーが配備され、滑走路上のウィンドシアーを監視しています。

竜巻の親雲内で形成されるメソサイクロンやマイソサイクロンの構造については、実際に観測された構造は複雑であり、高分解能のレーダーを用いた至近距離からの観測結果が待たれています。防災面では、竜巻や局地的な豪雨などリードタイムが極めて短い現象の対策が大きな課題となっています。日本では、竜巻発生前から上空に明瞭なメソサイクロンが先行して存在する竜巻の事例は少なく、積乱雲の発生とほぼ同時にマイソサイクロンと竜巻が形成・観測されることが多いのが実情です。マイソサイクロンの寿命は10分未満のものが多く、レーダー観測において、ボリュームスキャン*の仰角を絞って3分から5分間隔で観測しても時間分解能は不十分であり、ドップラーレーダーで観測されたメソサイクロン、マイソサイクロンの情報をどのように伝達するかが竜巻短時間予測の課題です。

最近では、多数の素子を用いたフェーズドアレイレーダー*による秒単位の観測も始まっており、レーダーを用いた短時間予測に大きな期待が寄せられています（図5・5）。また、雲レーダー*による積雲段階からの観測（図5・6）や、ドップラーライダー*で晴天時のつむじ風や都市構造に伴い発生する渦などの検出にも成功して

図5.5　フェーズドアレイ気象レーダー（日本無線）

＊ボリュームスキャン
通常のレーダーでは、パラボラを回転させながら仰角を変えて天空の立体的な構造を観測している。

＊フェーズドアレイレーダー
小型のアンテナを多数配置し同時に電波を異なった方向に発射することで、瞬時に3次元的なデータを得られる。

＊雲レーダー
ミリ波レーダー。観測対象は直径数百ミクロンの雲粒。

います。竜巻や竜巻に似たさまざまな鉛直渦の現象（塵旋風、山竜巻、火山竜巻、火災旋風など）を直接観測ができるようになりつつあります。

レーダーエコーの特徴

気象レーダーで観測すると、竜巻やダウンバーストをもたらす積乱雲のレーダーエコーには、特徴的なエコーパターンが存在します（図５・７）。「フックエコー」は、昔から竜巻の指標として有名です。スーパーセルに固有なエコーです。スーパーセルは、強い上昇流と強い下降流が背中合わせで存在するのが特徴であり、数十m／sに達する上昇流域では竜巻が発生し、強い下降流域では、降雹や豪雨が観測されるため、スーパーセルは、「トルネードストーム」だけでなく、「ヘイル（雹）ストーム」ともよばれます。スーパーセルは、雲自体が回転しているため、平面的にスーパーセルを観ると、上昇流域では降水がなく、その周りに降雹域、その外側に強雨域が存在するという、ドーナッツのような真ん中にエコーのない領域が存在し、それを取り囲むように強エコーが存在するためにフック状（鉤状）になります。

一方、ダウンバースト発生時には、鉾（ほこ）先（spearhead）や弓矢のように先端が尖ったエコーがしばしば観測されることが多く、ボウエコー（bow echo）とよばれます。藤田博士が航空機事故時のレーダーエコーで特徴を見出したように、

＊ドップラーライダー
赤外線を用いたレーダー。観測対象は大気中のエーロゾルといわれる塵。

図5.6　千葉大学の雲レーダーFALCON（鷹野敏明）

スーパーセル(supercell)

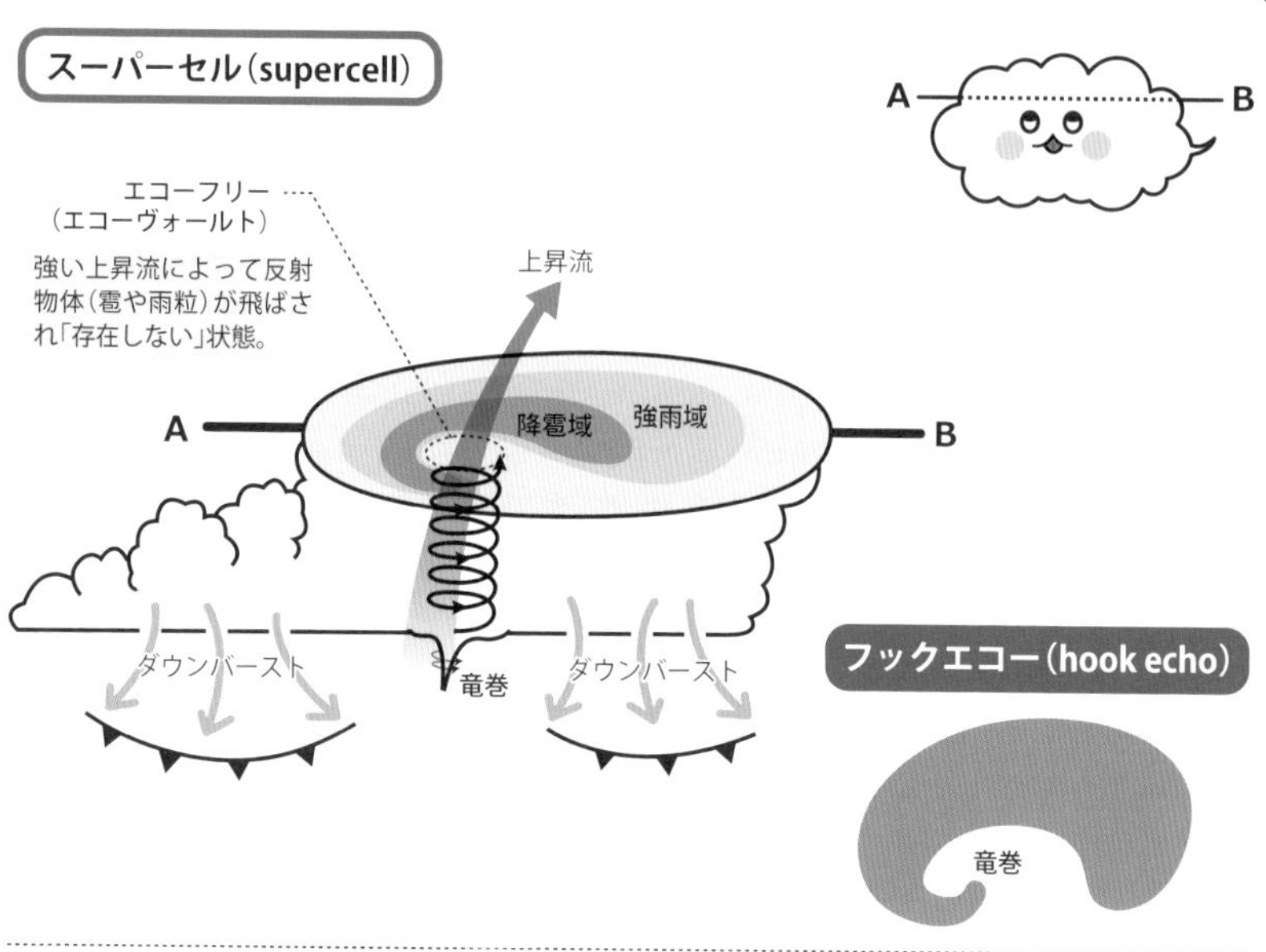

フックエコー(hook echo)

竜巻

マルチセル(multi cell)

マルチセルとは
積乱雲の集まりを指しますが、規則的なマルチセルでは、自分の下降流により新しい積乱雲を形成したり、風上側で次々と積乱雲が生じたりして結果的に長続きします。

親雲が子雲を産み続けて子孫が増えていく積乱雲がマルチセル。

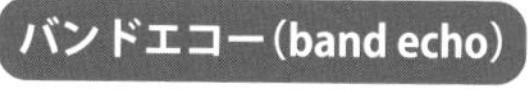

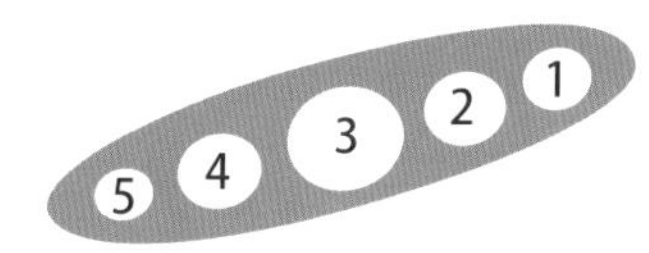

図5.7　積乱雲の特徴的なエコーパターン

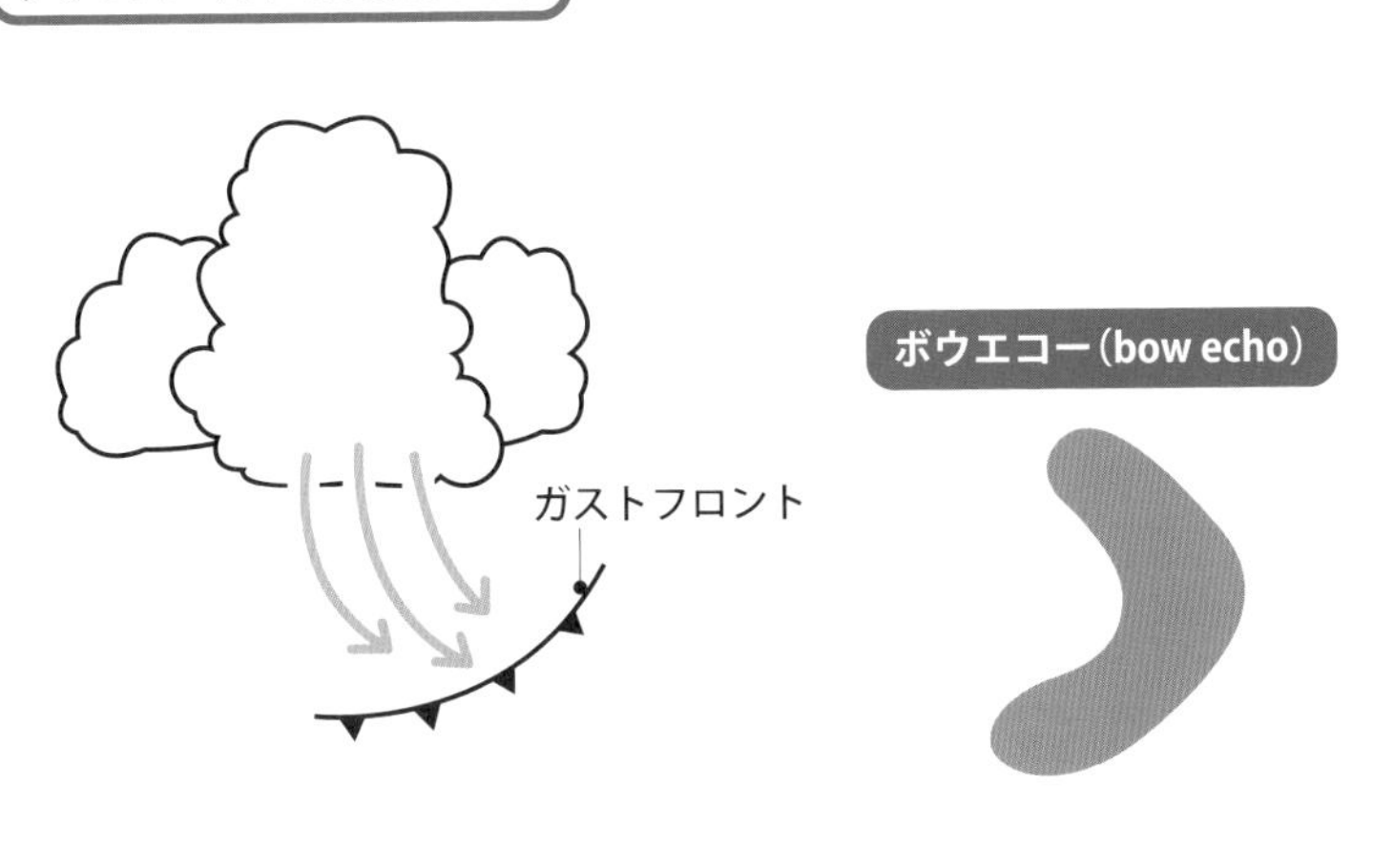
ダウンバースト（down burst）
ガストフロント
ボウエコー（bow echo）

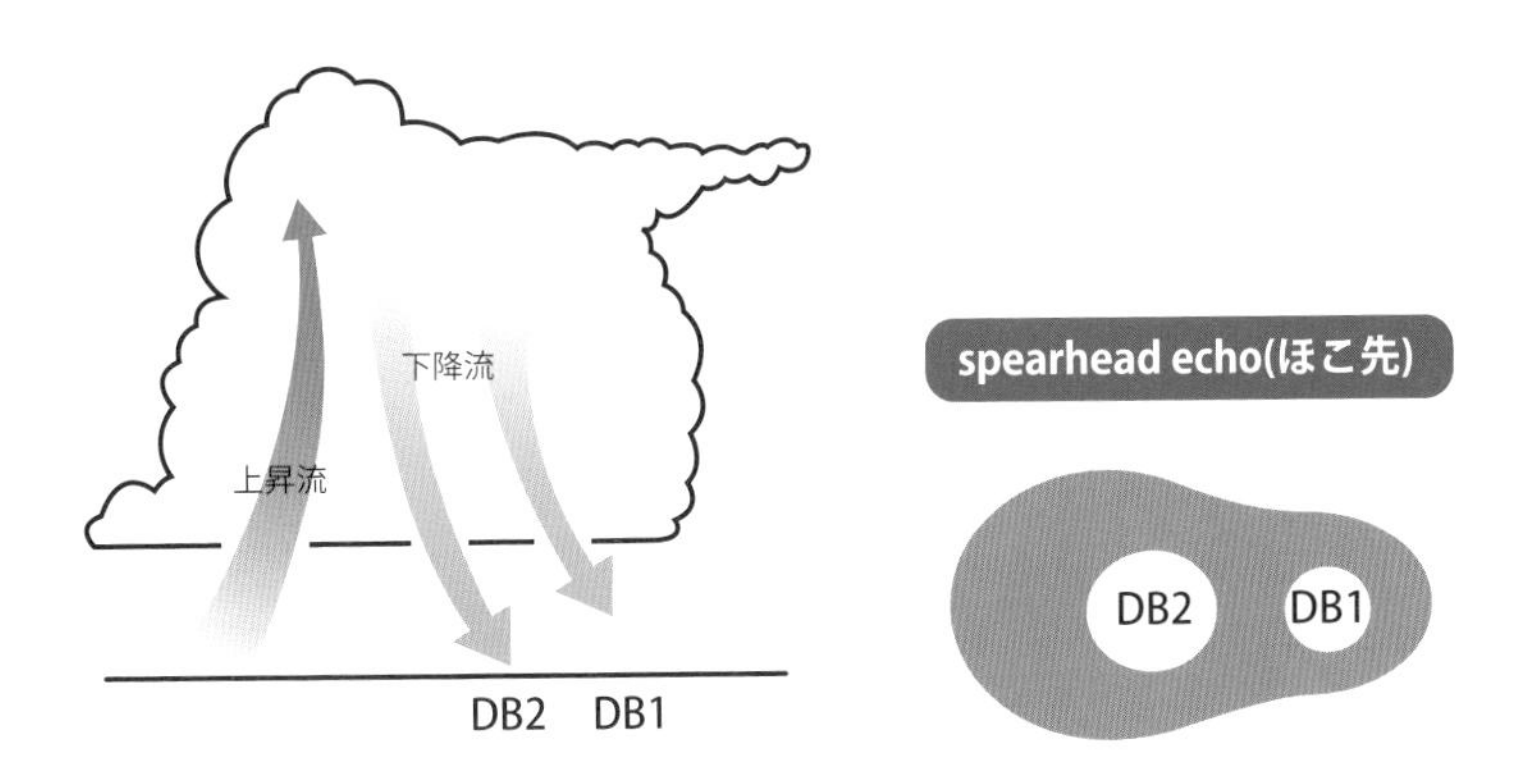
下降流
上昇流
DB2　DB1
spearhead echo(ほこ先)
DB2
DB1

ボウエコーはダウンバーストの指標となります。線状に並んだエコーの中で、ダウンバーストをもたらすエコーが突出しているためこのようによばれます。まさに、弓から矢が放たれる形状に似ています。

同じバンド（ライン）状のエコーでも、積乱雲セルの発生パターンは異なります。常に風上側に新しいセルが発生して1本のバンドを形成するマルチセル型*のエコー内では、個々のセルは発生、衰弱を繰り返して入れ替わるもののバンド自体は停滞して長続きするため、しばしば豪雨の原因となります。一方、ボウエコーのセルは、エコーシステムの走向に対して直角方向に移動するために、このような形状になります。

ドップラーレーダーによる観測手法

気象レーダー*は、降雨を観測するための測器であり、手の届かない雲内の雨を遠隔測定*で捉えることが可能です。気象レーダーはマイクロ波*帯の電磁波を発射して、後方散乱物体*である降水粒子の集合体からの反射波を測定し、受信電力の強度から雨量を推定します。波長数センチメートルの気象レーダーで観えるものは、降水粒子以外に、「地形（グランドクラッタ）」、「波（シークラッタ）」、「航空機」、「船舶」、「大気の屈折率*」、「雷放電路」などがあります。ドップラーレーダーは反射強度の測定に加えて、発射されたパルス波*が降水粒子で後方散乱される際のドップラーシフト*を測定し、降水粒子の移動速度すなわち風を観測することができる高性能レーダーです。1台のドップラーレーダーで観測できるのは、収束・発散、渦という特

＊マルチセル（multi-cell）
多重セル。シングルセル（single cell）、スーパーセル（supercell）に対する用語。マルチセルには、ランダムに複数の積乱雲が湧くパターンと、規則的に組織化されたものの2種類が存在する。一般に、発達した積乱雲からの下降流が水平方向に発散するアウトフローの先端、ガストフロント（gust front）上で周囲の暖湿気と収束して新たな積乱雲を形成するパターンを、組織化されたマルチセルとよぶことが多い。自分の前面（前方）に新しい積乱雲（子ども）を産むので、自己増殖型のマルチセルともいわれる。線状降水帯とよばれるマルチセルでは、同じ地点で積乱雲が湧き続け風下に流されることでマルチセルとなるので、バックビルディング（back building）型といわれる。

＊気象レーダー
日本では、気象庁、国土交通省、防衛省、大学や研究所、電力会社、民間気象会社などが有している。

＊遠隔測定
リモートセンシングの訳。直接測定に対する用語。

＊マイクロ波
波長数センチメートルの電磁波。

＊後方散乱物体
マイクロ波が反射される対象物体。

＊大気の屈折率
前線や成層状態により空気の密度が異なる面で電磁波は反射や屈折する。

徴的な速度パターン*であり、リアルタイムで積乱雲内のメソサイクロンや、ダウンバーストに伴う地上付近の発散を観測することができるのです。

ドップラーレーダーは、レーダービーム方向（動径方向）に近づく風速またはレーダーから遠ざかる風速が測定できます。パラボラを1回転させることで、360度の風を観測します。ただし、1台のドップラーレーダーではビーム方向の降水粒子の動き、すなわちレーダーに近づく風（負）と遠ざかる風（正）の情報のみしか得られず、ビームに直交する風速成分は測定することができないため、正確な風の場を求めることはできないことになります。実際の3次元風速を観測するためには、3台のドップラーレーダーを組み合わせて観測を行う必要があります（図5・8）。

ダウンバーストの場合、1台のドップラーレーダーで下降流そのものを観測するためには、下降流の真下でレーダーを真上に向けて観測しなくてはならず、現実の観測では鉛直観測*で下降流を捉えることは難しいといえます。ドップラー速度パターンで検出できるのは、地上付近の発散と、アウトフロー先端であるガストフロントにおける収束です。ドップラーレーダー観測では、マイクロバースト直下の地上付近で反対方向に発散する水平風速差のことを、differential velocity*とよびます。ドップラーレーダーによるマイクロバーストの定義は、「differential velocity V ≧ 10m／s」と定量的に提唱されています。現在、空港気象ドップラーレーダーでは、積乱雲直下のdifferential velocityを観測してマイクロバーストの検出を行い、パイロットにウィンドシアーの情報を提供しています。

＊パルス波
間欠的に放射される波。

＊ドップラーシフト
電波や音波の発信源や反射体が動くことにより波長が変化する、「ドップラー効果」により変化する送信波と受信波の周波数の違い。

＊速度パターン
エコーパターンと同様に、スキャンされた平面内における速度分布。

＊鉛直観測
パラボラを真上に向けた観測手法。

＊differential velocity
発散場でビーム方向に相対する正負の風速差。

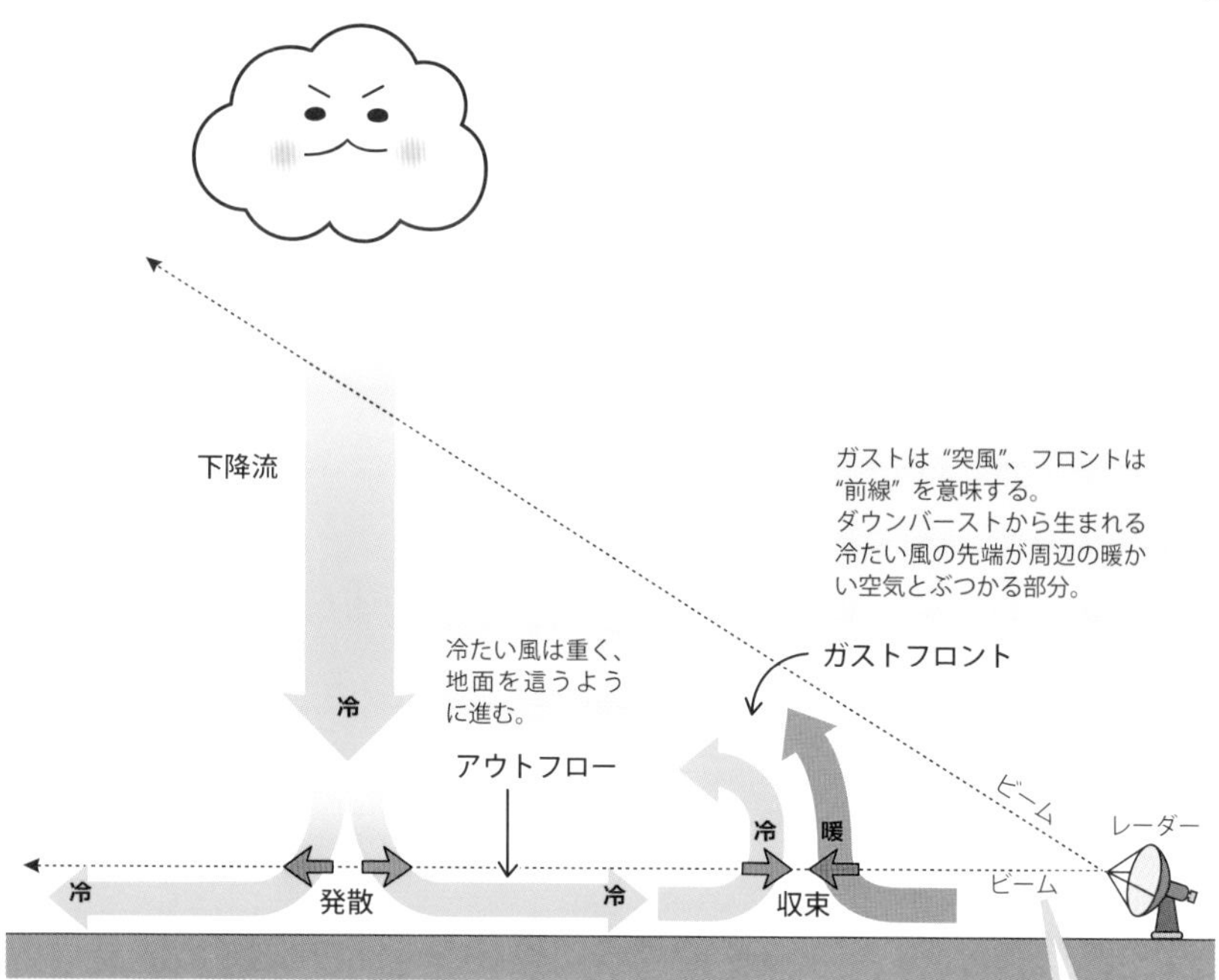

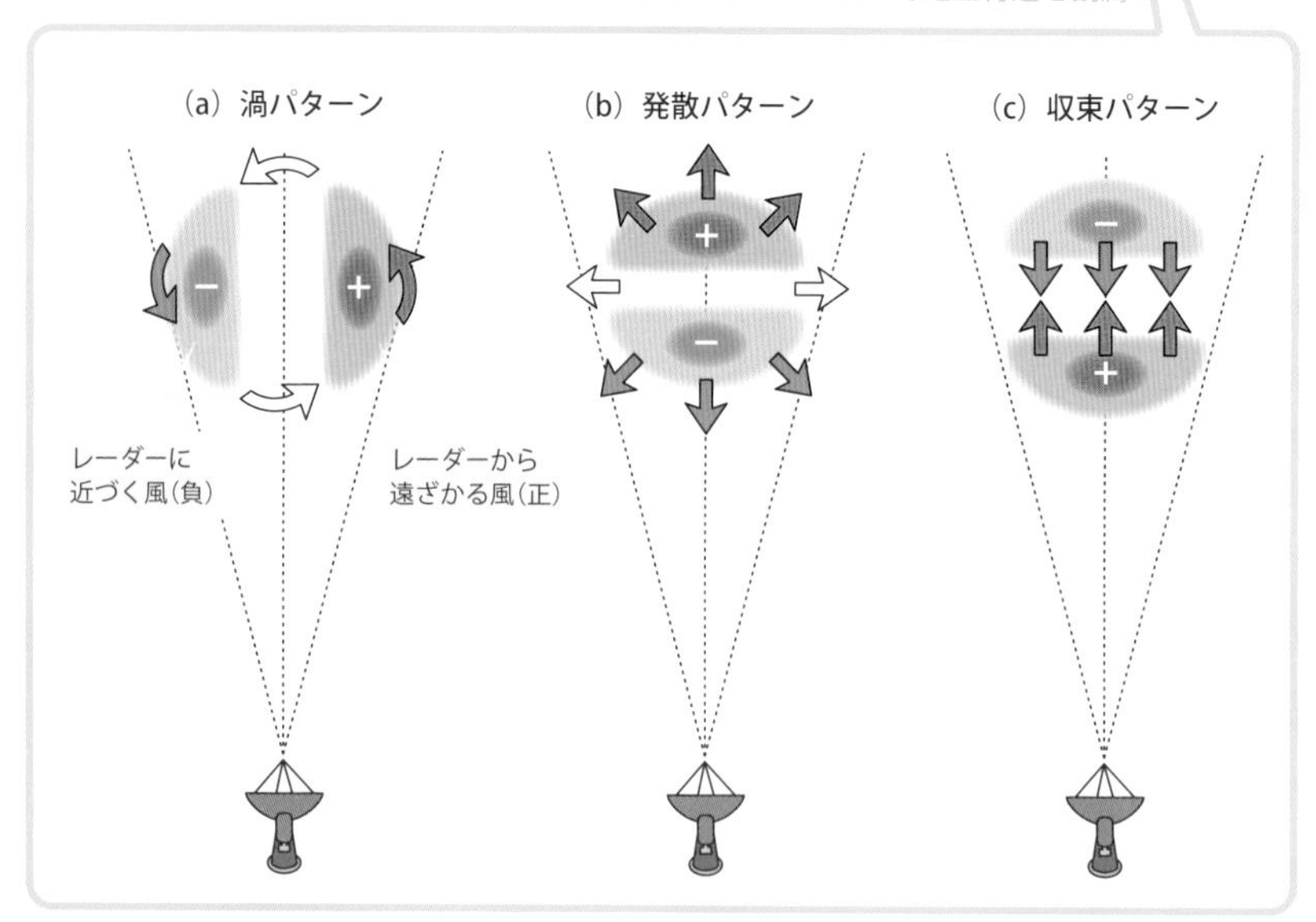

図5.8 積乱雲からの下降流とレーダー観測（上）と収束・発散・渦のドップラー速度パターン（下）

竜巻そのものを観測的に捉えることは難しいですが、雲内のメソサイクロンはドップラーレーダーにより観測することが可能です。２００６年4月20日に神奈川県藤沢市で発生した竜巻は、寒冷前線の線状降水帯（NCFR：Narrow Cold Frontal Rainband）上に複数のフック状エコーが形成された事例です（図５・９）。一見直線状にみえる寒冷前線上のエコーも、高分解能のレーダーで観測すると、線状エコーは蛇行し、複数のフック状あるいはリング状のエコーが存在したことがわかります（図５・10）。陸上で形成されたフックエコーをドップラー速度場でみると、直径２kmのマイソサイクロンが検出されました。ドップラー速度場で、遠ざかる成分と近づく成分の渦パターンが存在し、低気圧性（反時計回り、左回り）の回転を有していたことがわかります。この渦（マイソサイクロン）の下では、フジタスケールでF０の竜巻が藤沢市で発生しました。詳細な現地調査から被害の長さは２km、被害幅は50m、被害の強さはF０と推定され（図５・11）、フジタ‐ピアソンスケール（FPPスケール）でいうとF０‐P１‐P１となり、日本で発生した竜巻の平均的な被害スケールだということがわかりました。

さらに、この事例では異なった5個のマイソサイクロンが連続して検出されました（図５・12）。マイソサイクロ

集中豪雨をもたらす線状降水帯が
豪雨災害の原因になることから
気象庁は、2021年から
線状降水帯の情報を
発表しているよ。

ンの時間・高度分布をみると、各マイソサイクロンは1回のボリュームスキャン内、すなわち10分未満の寿命であり、地上から高度2～4㎞まで達するものと、高度6～8㎞の雲頂付近の高高度にも存在しました（図5・13）。竜巻の親渦が雲内のどの高度に存在し、どこまで達しているかは、竜巻の構造を議論する上では重要であり、竜巻予測にも大事な情報となります。

日本では、年間を通じてさまざまな大気擾乱に伴い竜巻が発生していますが、大部分は見通しのよい海岸線付近で確認されています。アメリカのスーパーセルに伴

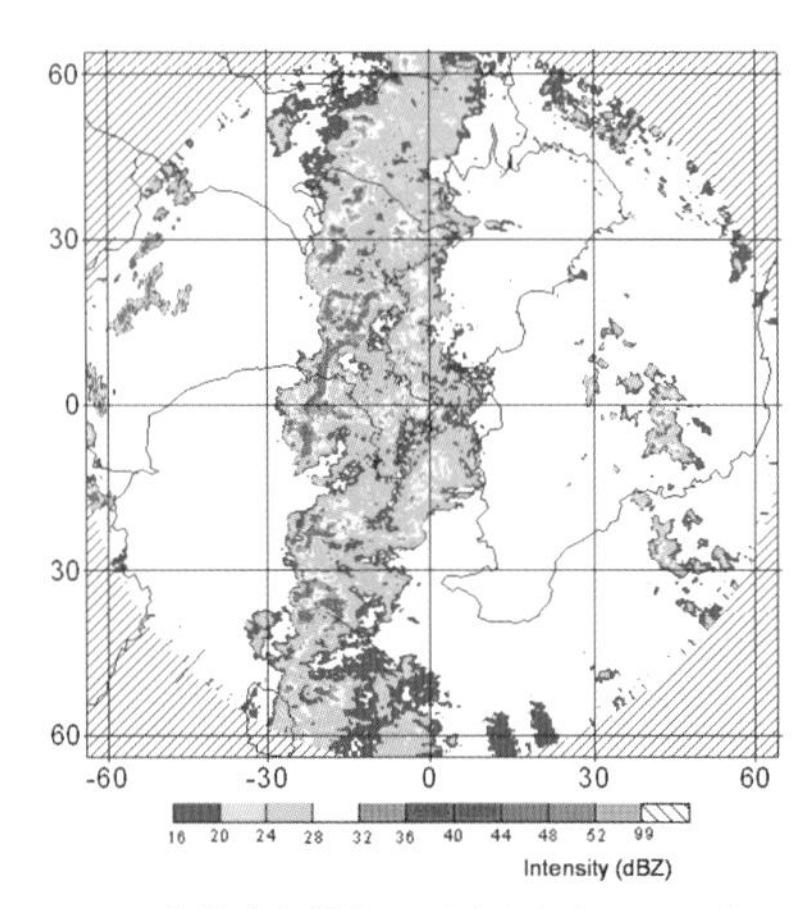

図5.9　線状降水帯上に形成されたフック状エコー（Kobayashi et al 2007）

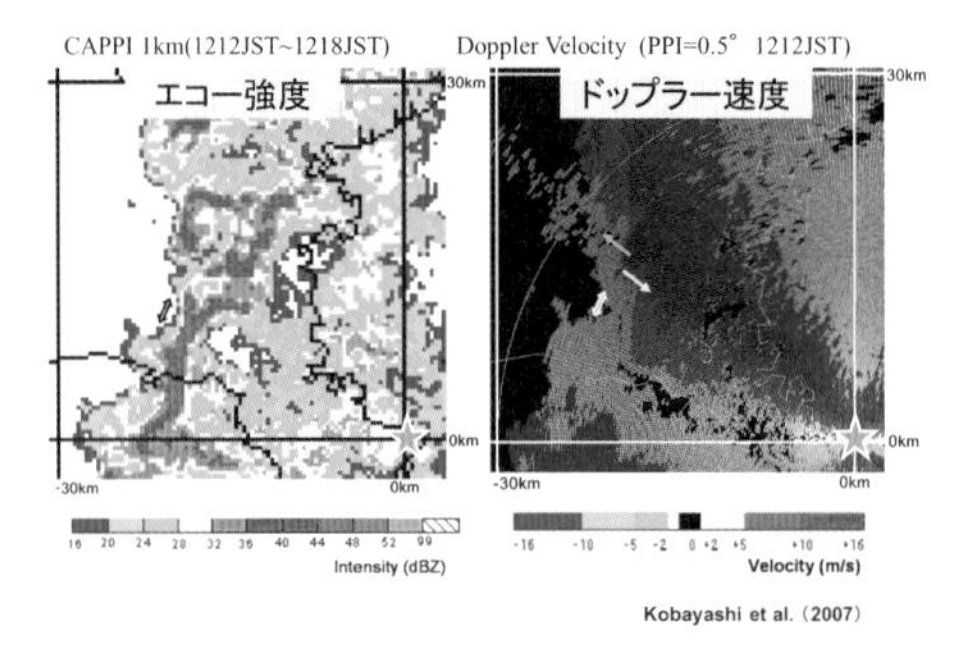

図5.10　藤沢上空のレーダー反射強度（左）とドップラー速度場（右）
矢印は近づく成分と遠ざかる成分のピークを，太い矢印は地上被害域を示す．（Kobayashi et al 2007）

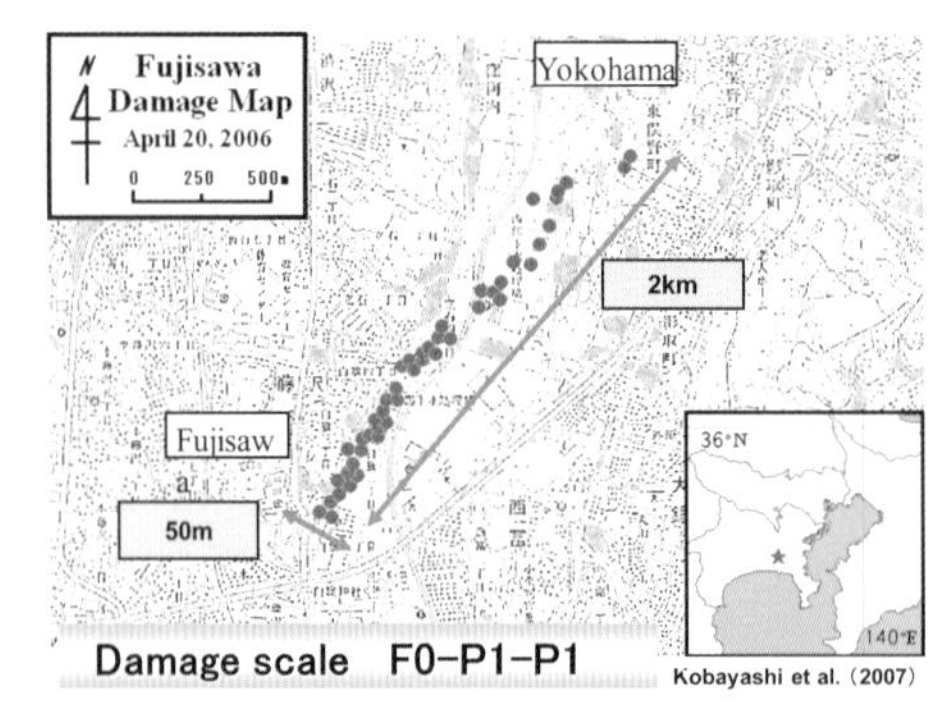

図5.11　藤沢市の被害マップ（Kobayashi et al 2007）

い発生するトルネードと比較的弱い竜巻であるスパウトのように明瞭な区別をすることは、日本での竜巻やその親雲では難しいといえます。これは、スケールが大きく長寿命のメソサイクロンを有するようなスーパーセルであれば、ドップラーレーダーによる捕捉は容易ですが、短寿命の竜巻を捉えることは困難であるということです。ドップラーレーダーで竜巻渦そのものを捉えることや何時間も前から予報することはもとより不可能ですが、より高い精度でリアルタイムのメソサイクロンを捉えることは可能です。次に、現在関東で行われている試みを紹介しましょう。

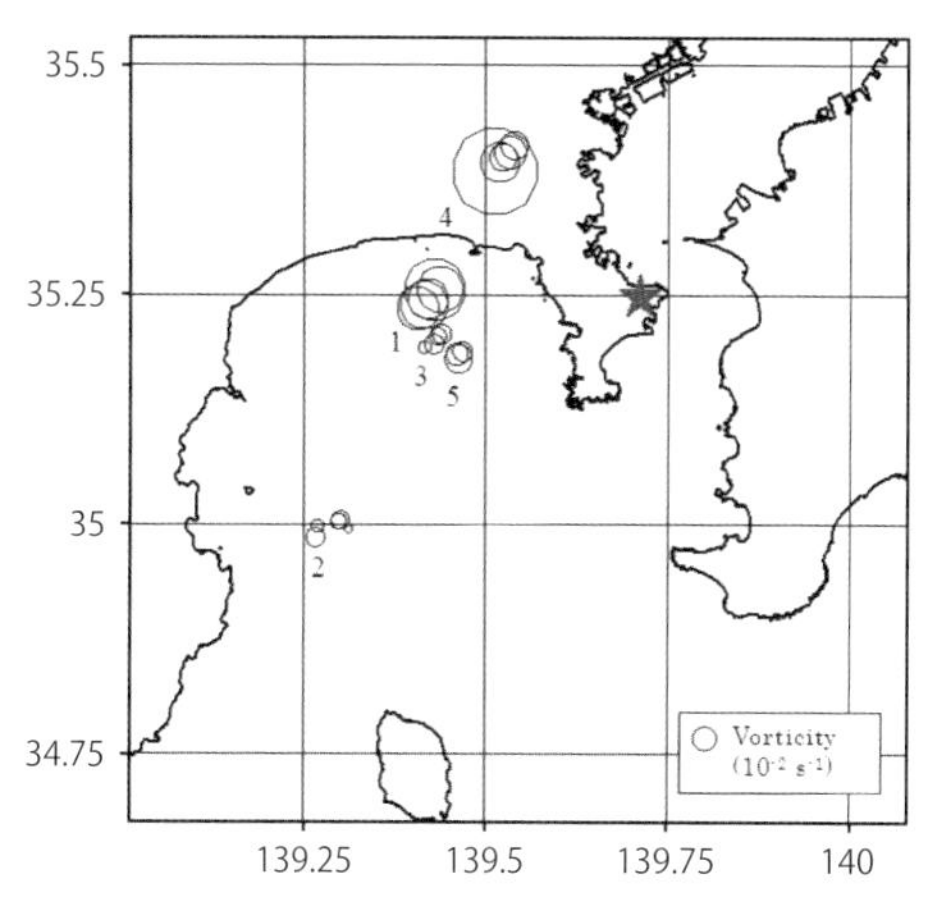

図5.12　検出された５個のマイソサイクロンの発生場所
(Sugawara and Kobayashi 2009)

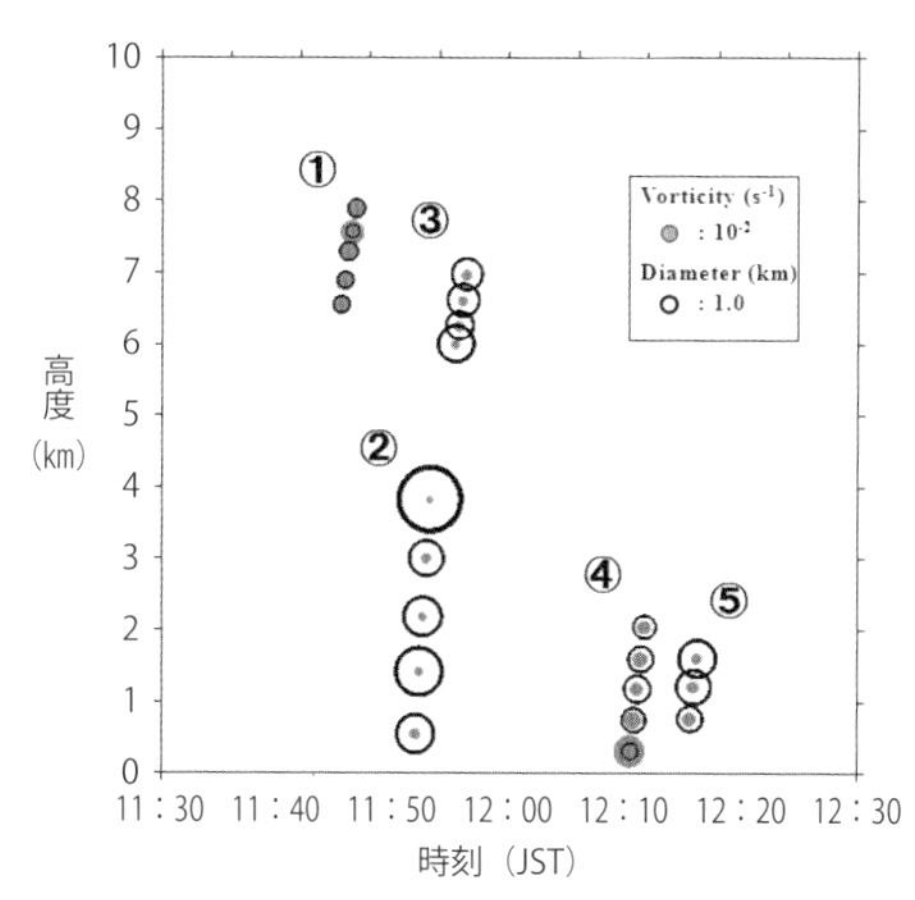

図5.13　マイソサイクロンの時間高度断面図
(Sugawara and Kobayashi 2009)

X-NETプロジェクト

首都圏では、複数のドップラーレーダーを用いたネットワーク網が構築され、安

全な都市生活のために竜巻、ダウンバースト、局地的豪雨など極端気象*を短時間で予測（ナウキャスト）する試みが始まっています。２００７年から中央大学、防衛大学校、防災科学技術研究所の３台のレーダーを用いたネットワーク観測が始まりました。この観測プロジェクトは、波長３㎝のＸバンド・レーダーのネットワークということで、〝Ｘ‐ＮＥＴ〟と名付けられました。複数のレーダーによる同時観測はどのようなメリットがあるのでしょうか。波長の短いレーダーを用いたネットワーク化により、次の５点が観測上精度が向上されると考えられます。

①　１台のレーダーでは半径１００㎞程度しか観測できないため、台数が増えれば観測領域が広がる。

②　１台のドップラーレーダーではビーム方向の風成分しかわからないが、２台、３台でカバーできれば、３次元の正確な風を計測することができる。

③　レーダービームはまっすぐに進むため、距離が離れると地上付近の観測ができないが、数が増えると地上付近のデータが得られる。

④　山地の向こうなど１台のレーダーで影となる領域をカバーできる。

⑤　強い降水があると、レーダーの電波が減衰してしまう。複数台でこの降雨減衰がカバーできる。

Ｘ‐ＮＥＴの観測データは、ほぼリアルタイムで解析され、アウトプットされます。現在では、山梨大学、電力中央研究所、日本気象協会などのレーダーも加わり、10台近くのレーダーで関東のかなりの領域をカバーしています（図５・14）。この

＊**極端気象（extreme weather）**
時間雨量が１００㎜を超えるような局地的豪雨（ゲリラ豪雨）、竜巻・ダウンバーストなどの突風、40℃を超えるような高温など、命に直結するようなシビアー現象を指す。これまで「異常気象」という表現が広く用いられてきたが、明確な定義はなく曖昧な表現であることから、「極端気象」という言葉が定着してきた。

情報は、ホームページで公開されており（防災科学技術研究所のホームページで公開中）、まさに、今の天気状況を把握することができます。自分の頭の上の天気がリアルタイムでわかるようになると、日々の生活でもさまざまな面で役に立つことでしょう。現在の天気予報では、たとえ大雨警報や暴風警報が出ていても、自分のいる場所で必ずしも豪雨や強風が発生していないことがしばしばあります。X‐NETでは、水平分解能が500m間隔で観測しているため、市町村どころか、町内の家数軒分といった細かい情報を提供できるのです。自分の頭の上の天気が5分間隔でわかれば、それに基づいて自分の行動を決めることが可能になります。おそらく、天気予報の未来形、理想形といえるでしょう。

首都圏では試験的にX‐NETデータを行政や学校で使ってもらうという、社会実験も行われました。また、レーダーもドップラーレーダーからさらに高度化されたレーダーが用いられるようになってきました。二重偏波機能を用いたMP（マルチパラメータ）レーダーで降水粒子の識別が可能になり、雨量を正確に観測できるようになりました。X‐NETの実験結果は実用化され、国土交通省では2008年以降、全国の主な都市にMPレーダーの配置を進めており、ゲリラ豪雨*対策として、1分間隔で最新の雨量（X‐RAIN）を配信しています。

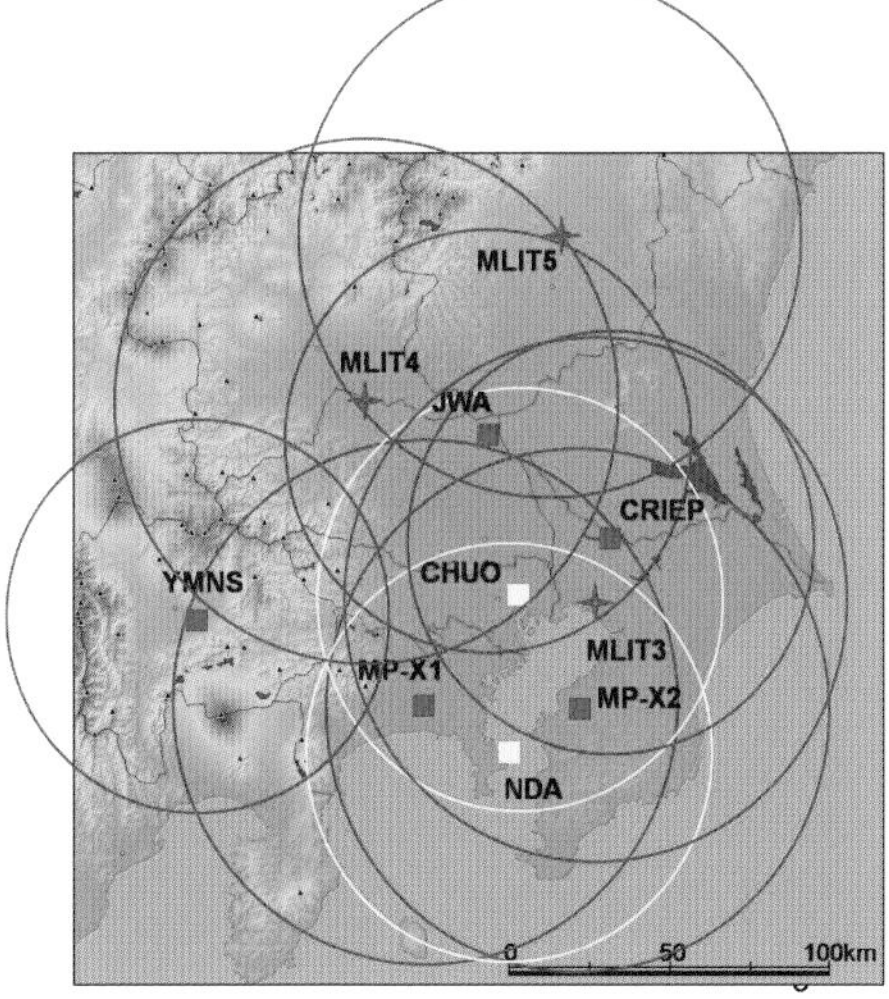

＊ゲリラ豪雨
2008年7月に神戸の都賀川で発生した豪雨による増水事故、8月に都内雑司ヶ谷で発生した局地的豪雨による地下水道管における事故を受けて、〝ゲリラ豪雨〟という言葉が広く使われるようになった。

図5.14　X-NETのレーダー配置図（2014 X-NET）

POTEKAプロジェクト

地上気象観測網で竜巻を捉えることは、これまで不可能と考えられてきました。例えば、雷雨を捉えるためには、雨量計を1000㎢あたり最低でも30個以上設置する必要がある（アメダスは3・5個）ように、どんなに頑張っても数km間隔の観測では、竜巻やダウンバースト・ガストフロントのようなメソ〜マイクロスケールの現象を地上観測網で捉えるのは極めて難しいといえます。そこで、地上の観測でも新しい試みが行われています。2013年夏から、群馬県内で超稠密観測が始まりました。この観測では、小学校やコンビニにセンサーを設置することで、アメダスよりもはるかに密な観測網を構築したのです。最も空間密度の高い所で分解能は1kmを切ります。この群馬県を中心に展開された地上気象観測網はPOTEKA*と名付けられました（図5・15）。

2013年7月からの観測で、POTEKA観測網で竜巻やダウンバーストの事例が捉えられました。1kmを切る空間解像度で観測することで、実際に、2013年7月11日に群馬県太田市、伊勢崎市で発生したダウンバースト、8月11日に前橋市を襲ったダウンバースト、9月16日にみどり市で発生した竜巻などを捉えることに成功しました。

みどり市竜巻の事例では、竜巻被害域周辺の気圧降下分布が観測され、約1km離れた観測地点で4hPaの気圧降下が、3〜10km離れた複数の観測地点でも1hPa程度の気圧降下が観測され、竜巻（あるいはメソサイクロン）の地上気圧分布を把

*POTEKA
Point Tenki Kansoku：ポテカと伊勢崎市の小学生が命名。

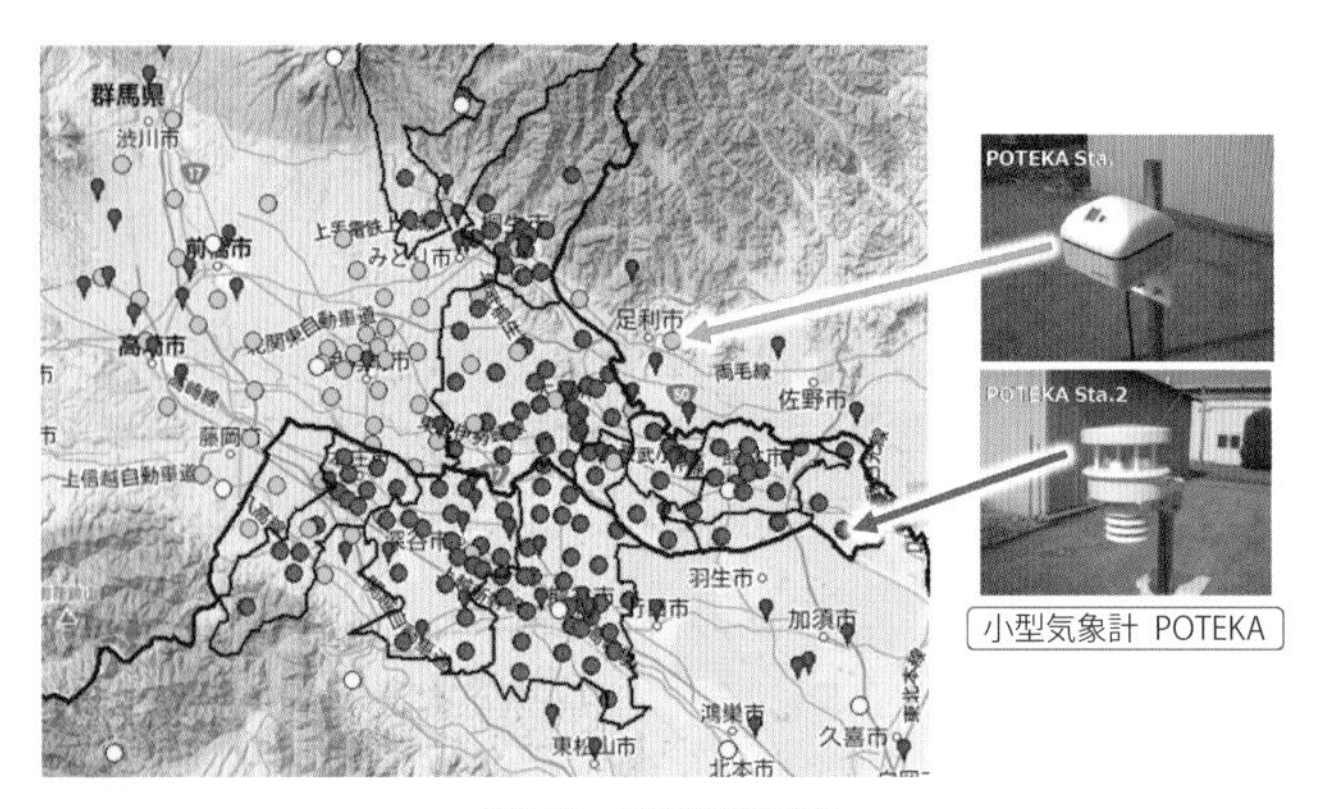

図5.15　POTEKA配置図

握することができました（図5・16）。また、8月11日の事例では、ダウンバーストによる気圧のジャンプ*と先行するガストフロントによる気圧のジャンプを観測して、両者の空間分布を把握することができました。さらに、地上被害分布、レーダーエコー分布と気圧の時間変化を対応させることで、突風被害の原因（ダウンバースト）を特定することができました。

このように、超高密度の気圧稠密観測を行うことで、竜巻やガストフロントなどマイクロスケールの大気擾乱を捉えることが可能となりました（アメダスでは気圧を観測していません）。竜巻やダウンバーストなどの突風現象を風速の観測だけではなく、気圧を観測すると局地天気図を描くことができ、気圧が急降下する竜巻と、気圧が急上昇するダウンバーストを区別することが可能になります。さらに、ドップラーレーダー観測、現地被害調査を組み合わせると、突風現象の微細構造を把握できる可能性があります。特に、深夜発生して目撃者がいない事例やそれほど被害が顕著でない突風災害の原因特定には、地上気象観測データは有益です。今後さらに展開すれば、将来竜巻渦そのものを捉えて、内部の気圧などを観測できるようになるでしょう。

＊気圧のジャンプ（pressure jump）　気圧の急上昇。

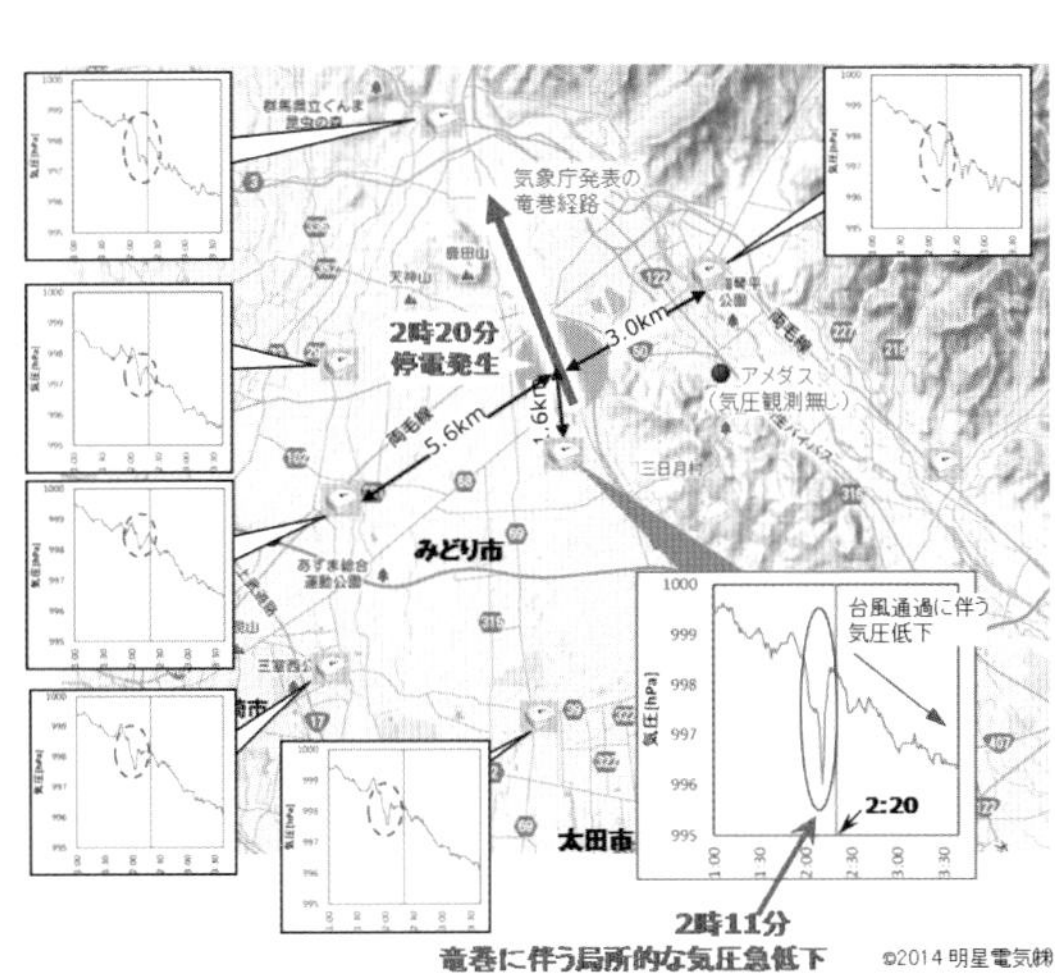

図5.16　2013年９月16日のみどり市竜巻時にPOTEKAで観測された気圧変化（明星電気）

６章　Ｆ（フジタ）スケール

6.1　フジタスケール

フジタスケールとは、藤田哲也博士が１９７１年に提案した、竜巻の被害スケールを竜巻の強さとしてランク付けしたものです。竜巻の被害スケールを表現する国際尺度であり、藤田博士のイニシャルの頭文字「Ｆ」を取り、Ｆスケールとよばれています。Ｆスケールは、通常用いられる風力段階の上限33ｍ/ｓを下限値に、音速（３３０ｍ/ｓ）を上限とし、その間を12等分した尺度です。その中で便宜上、Ｆ１～Ｆ５とＦ１以下のＦ０の６段階で表現してきました。

トルネードに伴う風速は、時として秒速１００ｍを超えることもあり、想像を絶する被害が生じます。竜巻に伴う漏斗雲の直径は数十ｍから数百ｍであり、地上の被害幅は数百ｍから数kmにおよぶこともあり、また、竜巻被害は数kmから数十kmに達することもあります。地上に住んでいる私たちにとっては大きな被害ですが、大気現象としては大変小さな現象なので、アメダス*で捉えることは不可能といえます。また、たとえ観測地点上空を竜巻が通過したとしても、猛烈な風により観測機械そのものが破壊されてしまうでしょう。

藤田博士は、現地調査と航空機観測から竜巻被害の全容を捉え、その被害からお

＊アメダス
AMeDAS：気象庁が全国に約20km間隔で設置した地上気象観測システム。

現象が局所的で風速を測ることが困難な竜巻やダウンバーストのような猛烈な風を推測する尺度としてＦスケールは世界的に用いられています。

小林

およそのスケールをランク付けしてだいたいの風速を決めようと提唱したのが最初のフジタスケール（Fスケール）です。ここで注意しなければならないのは、風速の定義です。風力階級の上限33m／sというのは10分間の平均風速ですが、フジタスケールの下限33m／sというのは10秒間の平均風速で、瞬間風速に近いものです（瞬間風速は3秒間の平均風速）。これは、フジタスケールの風は、4分の1マイル（約400m）を進むのに要する時間が目安となっているからで、1秒間に80m空気が移動するような風では、400を80で割った5秒の平均をとります。1秒間に100m空気が移動するような風では4秒の平均をとります。スケールの分類上は、F6とかF7の竜巻もあり得ますが、これまで世界中で発生した竜巻でF6は報告されていません。おそらく、100m／sを超える風速になると、地上の構造物は壊滅的に破壊され、150m／s近くになると地上被害での判別は不可能でしょう。

フジタスケールは、F0～F5まであり、F1（33～49m／s）に満たないスケールは、F0（17～32m／s）で定義されています。F0では、小枝が折れる、アンテナが傾くなどの軽微な被害が生じます。20m／s程度の強風は、発達した低気圧や台風などに伴いしばしば観測される風速ですから、地上の被害だけで竜巻と同定するのは多くの場合困難です。F1を過ぎるとそれなりの被害が出てきます。F2を過ぎると風速が50m／sを超えますのでかなり被害が顕著に出てきます。例えば、規格が決まっていて風速推定ができる被害物のひとつに墓石がありますが、墓石が転倒するのが50m／sとされています。日本で最も強い竜巻のスケールがF3とい

われていますが、この時の風速は70～90m／s位です。具体的には、1990年12月11日に千葉県茂原市で発生した竜巻、*1999年9月24日に愛知県豊橋市で発生した竜巻、2006年11月7日北海道佐呂間町で発生した竜巻、2012年5月6日に茨城県つくば市で発生した竜巻（4・1参照）がF3です。

アメリカでは、F4、F5がときどき起ります。F5になるとミステリーが起こると表現しますが、これは想像を絶するようなことが起きるのです。町またはひとつの集落が破壊されたり、どんなに頑丈な建物が壊れるだけではなく、何トンもあるトレーラーや列車が吸い上げられて空から降ってきたり、馬や牛が降ってきたり、アスファルトが剥がれたり、あるいは植えてある大根が空から降ってくるのでミステリーといわれるのです。そのようなことから世の中で一番強い風をもたらすのが竜巻であり、その破壊力も強いのです。アメリカでもF5の被害は数年に一度といわれていますが、近年毎年のようにF5竜巻が発生しています。アメリカでは、4月から5月は竜巻シーズンです。1日に数十個の竜巻が多発する現象を、トルネードアウトブレイクとよびますが、こういう時にF4やF5のトルネードが発生しています。2013年5月22日にオクラホマ州ムーアで発生した竜巻*は、竜巻対策を施した鉄筋構造の学校や病院が壊滅的な被害を受けました。オクラホマはアメリカでも〝竜巻街道〟とよばれる竜巻多発地帯であり、ムーア市は過去にもF5竜巻を経験したことから、窓を少なくした低層の構造物や竜巻警報など国内で最も最先端の竜巻対策をしていました。最大級のトルネードでは竜巻から遠くに逃げる、ある

＊茂原竜巻
発達した低気圧に伴い房総半島で複数の竜巻が発生。茂原市で発生した竜巻の被害は長さ6・5㎞、最大幅500m、F3とされ、1800棟以上の住家被害が生じた。

＊オクラホマ州ムーアで発生した竜巻
2013年5月20日14時45分にオクラホマ州ムーアで発生した巨大竜巻（トルネード）は、改良藤田スケールで最高レベルのEF5に達し、死者24人、負傷者240人、損壊建物2400棟を数え大災害となった。

いは地下に逃げるしかないことを物語っています。

6.2 FPPスケール

竜巻の被害スケールは、被害のダメージの強さで風速を推定しようというFスケールだけではなく、被害の幅と被害長さを組み合わせて一個一個の竜巻を数値化します。これが、FPP（フジタ・ピアソン）スケールです。例えば、被害の強さがF2（50～69ｍ/ｓ）、被害の長さが5㎞、被害の幅が平均で30ｍだった場合、FPP＝（F2、P1、P1）となります。現地調査では、個々の被害程度と同時に、竜巻被害がどこから始まり、どこで終わったのかをしっかりと確認しているのは、このデータを蓄積するためなのです。P5になると161～508㎞ですが、500㎞といえば東京から大阪を越えるくらいの距離ですが、これをどうやって被害調査するのかは難しいことです。日本における平均的な被害スケールは、F0（30ｍ/ｓ）、P1（2㎞）、P1（50ｍ）となります。

6.3 EFスケール

最近は、フジタスケールF2というとすぐに風速何ｍと対応させますが、正確な風速を推定するのは難しいのです。Fスケールは竜巻による被害尺度であり、同時に風速推定の尺度にもなりますが、構造物は築年数や施工方法によって同じ風が吹いても被害の程度は異なってきます。また、被害ランクと風速との関係は、構造物

Fスケール

スケール	風速（m/s）	被害の様子
F0	17～32　（15秒平均風速）	煙突やアンテナが壊れる
F1	33～49　（10秒平均風速）	屋根瓦が飛ぶ、車の横転
F2	50～69　（７秒平均風速）	屋根のはぎとり、非住家倒壊
F3	70～92　（５秒平均風速）	住家倒壊、車が飛ばされる
F4	93～116（４秒平均風速）	住家がバラバラ
F5	117～142（３秒平均風速）	ミステリーが起きる

の年代による変化や国や地域による違いに左右されることから、Ｆスケールの改良版（ＥＦ（Enhanced Fujita）スケール：改良フジタスケール）がアメリカでは用いられています。日本でもつくば竜巻以降Ｆスケールの改訂作業が始まり、２０１６年から気象庁は日本版改良フジタスケールを用いるようになりました。日本とアメリカでは構造物も違います。日本でも50年前と今では建物が違いますし、東京と沖縄、北海道では作り方や強さの違いがあります。

Ｆスケールを見直す主な理由は、①被害状況と風速の対応が十分に検証されておらず、Ｆ５に対する風速が過大評価されている。②Ｆスケールの評定に用いられる被害対象（住家、非住家、ビニールハウス、煙突、アンテナ、自動車、列車、数ｔ（トン）の重量物、樹木）が限られており、今の時代の多様な被害に対応していない、という2点です。

6.4 日本版ＥＦスケール

日本でも２０１３年からＦスケールの改訂作業が始まり、２０１６年4月から日本版ＥＦスケール*が用いられるようになりました。なぜアメリカのＥＦスケールをそのまま用いなかったのでしょうか。日本とアメリカでは構造物も違います。例えば、屋根瓦はアメリカでは見られません。また、アメリカではＥＦスケール決定に際して、竜巻の被害調査経験のある気象学者や建築学者が経験値をもとに、それぞれの被害指標風速のランク付けを行いました。一方日本では、被害調査結果、風洞

FPPスケール

Ｆスケール	風速（m/s）	Ｐスケール	長さ（㎞）	Ｐスケール	幅
F0	17～32	P0	＜1.6	P0	＜16m
F1	33～49	P1	1.6～5.0	P1	16～50m
F2	50～69	P2	5.1～15	P2	51～160m
F3	70～92	P3	16～49	P3	161～499m
F4	93～116	P4	50～160	P4	0.5～1.5㎞
F5	117～142	P5	161～508	P5	1.6～4.9㎞

EFスケール階級表（改良フジタスケール）

階級	風速	発生割合	想定される被害
EF0	29―38m/s 105―137㎞/h	53.5%	軽微な被害。 屋根がはがされたり、羽目板に損傷を受けることがある。木の枝が折れたり、根の浅い木が倒れたりする。確認された竜巻のうち、被害報告のないものはこの階級に区分される。
EF1	39―49m/s 138―178㎞/h	31.6%	中程度の被害。 屋根はひどく飛ばされ、移動住宅はひっくり返ったり、破壊されたりする。玄関のドアがなくなったり、窓などのガラスが割れる。
EF2	50―60m/s 179―218㎞/h	10.7%	大きな被害。 建て付けの良い家でも屋根と壁が吹き飛び、木造家屋は基礎から動き、移動住宅は完全に破壊され、大木でも折れたり根から倒れたりする。
EF3	61―74m/s 219―266㎞/h	3.4%	重大な被害。 建て付けの良い家でもすべての階が破壊され、比較的大きな建物も深刻な損害をこうむる。列車は横転し、吹き飛ばされた木々が空から降ってきたり、重い車も地面から浮いて飛んだりする。基礎の弱い建造物はちょっとした距離を飛んでいく。
EF4	75―89m/s 267―322㎞/h	0.7%	壊滅的な被害。 建て付けの良い家やすべての木造家屋は完全に破壊される。車は小型ミサイルのように飛ばされる。
EF5	90m/s～323㎞/h～ （すべて3秒平均風速）	0.1%未満	あり得ないほどの激甚な被害。 強固な建造物も基礎からさらわれてぺしゃんこになり、自動車サイズの物体がミサイルのように上空を100メートル以上飛んでいき、鉄筋コンクリート製の建造物にもひどい損害が生じ、高層建築物も構造が大きく変形するなど、信じられないような現象が発生する。

実験や数値シミュレーションなどの最新の研究成果をもとに、各被害指標の限界風速を決定するという、より厳密な手法を用いて、風速の精度向上を図りました。アメリカのEFスケールは、被害状況をもとに改良したものであり、Fスケール策定と基本的な考え方は変わりません。しかしながら、JEFは風速をもとにFスケールを改良した点で、プロセスが異なります。Fスケールが、「被害スケールのランク」だったのに対して、JEFは「風速推定」のためのランクということができます。JEFの場合、実際の竜巻被害調査で個々の被害に対して、①DIとDODを決定し対応風速を求める。②各被害で求めた風速のうちの最大値を、その被害を代表する風速（評定風速）とし、③JEFスケールを決定する、という手順を踏みます。そのため、ある被害に対して、最大風速値が決定されるという〝決定論〟的な手法であることが特徴です。

このような決定過程の違いを反映して、「EF」と「JEF」の風速ランクは異なっています（表）。JEFにおける風速のランクは、下限値が「14×JEF＋25（m／s）」、上限値が「14×JEF＋38（m／s）」という式で決定されています。

具体的なJEF策定方法は、次のような手順で決定されました。まず、Fスケールにおける「被害の状況」を、JEFでは「被害指標（DI）*」とし、30のDI（EFでは28のDI）を定義しました。具体的には、「木造住宅」、「鉄骨系プレハブ住宅」、「鉄筋コンクリート集合住宅」、「仮設建築物」、「大規模な庇（ひさし）」、「鉄骨倉庫」、「木造非住家」、「園芸施設」、「木造畜産施設」、「物置」、「コンテナ」、「自動販売機」、

＊日本版EFスケール
JEF（Japan EF）scale。

＊DI
Damage Index。被害の指標。住家や自動車など個別の構造物。

日本版改良藤田スケール（JEF）における階級と風速の関係

階級	風速（m/s）の範囲（３秒平均）	主な被害の状況（参考）
JEF0	25～38m/s	・木造の住宅において、目視でわかる程度の被害、飛散物による窓ガラスの損壊が発生する。比較的狭い範囲の屋根ふき材が浮き上がったり、はく離する。 ・園芸施設において、被覆材（ビニールなど）がはく離する。 パイプハウスの鋼管が変形したり、倒壊する。 ・物置が移動したり、横転する。 ・自動販売機が横転する。 ・コンクリートブロック塀（鉄筋なし）の一部が損壊したり、大部分が倒壊する。 ・樹木の枝（直径２～８㎝）が折れたり、広葉樹（腐朽有り）の幹が折損する。
JEF1	39～52m/s	・木造の住宅において、比較的広い範囲の屋根ふき材が浮き上がったり、はく離する。屋根の軒先又は野地板が破損したり、飛散する。 ・園芸施設において、多くの地域でプラスチックハウスの構造部材が変形したり、倒壊する。 ・軽自動車や普通自動車（コンパクトカー）が横転する。 ・通常走行中の鉄道車両が転覆する。 ・地上広告板の柱が傾斜したり、変形する。 ・道路交通標識の支柱が傾倒したり、倒壊する。 ・コンクリートブロック塀（鉄筋あり）が損壊したり、倒壊する。 ・樹木が根返りしたり、針葉樹の幹が折損する。
JEF2	53～66m/s	・木造の住宅において、上部構造の変形に伴い壁が損傷（ゆがみ、ひび割れ等）する。また、小屋組の構成部材が損壊したり、飛散する。 ・鉄骨造倉庫において、屋根ふき材が浮き上がったり、飛散する。 ・普通自動車（ワンボックス）や大型自動車が横転する。 ・鉄筋コンクリート製の電柱が折損する。 ・カーポートの骨組が傾斜したり、倒壊する。 ・コンクリートブロック塀（控壁のあるもの）の大部分が倒壊する。 ・広葉樹の幹が折損する。 ・墓石の棹石が転倒したり、ずれたりする。

JEF3	67～80m/s	・木造の住宅において、上部構造が著しく変形したり、倒壊する。 ・鉄骨系プレハブ住宅において、屋根の軒先又は野地板が破損したり飛散する、もしくは外壁材が変形したり、浮き上がる。 ・鉄筋コンクリート造の集合住宅において、風圧によってベランダ等の手すりが比較的広い範囲で変形する。 ・工場や倉庫の大規模な庇において、比較的狭い範囲で屋根ふき材がはく離したり、脱落する。 ・鉄骨造倉庫において、外壁材が浮き上がったり、飛散する。 ・アスファルトがはく離・飛散する。
JEF4	81～94m/s	・工場や倉庫の大規模な庇において、比較的広い範囲で屋根ふき材がはく離したり、脱落する。
JEF5	95m/s～	・鉄骨系プレハブ住宅や鉄骨造の倉庫において、上部構造が著しく変形したり、倒壊する。 ・鉄筋コンクリート造の集合住宅において、風圧によってベランダ等の手すりが著しく変形したり、脱落する。

「軽自動車」、「普通自動車」、「大型自動車」、「鉄道車両」、「電柱」、「地上広告板」、「道路標識」、「カーポート」、「塀」、「フェンス」、「道路の防風防雪フェンス」、「ゴルフ場ネット」、「広葉樹」、「針葉樹」、「墓石」、「路盤」、「仮設足場」、「ガントリークレーン」の30個のＤＩです。各ＤＩに対しては、被害の程度（ＤＯＤ）[*]が設定されます。

実際の竜巻被害調査では、個々の被害に対して、①ＤＩとＤＯＤを決定し、対応風速を求める、②各被害で求めた風速のうちの最大値をその被害を代表する風速（評定風速）とし、③ＪＥＦスケールを決定する、という手順を踏みます。なお、ＥＦでもＪＥＦでも、統計的にＦスケールとの継続性を考慮して、基本的に両スケールで評定結果はできるだけ同じ階級になるように考えられています。例えば、〝Ｆスケールで F２の竜巻は、ＪＥＦでもＪＥＦ２となる〟ように設定されているため、過去のデータと現在のデータの継続性があり、同等に扱うことが可能です。現在、「寺社」や「船舶」など新しいＤＩの検討も進められています。

＊DOD
Degree of Damage。被害の程度。

30 の DI（被害指標）

鉄筋コンクリート集合住宅

鉄骨系プレハブ住宅

木造住宅

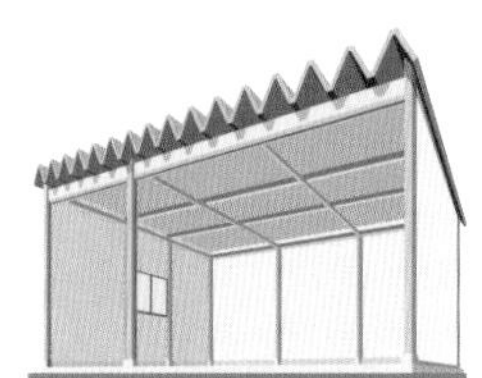
鉄骨倉庫

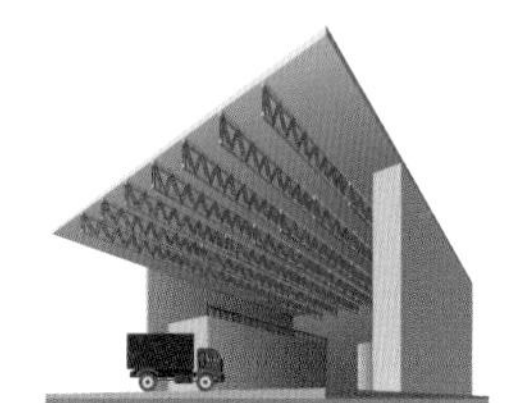
大規模な庇（ひさし）

仮設建築物

木造畜産施設

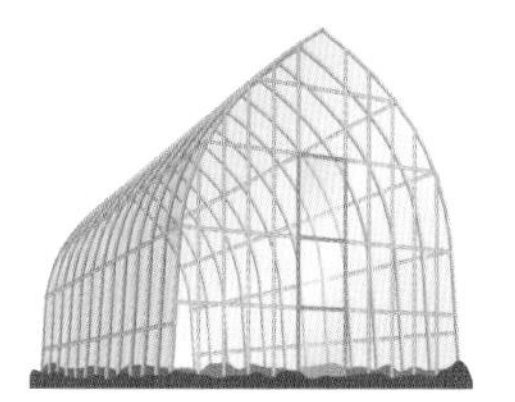
園芸施設

木造非住家

自動販売機

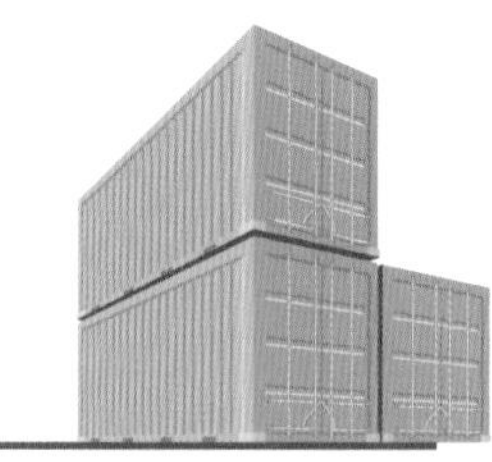
コンテナ

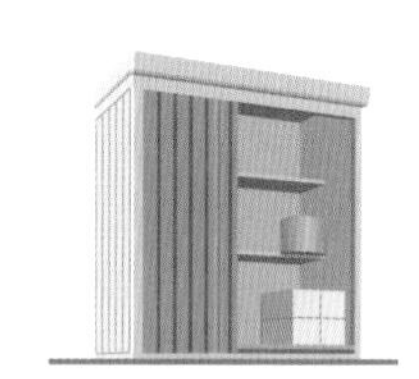
物置

大型自動車

普通自動車

軽自動車

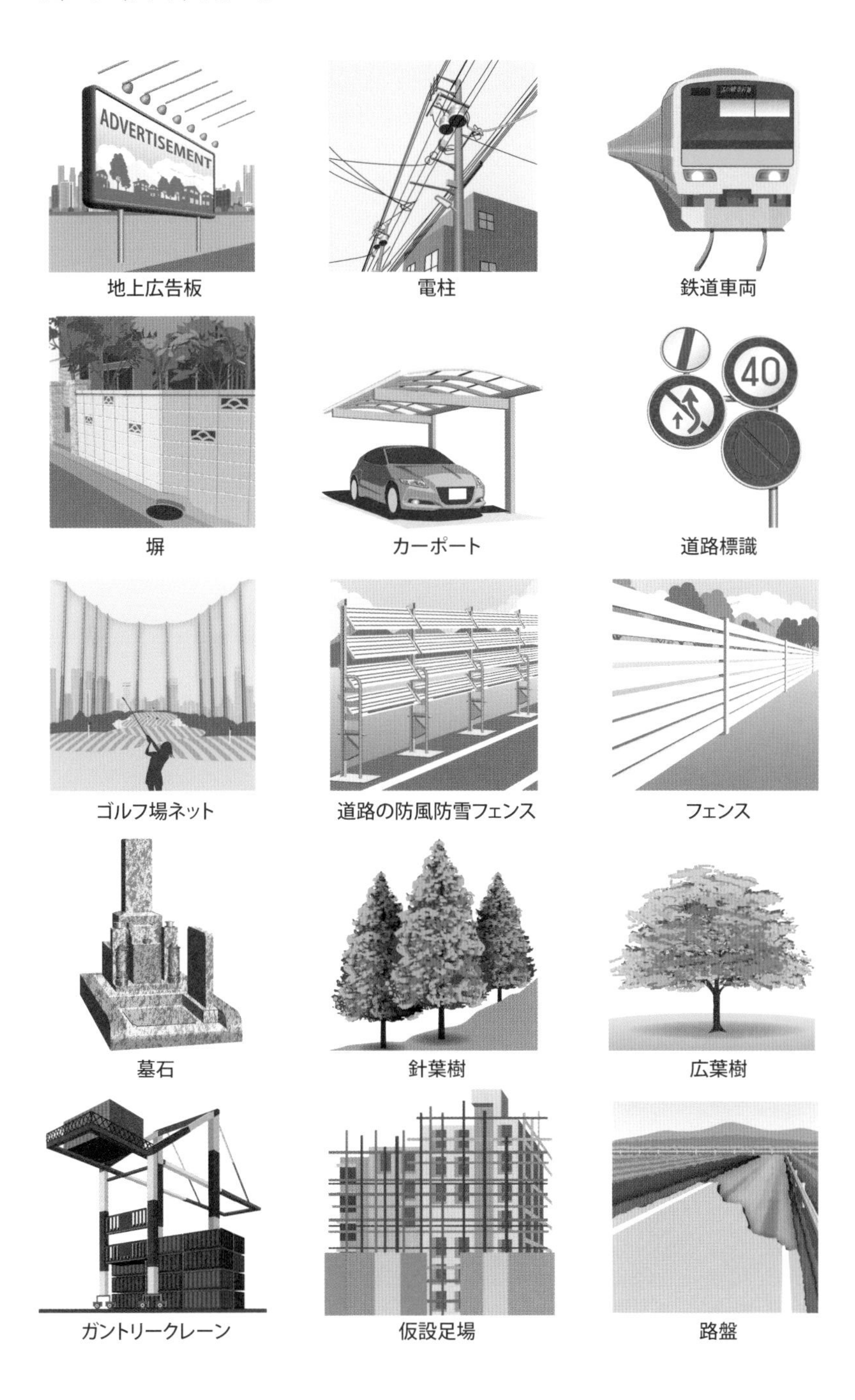

地上広告板　電柱　鉄道車両

塀　カーポート　道路標識

ゴルフ場ネット　道路の防風防雪フェンス　フェンス

墓石　針葉樹　広葉樹

ガントリークレーン　仮設足場　路盤

7章　日本における竜巻の実態

7.1 竜巻とダウンバーストの統計

気象庁が発表した1961年から2011年までの竜巻発生頻度をみると、年によってばらつきはありますが、2006年以降増加しています（図7・1）。2005年までは、年間平均20個だったものが、現在は25個ほどの竜巻が陸上で発生していることになります。海上で発生した竜巻も入れるともっと多くなります。なぜ竜巻が増えたのかというと、気象庁が2005年から2006年にかけてたて続けに発生した竜巻災害を受けて、2008年から竜巻注意情報を出すようになり、被害調査を行い「突風リスト」*を作るようになったのが大きな理由です。それまでは、顕著な突風被害が発生したら地方の測候所が調べてはいましたが、網羅的に調べていたわけではありませんので、昔と違って竜巻発生の事実がよくわかるようになったのです。1990年くらいまでの発生数は、それなりの被害があり、竜巻であったとの記録が残されているものの数といえます。実際に竜巻が発生して被害が生じても、軽微な被害は報告されない、被害が出ても原因が竜巻と特定されない、海の上で起こったものはカウントされていないのです。年間平均で25個といっても、報告が増えてきた2008年は100個を超えています。日本も丹念に見てみると

*突風リスト
気象庁は、竜巻、ダウンバーストなどによる突風被害のリストを作成し公表している。

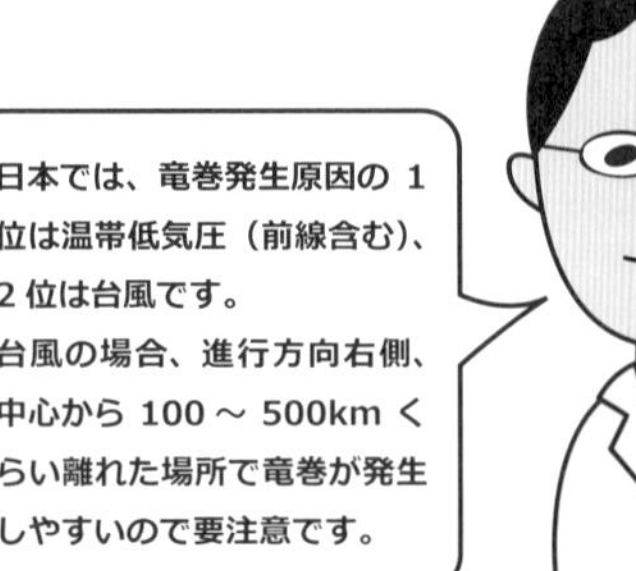

何百個起きているかもしれないのが実態だと思います。アメリカでも、年間８００個といわれていたのが１０００個になり１２００個になり最近では１５００個ともいわれています。日本で竜巻の数が増えている原因のひとつとして、２０００年以降、デジカメ、スマートフォンなどの普及に伴い、何でも写真や動画で残す世の中になってきていることがあり、自然災害や事故などの写真や映像が当たり前のように残されることが大きいと思われます。ニュースで竜巻が迫ってきて物が飛んでいる中、写真を撮る姿は記憶にあると思います。統計資料は、〝報告された竜巻数（気象庁が認定した竜巻）〟であって、発生した竜巻の総数ではないことに留意すべきです。

台風のような大きなスケールの現象だと誰が見ても台風だと認識できますが、竜巻はそれ自体を認識することが難しく、観測も大変で予測はもっと大変になります。特に日本では、まだ完全に実態がわからないので、すべての竜巻をピンポイントで予測をするのは難しいというのが現状です。ただ、甚大な竜巻被害があった時に世の中が動くということが大事なことで、日本でも２００５年以降、竜巻に対して一般の方の関心が高くなりました。２００６年からの竜巻発生数が増えているのは、延岡竜巻や佐呂間竜巻などの顕著な被害が報道され、社会的に関心を持つようになったことが大きいのです。また、日本の気候が変わってきたことも原因と考えられます。１９９０年の後半から気候が変わったといわれていますが、夏の暑さや梅雨の時期がおかしいと多くの人が感じていると思います。９月、10月まで暑く半袖

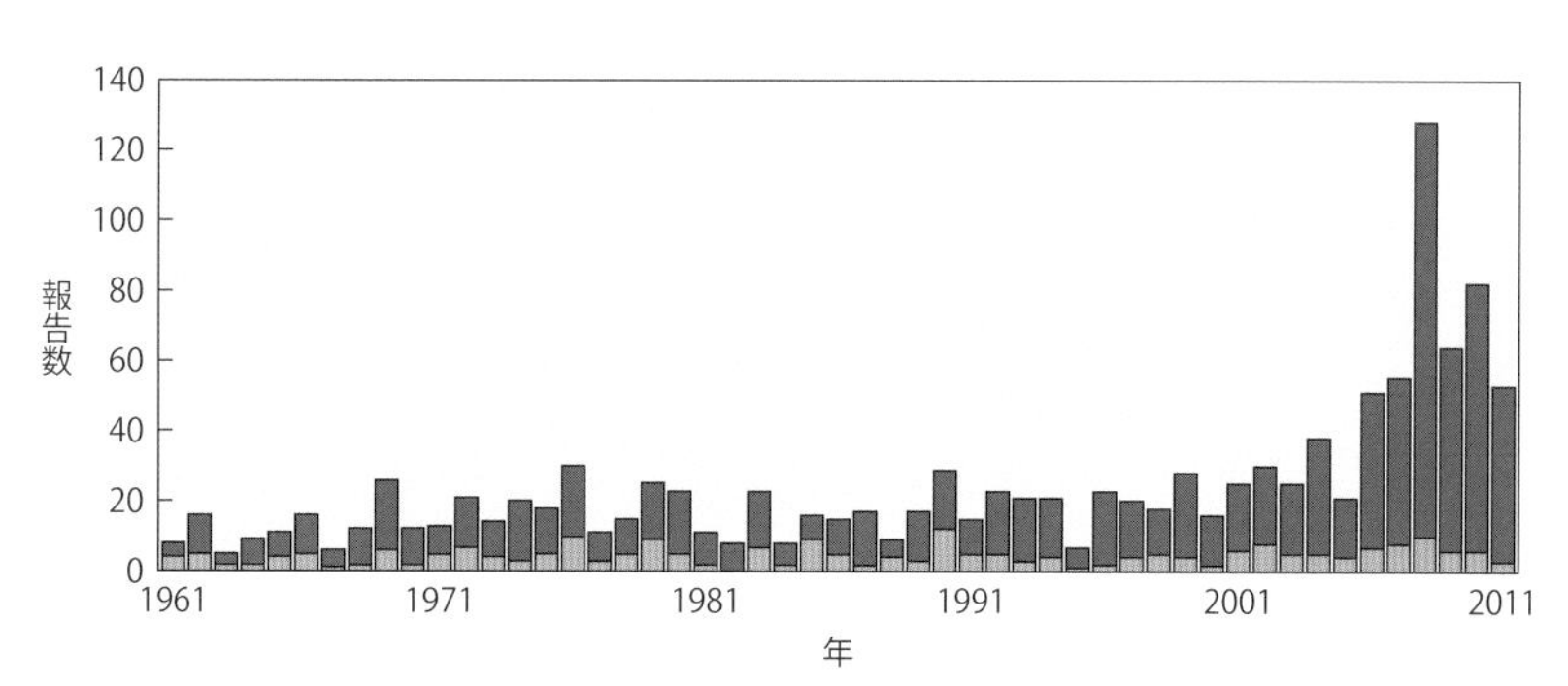

図7.1　年毎の竜巻数と人的被害の生じた竜巻（塗りつぶし）の報告数（小林と野呂瀬 2012）

で過ごし、ようやく涼しくなったと思ったら、低気圧が発達して荒れる、寒気の南下で急に寒くなるといったように、実感として半袖からコートに直ちに衣替え、長袖のシャツやジャケットで過ごせる秋が短くなったといえます。晴れの特異日*といわれた10月10日*は秋雨前線や低気圧で荒れるようになりました。春は春で、4月に入っても寒気の南下が続き、早々に梅雨前線*が発生することもあります。逆に6月に入って東日本では雨が少ないカラ梅雨になると早く暑くなります。日本は四季の国といわれていますが、春夏秋冬の季節を感じることが少なくなったように思えます。

このように、気候が変わると、温暖化で海水面温度が上昇して、大気中の水蒸気量が多くなります。さらに、寒気と暖気の差が大きくなり、対流活動が活発になると、積乱雲から発生する豪雨、雷、ダウンバーストが頻発したり、台風の強度が増し1時間に50㎜を超えるような豪雨、時として100㎜を超えるような想像を絶する豪雨もしばしば発生するようになります。日本における多くの都市の想定雨量*がだいたい50㎜ですから、それを超えると道路が冠水したり、排水できない水がマンホールから吹き出したりします。よく〝バケツをひっくり返したような雨〟といいますが、時間雨量が100㎜を超える雨は、まさに滝ですから、歩行や車の運転はほとんど不可能でしょう。実験室で豪雨の再現を行いますが、雨だけの実験なので、実際の豪雨に遭遇すると雨に加えて、風と雷が加わって嵐の中で恐怖を感じます。このような豪雨は、1951年以前に比べて1・5倍になっています。また、雷も

＊晴れの特異日
他の日に比べて高い確率で晴れる日。

＊10月10日
1964年東京オリンピックの開会式が開催された日。

＊梅雨前線
地域によって異なる。例えば鹿児島では、6月1日～7月15日に東アジアに形成される停滞前線。

＊都市の想定雨量
都市計画時に排水等を正常に行える基準雨量。

増加しており、特に冬の雷日数は、１９５１年から70年程で3倍になっていますが、これは、全国平均で冬の雷活動が増加しており、日本周辺の対流活動が活発になっていることを反映しています。地球規模での気候変動が積乱雲という対流活動に顕著に表れていて、竜巻も、対流活動が活発になると増える可能性が大きいといえます。現時点では長期変動を語るデータはありませんが、今後１００年くらいデータを取ってみると１００年間にこんなに変わったんだねという話になるかもしれません。積乱雲に伴う、豪雨、竜巻・ダウンバースト、落雷は、気候変動を監視する最も有効なパラメータのひとつといえます。

筆者らが１９９７～２００６年の間に現地調査*した、計２５０個の竜巻をみてみましょう。当時、気象庁が認定した竜巻はそのうちの１００個余りですから、気象庁認定の竜巻とそうでない竜巻が存在したのです*。気象庁の「突風リスト」では、竜巻、ダウンバースト／ガストフロント、つむじ風に加えて〝その他突風〟とあります。現在では、突風被害が発生すると直ちに地方気象台の調査チームが現地に入りますが、原因が特定できない被害も存在します。２００５年12月の羽越線列車横転事故*の原因は、未だに突風といわれています。突風による列車事故は、１９８６年に起きた余部鉄橋の列車転落事故*がありましたが、十分な観測データがないために、原因が解明されていません。そういう意味でも突風の原因が何であるかを把握することは、科学的にも社会的にも大事なことです。最近首都圏では、「ＪＲの運行停止が多くなった」という声を耳にしますが、それは２００５年羽越線の事故を

＊現地調査
日本風工（かぜこう）学会では、突風災害の調査を継続して行っている。

＊気象庁認定の竜巻とそうでない竜巻
現在のリストでは、両者の差はほとんどなくなっている。

＊余部鉄橋の列車転落事故
１９８６年12月28日、山陰本線・鎧駅と餘部駅の間にある余部（あまるべ）鉄橋で発生した脱線転落事故。この事故では、鉄橋下の缶詰工場の従業員を含む6名の死者という人的被害が生じた。当時日本海上で発生したメソスケール渦の上陸時であり、突風が原因と考えられている。ミニチュアの台風のように発達した擾乱が原因と考えられるが、この中に竜巻のような小さな現象があったかどうかはわからない。

受けてJR東日本は突風対策として、運行規則の風速の基準値を25m／sから20m／sに引き下げたためです。この結果、例えば台風接近時にJRは運行停止、私鉄は運行した結果、駅舎内が人で溢れてパニックになることがしばしば発生し、社会的な問題になっています。同じ30m／sの風速でも、水平風と竜巻とは明らかに違いますが、両者を区別することができないのが現状です。竜巻は、水平風に加えて吸い上げ効果のある強い上昇気流を伴う特別な風なので、さまざまなレーダーを用いて親雲を捉え、現地調査に行き、被害の痕跡、目撃証言を得て、竜巻やダウンバーストなどの原因を究明することが重要になります。研究面では、現象がわからない「その他突風」を科学の力でゼロにすることが目標といえます。

１９９７～２００６年の10年間で発生した２５０個の竜巻について、月別頻度をみると、１～８月まではそれほど数も多くないのですが、９月にピークがあり、９～11月にかけてが、日本の竜巻シーズンとなります（図７・２）。９月が一番多いのは、①台風に伴う竜巻と②寒気に伴う竜巻双方が発生しやすいからです。台風に伴う竜巻は、台風に伴って下層に南からの暖湿気が流入し、台風のレインバンドで発生します。一方、９月になると上空にシベリアから寒気の第一波が来る時期になります。昔から、梅雨明けの雷３日、８月終わり頃の雷３日といいますが、寒気が南下すると全国的に天気が不安定になり雷が３日続くということなのです。近年は９月になっても真夏並みの暑さが続きますが、８月末から９月にかけて必ずといってもいいほど寒気の第一波が来て不安定になります。９月は、夏（太平洋高気圧）と冬の寒気（シベリア高気圧）のせめぎあいなので秋雨前線（9月頃形成される停滞前線）ができるわけです。では、なぜ夏に竜巻が少ないのでしょうか。夏は太平洋高気圧という気団（安定した空気の塊）に覆われて安定しています。大きなスケールで安定しているものの、日射によって陸地は加熱され、海からの季節風（モンスーン）で水蒸気が供給されるために、局所的に積乱雲（熱雷*）が発生します。夏型の日の積乱雲発生は、顕著な日変化*を示すわけです。関東平野を例にみると、安定した夏型の日でも山地では毎日のように積雲、積乱雲が発生します。北関東では熱雷が頻発し、夕立に見舞われます。気団というのは安定した空気の塊が、数千キロの大陸や海洋を覆うということなので、太平洋高気圧に覆われている夏は、偏西風がはるか北海道の北に位置し、本州の上空はどこまで行っても風がありません。つまり、スーパーセル発生に必要な風の鉛直シアーがないので、積乱雲が毎日何十個、何百個発生しても竜巻は発生しないのです。

　発生時刻をみてみましょう（図7・3）。多くの竜巻が午後発生しており、夜間～早朝に発生した竜巻は著しく少なくなっています。この結果をそのまま理解すると、日射が強く積乱雲の発生しやすい午後に竜巻も多くが発生したことになり、夜間は心配する必要がないということになります。夜間の竜巻は、目撃者や漏斗雲の写真などのデータがほとんど残されていないため、竜巻発生の認定ができないのも事実です。アメリカでも夜間の竜巻による人的被害数は昼間に比べて減少していないことから、夜間、家にいることの危険性が軽減されていないことが指摘されてい

＊熱雷
強い日射が原因で発生する雷雨。

＊日変化
太陽の日射の影響を受けて時間変化する。

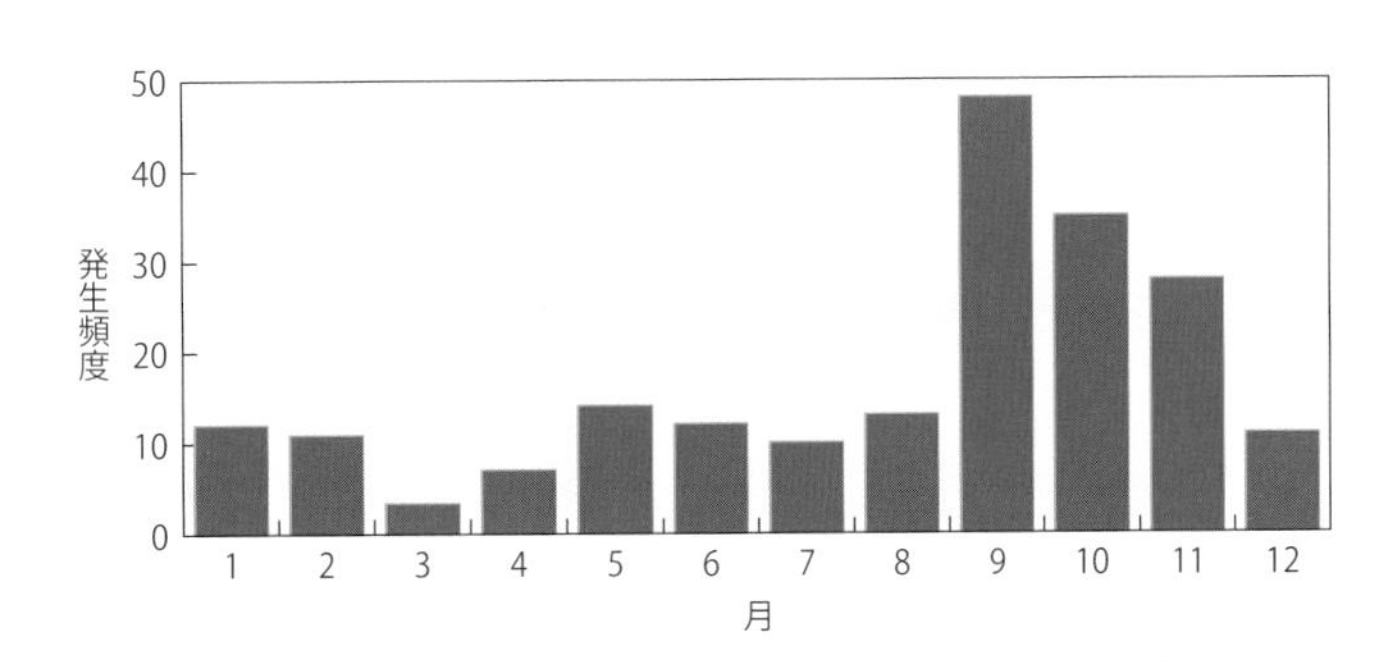

図7.2　竜巻の月別発生頻度（1997～2006年）（Kobayashi 2007）

ます。日中発生する竜巻の場合、屋外では公共機関の地下シェルターに避難する、より頑丈な建物に移動する、屋内であれば階下、窓のない部屋、浴室などのより安全な場所に避難するなど、警報により避難行動をとりやすいのですが、就寝中に竜巻に襲われた場合は無防備となります。日本の場合は、F0やF1スケールの弱い竜巻が多いため、雨戸や窓が閉められている就寝中の人的被害は少ないかもしれませんが、日本でも今後検討していかなければならない課題といえます。低気圧や台風に伴う竜巻は、時刻を選びません。

ダウンバーストの統計

ドップラーレーダーが全国展開されるまで、ダウンバーストやガストフロントの発生を把握することは、顕著な被害が発生した事例に限られ難しかったといえます。1985年から10年ごとの報告数をみると、ダウンバーストは1985年〜で6件、1995年〜で22件、2005年〜で68件と、20年で10倍になっています（図7・4の上）。ガストフロントも同様で、1985年から10年間で報告数は0件でしたが、2005年〜は17件に達しています（図7・4の下）。このような報告数の増加は、竜巻の統計と同じで、自然現象としてダウンバーストの発生頻度が増加したわけではありません。2005年以降被害調査が強化され、一般市民からの報告数が増え、竜巻とダウンバーストの識別も昔に比べて行われるようになったことなどが理由と考えられます。このように、地上に被害をもたらしたダウンバー

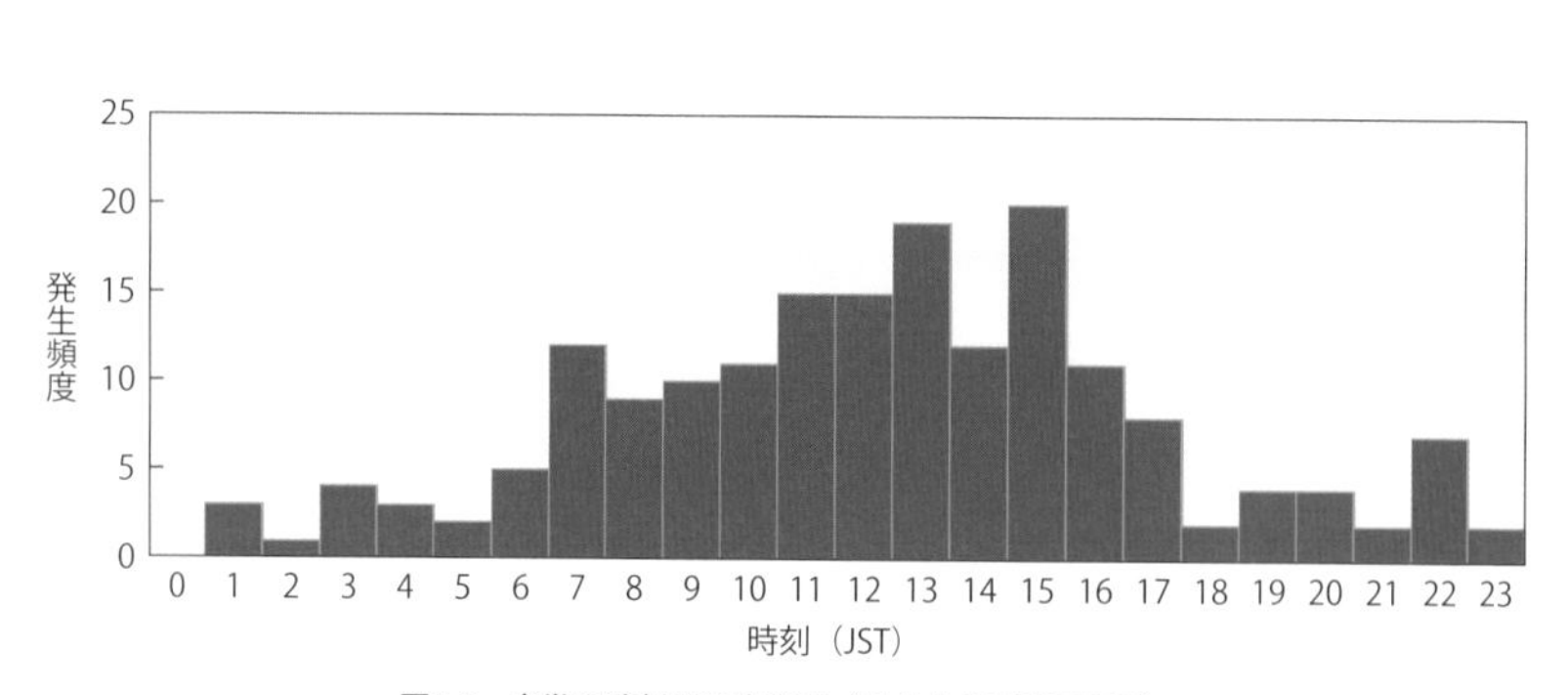

図7.3　竜巻の時刻別発生頻度（小林と野呂瀬 2012）

ストの報告が把握されるようになったものの、発生数は未知のままと言わざるを得ません。

竜巻に比べてダウンバーストの風速はどのくらいあるのでしょうか。被害スケール（Fスケール）ごとの発生頻度みると、F２（50〜69m/s）のダウンバーストは３件、* F１（33〜49m/s）は38件、F０（17〜32m/s）は53件報告されています（図７・５）。ダウンバーストは地上で発散するため、その被害は竜巻に比べて一般に弱く、竜巻の最大値F３（70〜92m/s）より１ランク小さいといえます。

＊竜巻の統計
甚大な被害をもたらした、酒田竜巻（２００５）、延岡竜巻（２００６）、佐呂間竜巻（２００６）以降、竜巻の報告数は急増している。

＊F２のダウンバースト
１９９１年６月27日岡山県岡山市、１９９６年７月15日茨城県下館市、２００３年10月13日茨城県神栖町で発生したダウンバーストがF２の被害に認定されている。

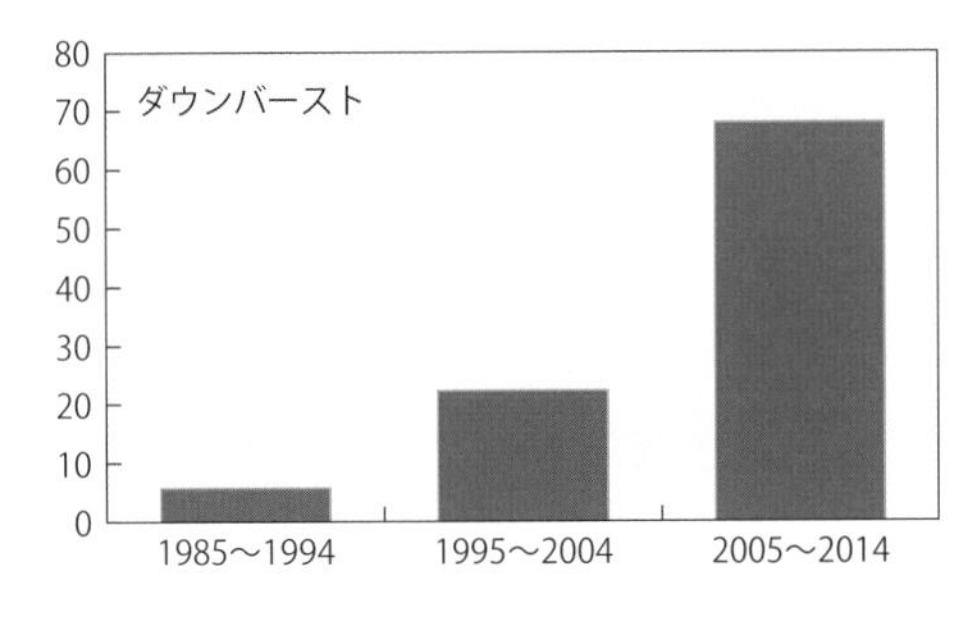

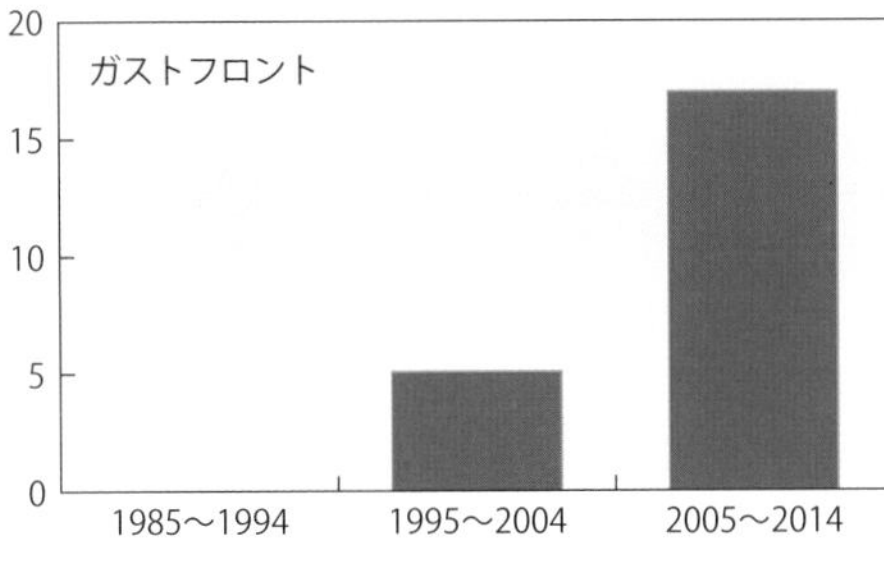

図7.4　1985年から2014年までの10年ごとのダウンバースト（上）とガストフロント（下）の報告数

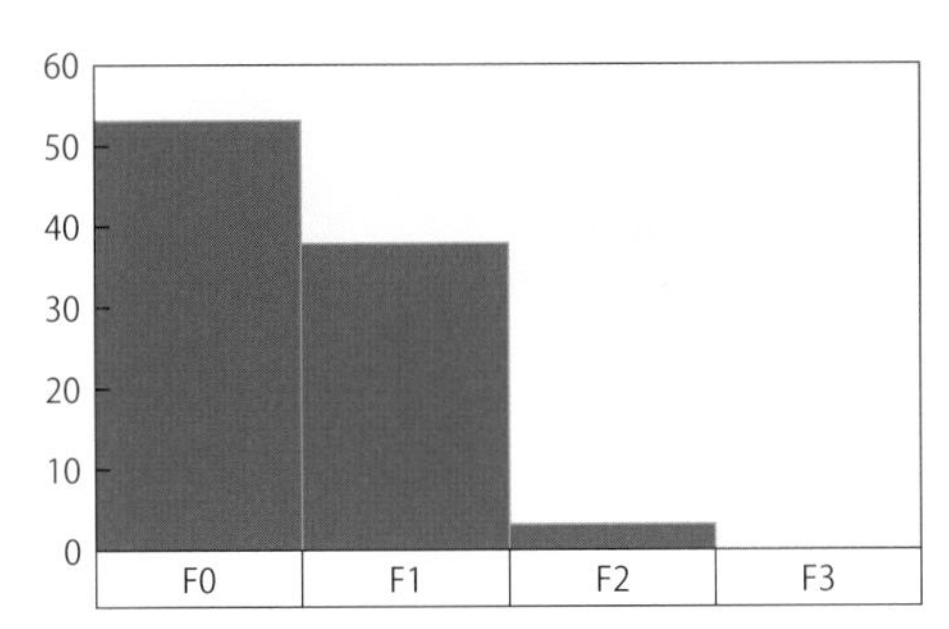

図7.5　1991年から2014年までに報告されたダウンバースト被害のFスケールごとの頻度

また、ガストフロントは、Ｆ1が4件、Ｆ0は15件で、ダウンバーストよりさらに1ランク小さくなります。ガストフロントはダウンバーストが流れ出た空気の先端ですから、ダウンバーストに比べて風速は弱まります。日本の竜巻被害は最大でＦ３クラス、ダウンバーストの被害は最大Ｆ２、ガストフロントによる被害はＦ１となっています。

アメリカにおけるダウンバーストの発生状況はどうでしょうか。図７・６は藤田博士がまとめた、１９７９年の1年間にアメリカで発生したダウンバースト／ガストフロントとトルネードによる被害件数をＦスケールごとに示したものです。ダウンバースト／ガストフロントとトルネードは年間８００個弱と発生数はほぼ同数ですが、トルネードの被害は最大値がＦ４（93～１１６ｍ／ｓ）に対して、ダウンバーストはＦ３でした。一般に、アメリカにおける竜巻被害の最大はＦ５（１１７～１４２ｍ／ｓ）クラスなのに対して、ダウンバーストは最大でＦ３クラスと2ランク弱くなっています。

日本におけるダウンバーストとガストフロントの被害報告（気象庁）は、4～10月の暖候期に多く、特に6～8月に集中し、7月にピークが存在しています（図7・7）。竜巻の発生ピークが9月なのに対して、ダウンバーストは熱雷など対流活動の活発な夏季に多く発生しています。ただし、関東地方の雹害*が5月に多いように、大気が不安定になる春や秋も要注意です。ダウンバーストの発生時刻をみると、14～16時にピークがあり、日射の影響で積乱雲が発達した結果を表しています（図7・

＊**関東地方の雹害**
強い日射による地表面の加熱と上空の寒気による大気の不安定化で積乱雲が発生しやすい環境下で、雲底下の気温が夏に比べて高くないため に落下中の雹が溶けないため、この時期農作物への雹の被害が大きくなる。つくば竜巻は２０１２年5月6日に発生し、親雲からは降雹も観測された。

8）。日本におけるダウンバースト被害の発生場所は日本全国で確認されています。寒候期にダウンバースト（スノーバースト）の被害報告が少ないのは、夏季の積乱雲に比べて冬季の積乱雲（雪雲）は雲頂高度が低く、下降流速が相対的に小さいためです。また、冬季は気温差が小さく風速も夏季に比べて小さい点、断続的な降雪に伴い発生するために現象を観測することが難しい点、地表面が雪に覆われている場合は被害の痕跡が残りにくく被害調査が難しい点などが理由と考えられています。

7.2 温帯低気圧に伴う竜巻

竜巻の発生場所と原因

アメリカでは、暖候期の中でも4月から5月がトルネード・シーズンといわれています。トルネードは、単に気温が高いだけでは発生せず、寒気も必要なので、中西部で寒気と暖気がぶつかりやすい春先にスーパーセルが発生しやすいシーズンとなるのです。アメリカの中西部、テキサス州、オクラホマ州、カンザス州、コロラド州、ミズーリ州一帯は、〝トルネード街道〟とよばれており、特にトルネー

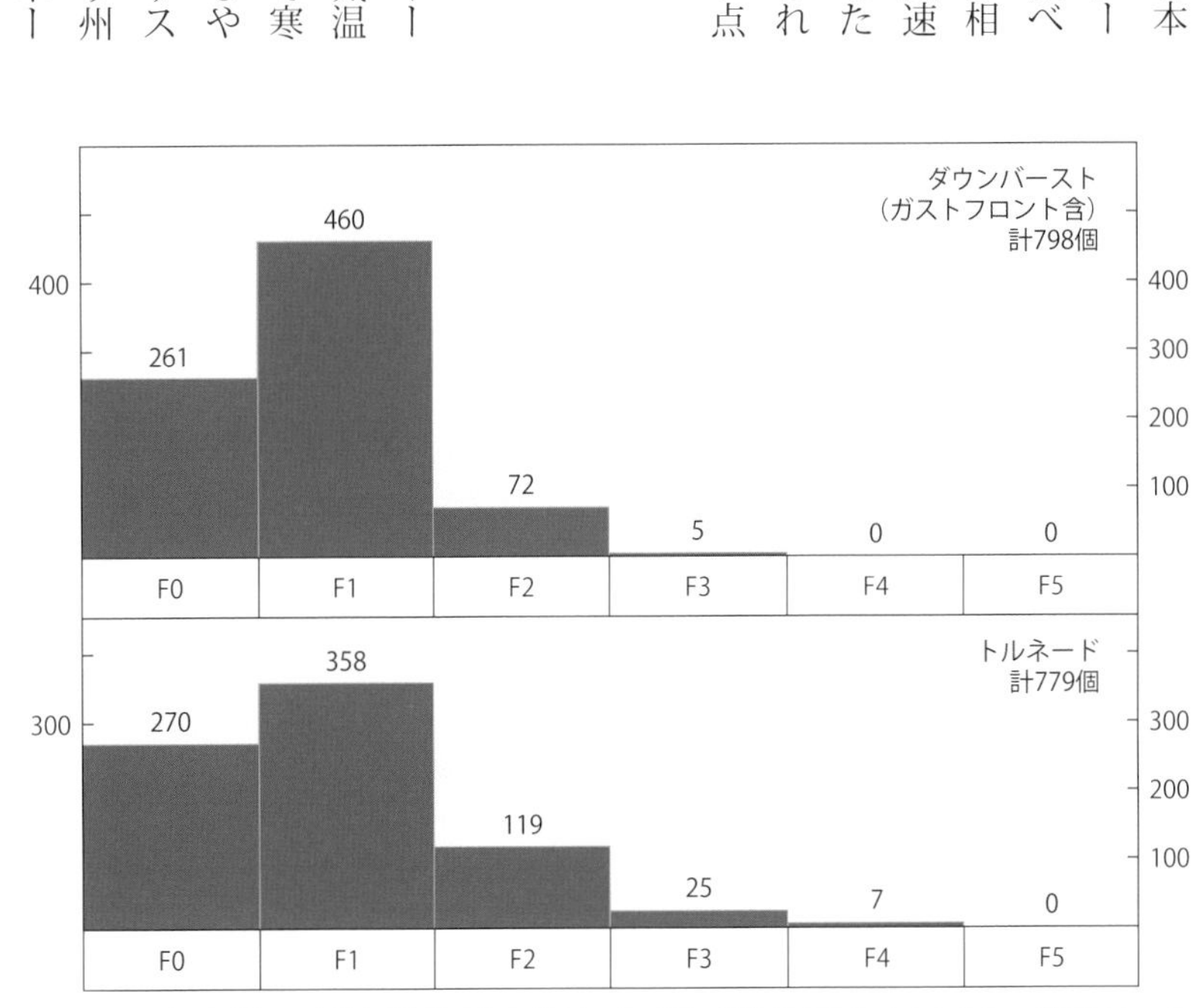

図7.6　1979年1年間にアメリカで報告されたダウンバースト／ガストフロントとトルネードのFスケールごとの報告数

ドが多い地域となります。では、日本はどうかというとアメリカとは全く様相が異なります。１９９７~２００６年までに発生した、２５０個の竜巻を場所・原因別に分けると、温帯低気圧、台風（熱帯低気圧）、冬型、停滞前線（梅雨前線）、局地的雷雨（熱雷）となり、年間を通じてさまざまな気象擾乱に伴い竜巻が発生しています（図７・９）。最も多いのが温帯低気圧（前線を含む）で、この低気圧は１年中発生して日本上空を通過しますので、日本のどこでも竜巻が発生するといえます。一方で、台風、梅雨前線、冬型は季節や場所が限定されます。

台風時や冬に「どうして竜巻が？」と思う人も多くいると思います。２０１３年９月、台風に伴い各地で竜巻が発生したことを記憶している人もいると思いますが、今でも台風時の竜巻は、なかなか一般に浸透していません。冬の竜巻にいたってはなおさらで、冬に起こる竜巻は10年くらい前までは、なかなか信じてもらえませんでした。台風に伴う竜巻、冬型時に日本海で発生する竜巻については、次節で詳しく紹介しま

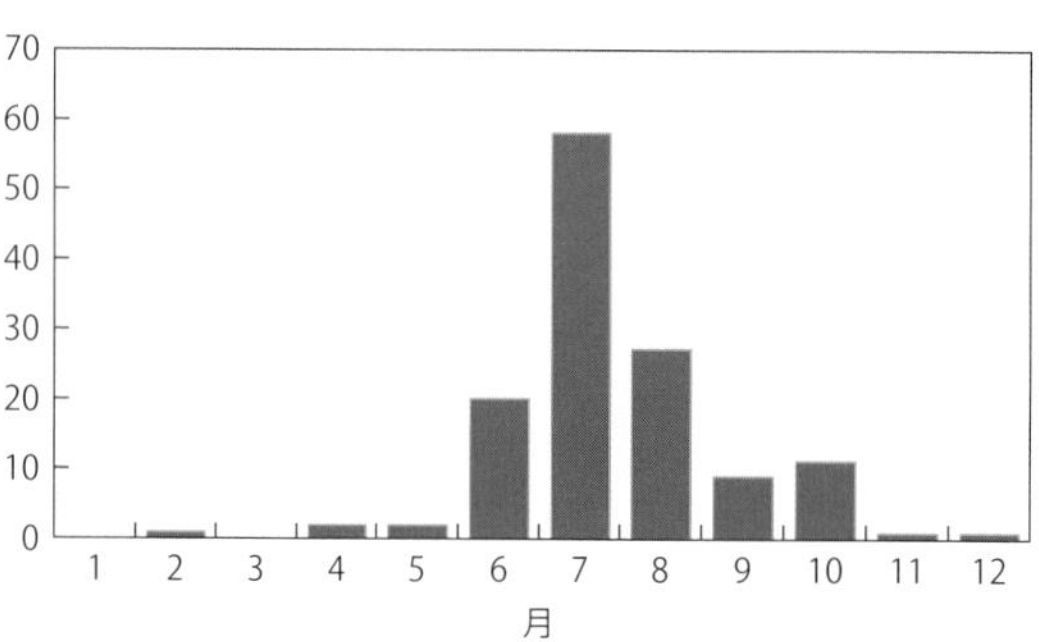

図7.7　1991年から2015年までに報告されたダウンバースト（ガストフロントを含む）の月別頻度

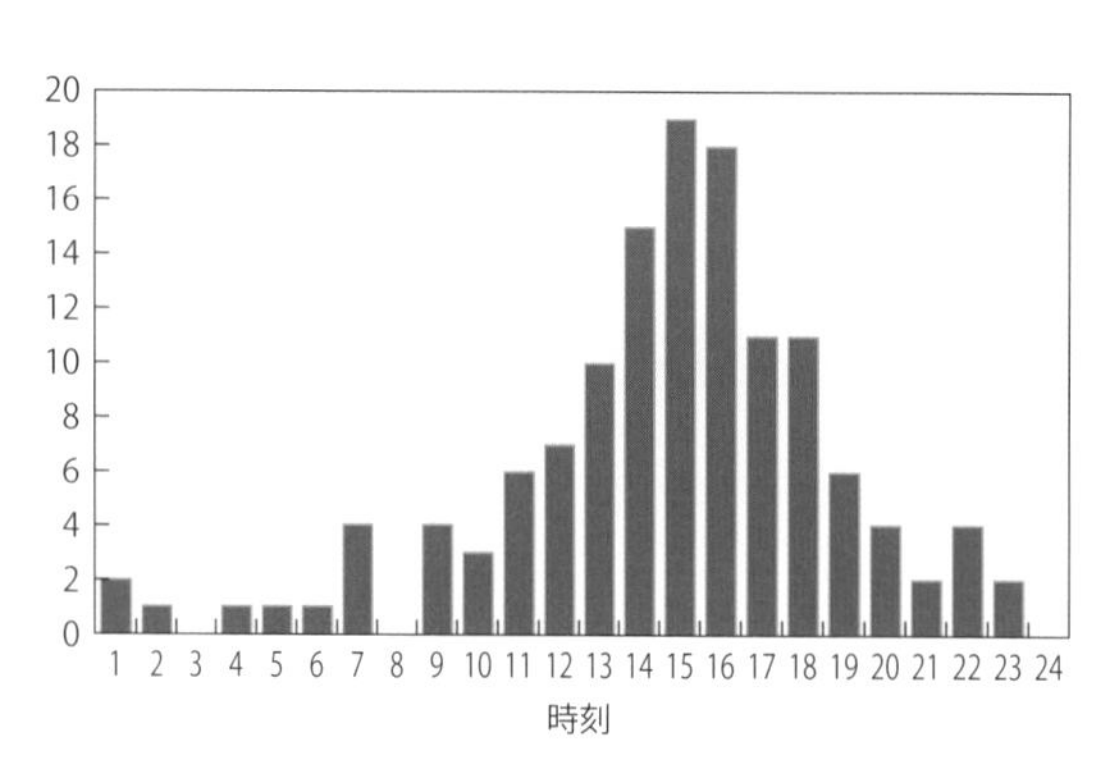

図7.8　1991年から2015年までに報告されたダウンバースト（ガストフロントを含む）の時刻別頻度

しょう。

発生場所をみると温帯低気圧に伴う竜巻は北海道から沖縄まで日本全国、季節を問わずに発生しています。日本を通過する低気圧は年間数十個から１００個近くになるかもしれませんが、特に発達した低気圧や低気圧に伴う寒冷前線の通過時に多くの竜巻が発生します。発達した低気圧は、春や秋、冬でも南岸低気圧や日本海上で急速に発達することがあり、寒気の南下に伴う寒冷低気圧（寒冷渦）も年間を通じて観測されますので、竜巻は1年中起こり得るということがいえます。被害調査で、「台風には対策をしたけど、低気圧は……」という声をよく耳にします。日本人はこれまでの経験から、台風には事前の備えをしますが、低気圧への備えをする人は少ないようです。台風は数日前からその動きを把握できますが、日本付近で急速に発達する低気圧

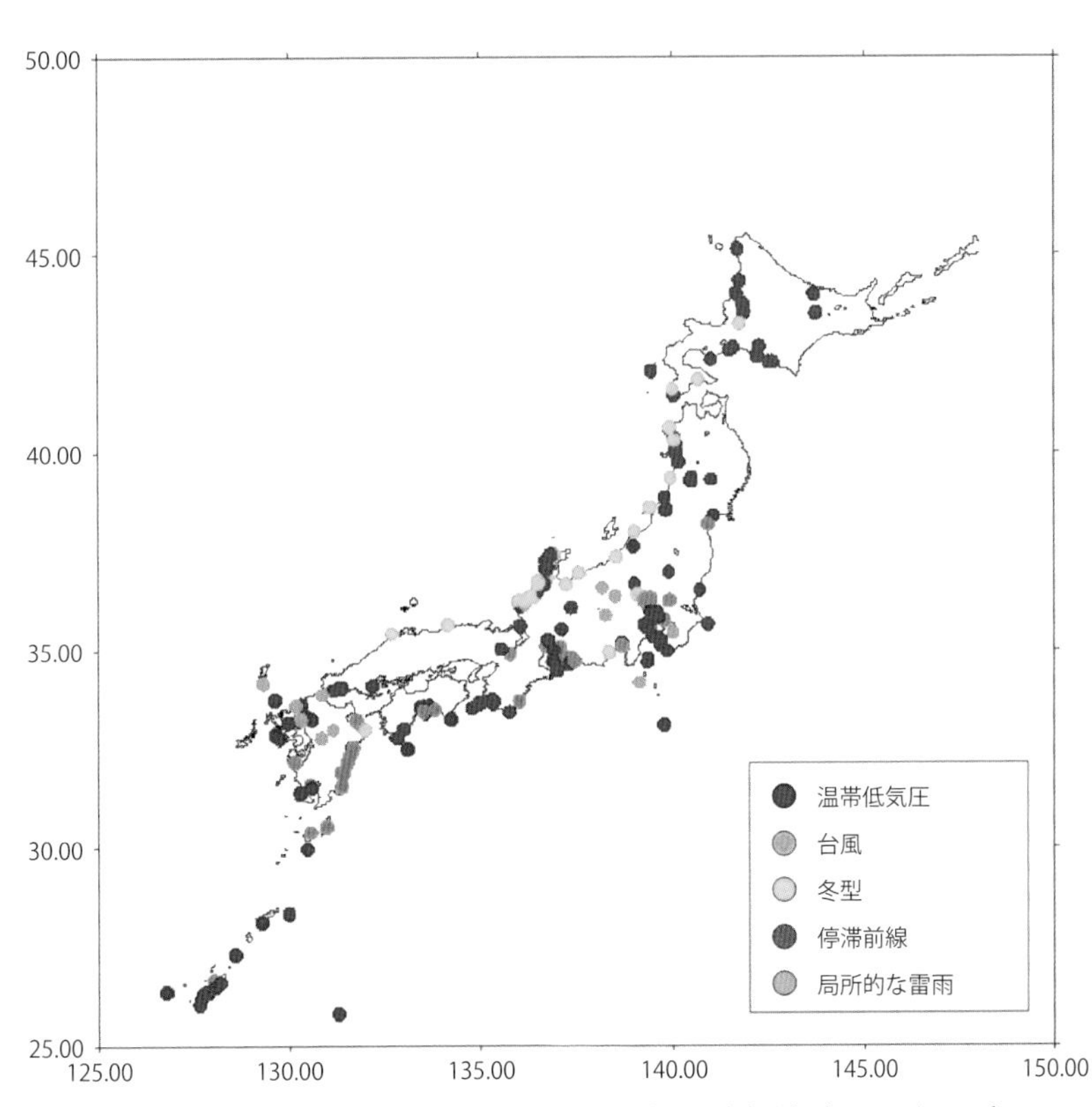

図7.9　1997年から2006年までに発生した竜巻の気象擾乱別発生分布（Kobayashi 2007）

は予測が難しいのが原因のひとつといえます。日本では、気象災害というと台風が浸透していて、天気予報で台風が接近というとみんな台風に備えるので、昔は大災害であった台風被害は減っていますが、現在、台風より怖いのは、日本付近で急速に発達する低気圧です。最近では、爆弾低気圧といわれるように、日本海や本州南岸付近で急速に発達して、台風並みの強さになりますが、なかなか低気圧に対しての備えが行われないのも事実です。爆弾低気圧に伴い発生する竜巻はもっと怖いものであることを感じてほしいと思います。

道東（北海道の東部）では竜巻の発生頻度は極めて小さく、まして巨大竜巻が発生するとは専門家も想像していませんでした。ところが、２００６年11月に佐呂間町でＦ３の竜巻が発生しました。しかも、道東の11月といえばもう冬です。日本で一番発生しにくい場所でもＦ３スケールの竜巻が実際に起こり大きなニュースにもなり、条件さえ整えばどこでも起こりうることが証明されました。

図７・10は温帯低気圧に伴う竜巻の、Ｆスケール別の発生場所を前線に相対的な位置で示しました。多くの竜巻が寒冷前線上とその前面の暖域で発生していることがわかります。寒冷前線上では、Ｆ０～Ｆ１の比較的弱い竜巻が観測されるのに対して、Ｆ２以上の強い竜巻は寒冷前線近傍の暖域内で起こったことがわかります。佐呂間竜巻（Ｆ３）は、寒冷前線前面のプレフロンタルライン上の積乱雲に伴い発生しました。

これに対して、〝季節もの〟である台風や冬型の竜巻は発生場所も特定されています。台風に伴う竜巻の発生場所をみると宮崎県、高知県、愛知県、関東平野に集中しています。台風の中心に吹き込むレインバンド（降雨帯）が特定の条件下で進入しやすい地形で多発するのですが、これは、台風の位置により、レインバンドの進入パターンが決まっているからです。冬のシーズンは、日本海上で発生する降雪雲に伴う竜巻が、山陰から北陸、東北から北海道にかけて起こります。山陰は、他の地域に比べて竜巻発生数は少ないのですが、これは、相対的に人口が少なく、目撃者がいないからと思われます。冬の荒れ狂う日本海をボーッと見ている人はあまりいなく、たまたま竜巻を発見しても、携帯電話やデジカメがない時代は残らないのです。さらに、冬季日本海沿岸は20〜30ｍ／ｓの季節風（西高東低の冬型気圧配置で卓越するモンスーン）が卓越し、降雪に伴うマイクロバーストが頻発し、屋根瓦が数枚飛ばされる、小枝が折れるなどの軽微な被害（Ｆ０スケール）は当たり前で、なかなか被害報告も上がっ

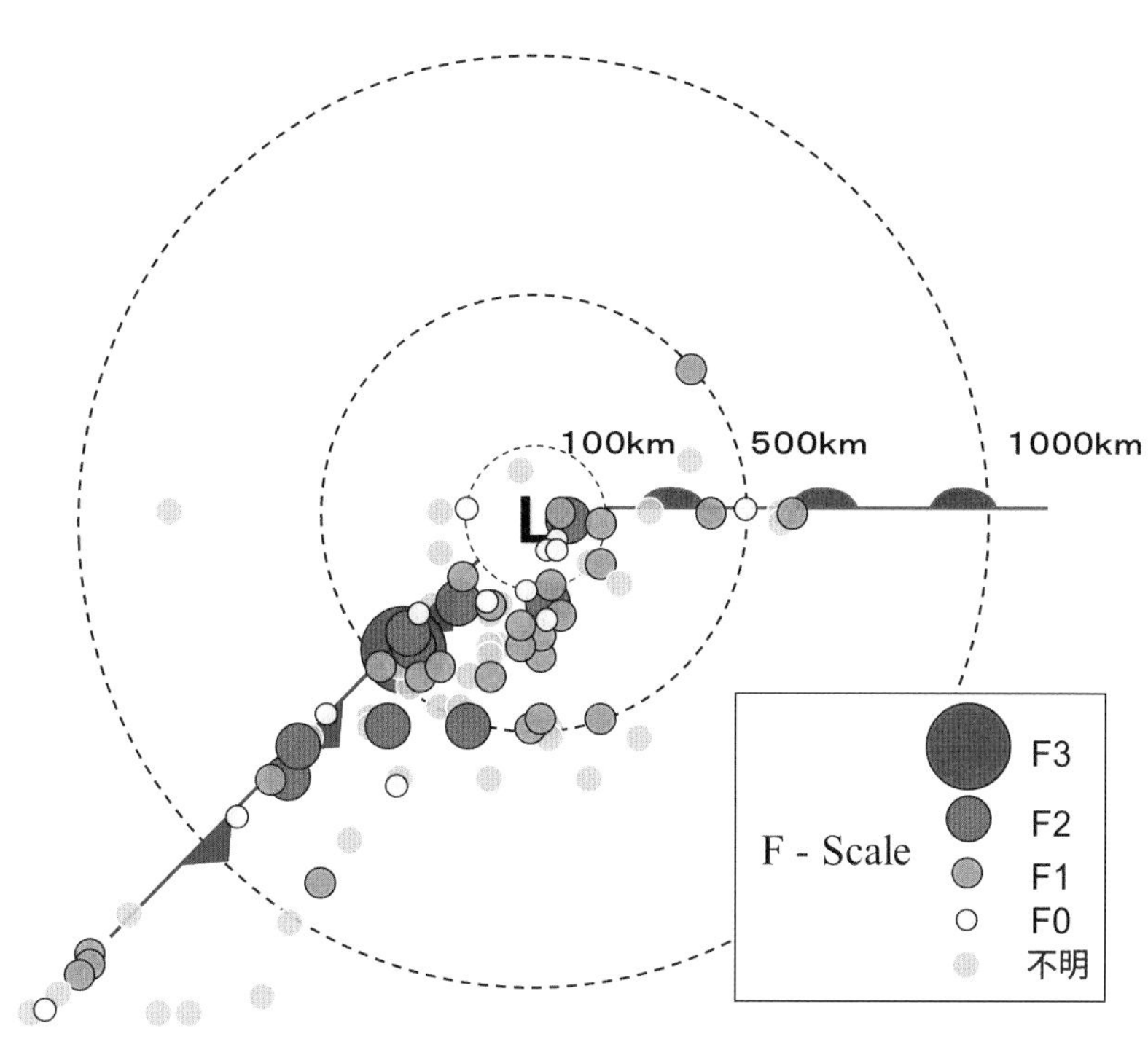

図7.10　温帯低気圧に伴う竜巻のFスケール別の発生場所（Kobayashi 2007）

てこないのが実情でした。10年以上毎冬北陸の沿岸で雪雲の観測を行いましたが、想像以上に竜巻が発生するのに驚きました。しかし、地元の漁師さんに聞くと、皆さん当たり前のように竜巻を見たり、海上で遭遇したりしていたのです。

停滞前線に伴う竜巻のほとんどは、梅雨時の前線周辺で発達した積乱雲群（クラウドクラスター）に伴って発生したものであり、前線が活発な九州、四国で発生しています。局地的な雷雨に伴う竜巻の多くは、夏に発生する熱雷に伴うものであり、関東、中部や九州の山沿いで発生していることがわかります。日本の場合は、温帯低気圧以外のものは季節限定、地域限定で起こっているので、防災を考える時には自分がどの地域に居るかを考えれば、ある程度は竜巻のリスクも想像がつくのです。

日本で発生する竜巻の約6割は海岸線で発生しています。その内の半分は海上で発生し、残りの半分が海岸線から10㎞以内の内陸で発生しています。そして、実際に発生した竜巻の4割近くが行政区分の市内で発生しています。10万人以上の都市で24％、東京23区、横浜、札幌、名古屋など百万都市で3％の竜巻が発生しています（図7・11）。日本では多くの都市が海岸線近くにあり、多くの人が住んでいるだけでなく、ライフライン、流通、交通、あるいは原子力発電所、*エネルギー備蓄基地など多くの重要な施設が存在しますから、竜巻リスクが高い国といえます。実際に、首都圏で発生した竜巻事例では、つくば竜巻以前にも、

*原子力発電所
ほとんどの発電所が海岸線に設置。2013年に竜巻リスクが設置基準に加わった。

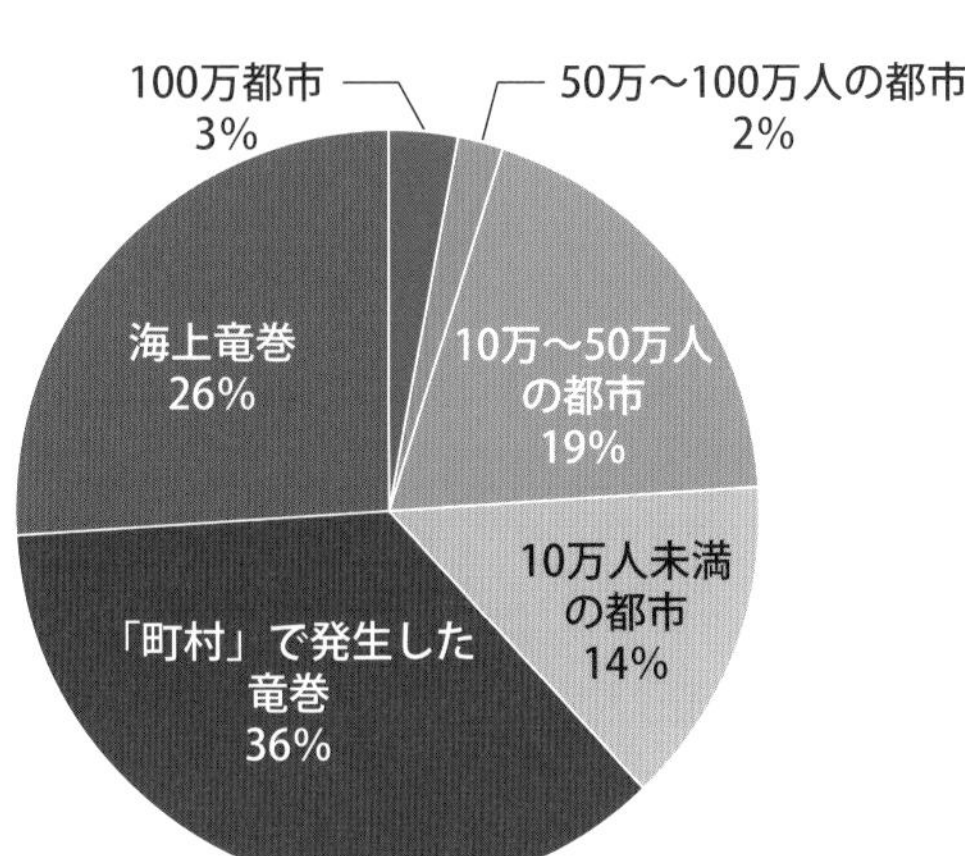

図7.11　竜巻の発生場所の割合（Kobayashi 2012）

１９９０年12月千葉県茂原市のＦ３、２００６年５月神奈川県藤沢市のＦ１、２００８年12月の都内品川や横浜市の竜巻、[*]東京湾上で発生した竜巻などが報告されています。アメリカでは、年間１０００個を超える竜巻が発生していますが、大部分が中西部で起こっていて、ニューヨークや西海岸のロサンゼルスなどでは、トルネード発生はゼロです。人口密度のように、竜巻密度を計算してみると、日本とアメリカとではだいたい同じくらいのオーダーになるのです。

日本で発生した竜巻の特徴を詳しくみるために、ここでは１９９７年から２００６年までの10年間に日本で発生した２５０個の竜巻について、被害スケール（Ｆスケール）ごとの発生頻度をみてみましょう（図７・12）。Ｆ３（70～92ｍ／ｓ）の竜巻は10年で一度、Ｆ２（50～69ｍ／ｓ）の竜巻は年２個程度であり、ほとんどの竜巻はＦ０（17～32ｍ／ｓ）～Ｆ１（33～49ｍ／ｓ）スケールであることがわかります。この結果は、日本で発生する竜巻はスーパーセル・トルネードのような大規模ものは少なく、非スーパーセルタイプの竜巻が多いことを意味しています。Ｆ３が１個、Ｆ２が10個、Ｆ１が１００個と指数関数的に増加していますが、Ｆ０の発生頻度が極端に少なくなっています。Ｆ０は１０００個（年間１００個）起こってもいいことになりますが、相対的に少ないのは、なぜでしょう。これは、比較的軽微な竜巻被害がカウントされず見逃されていることを示唆しています。２００８年に年間１００個を超える竜巻が報告（気象庁）されたように、今後関心が高まり現地調査やレーダー観測が進めば発生数はさらに増加する可能性があります。

＊寒冷前線の通過に伴い、関東南部で複数の竜巻が発生。

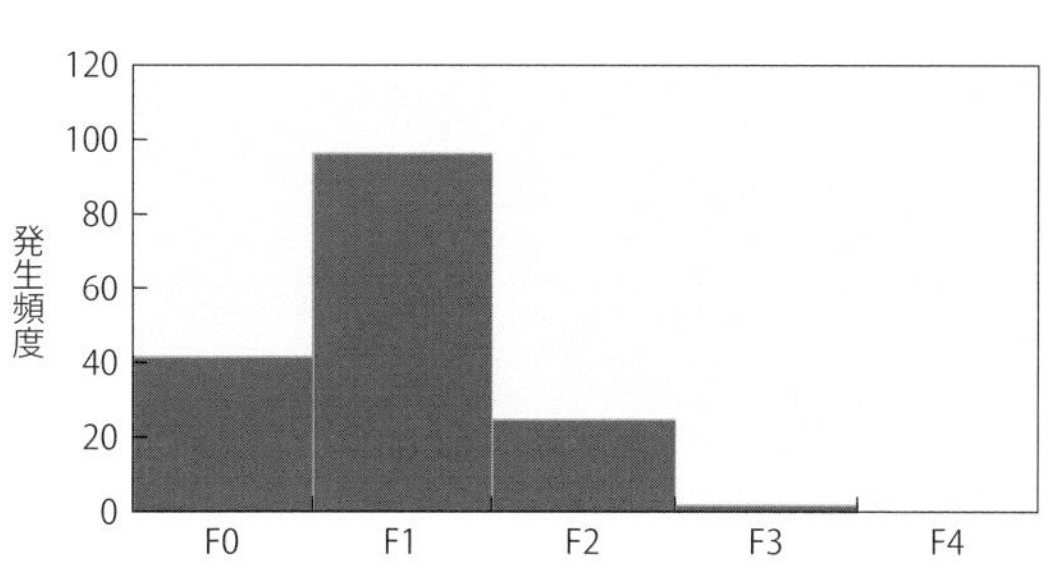

図7.12　1997年から2006年までに発生した竜巻のFスケール分布（Kobayashi 2007）

竜巻が発生した原因を割合でみてみましょう。温帯低気圧が全体の約半分を占め、台風が1/4で、大気の現象からすると1000㎞くらいのスケールの低気圧とか台風に伴うものが全体の3/4ですので、天気予報を見ていれば心の備えができます。発達する低気圧や台風をフォローできれば、竜巻がいつどこで発生するかはわからなくても備えはできるということを意味しています(図7・13)。

7.3 台風に伴う竜巻

台風、ハリケーン、サイクロンに伴い、その内部や周辺でしばしば竜巻の発生が確認されています。大きな渦(台風)の中に小さな渦(竜巻)が存在するという構造自体、理解が難しいですが、少なくとも日本では、台風に伴う竜巻は全体の1/4を占め、温帯低気圧に次いで2番目、実態としては結構起こりやすい現象といえるのです。

2006年9月17日、台風13号が長崎県に上陸する4時間前の14時過ぎに宮崎県延岡市でF2の竜巻が発生しました。竜巻渦は、上陸後延岡市内を約7㎞にわたり走り、死者3名、負傷者140名以上、市内の住宅被害の他、JR日豊本線で特急列車が脱線するなど甚大な被害が生じました。この延岡竜巻に前後して、10個近い竜巻あるいは竜巻と推定される突風災害が、最も早い時刻で当日11時に熊本県で発生し、20時30分の高知県まで約半日にわたり突風が連続しました。これは、台風が九州西方を北東に進みながら、レインバンド内でスーパーセルが次々と形成された

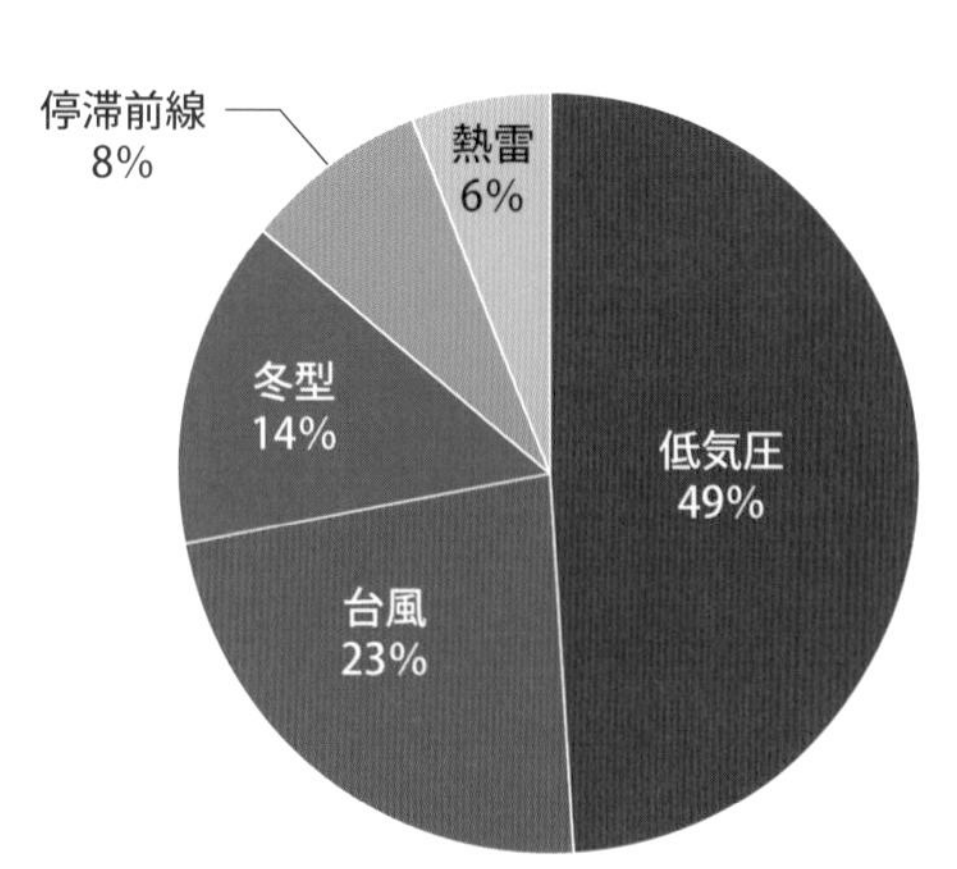

図7.13　竜巻の発生原因の割合（Kobayashi 2007）

結果と考えられています。竜巻を生みやすい台風では、竜巻のアウトブレーク（大発生）の可能性があり、レインバンドが進入する地域では、竜巻が発生しやすい状況が続くことになるのです。延岡市では、２０１９年にも台風17号に伴って竜巻（ＪＥＦ２）が発生し、その被害域は２００６年のそれとほぼ同じルートを辿りました。[*]

台風に伴い発生した竜巻を、台風中心に対する絶対位置で表してみると、台風の東側に集中しており、台風の中心１００㎞から６００㎞の範囲で多くの竜巻が発生したことがわかります（図７・14）。台風の進行方向に相対的な位置で表すと、進行方向右前方で発生しやすいことになりますが、台風の中心から１０００㎞以上離れて発生した事例もあるように、決して発生場所が決まっているわけではありません。台風の進行方向右側は、危険半円とよばれ、その中でも北東は最も危険

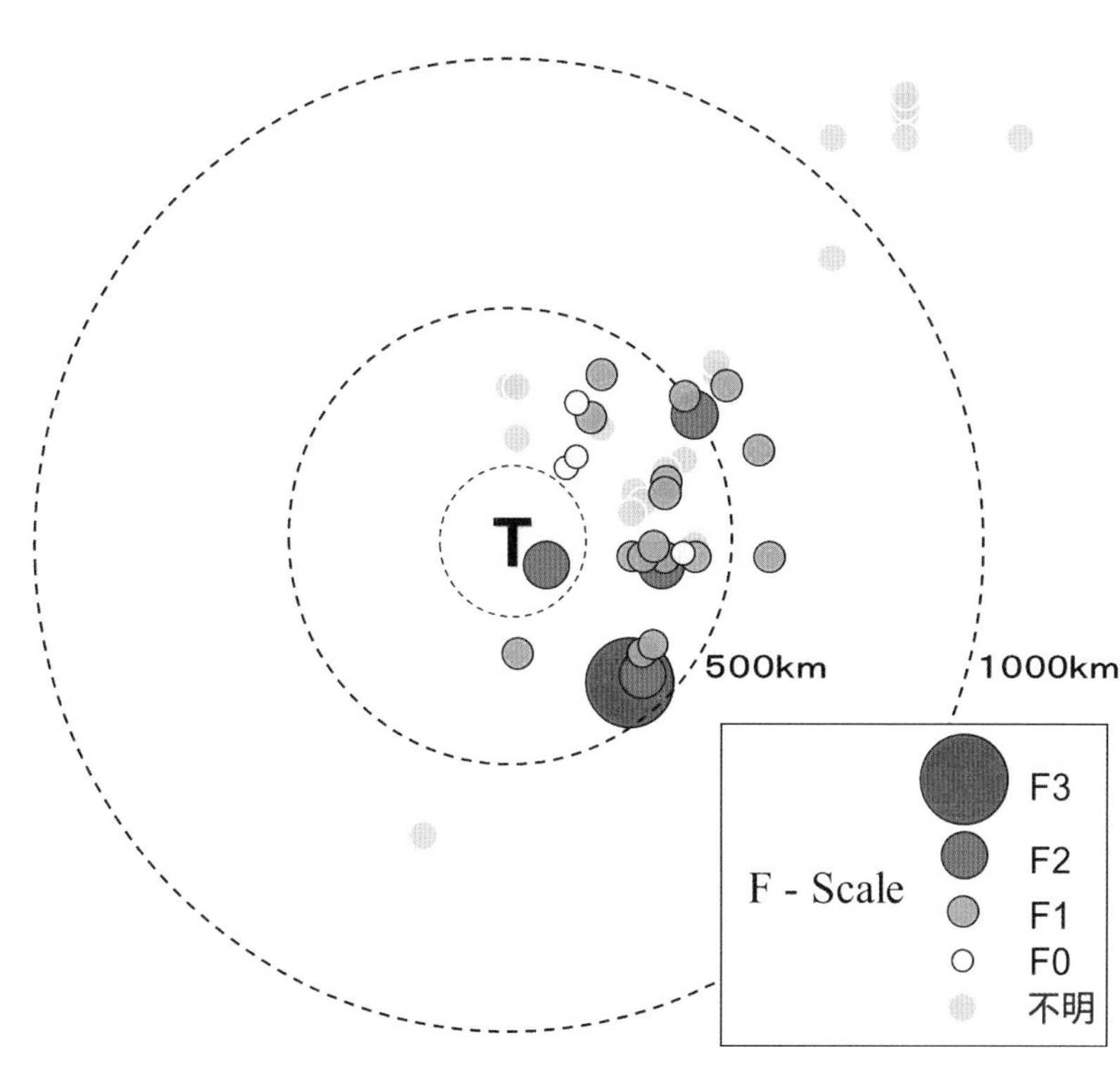

図7.14　台風に伴う竜巻のFスケール別の発生場所
発生した竜巻の台風中心（T）からの相対的な位置で示している．（Kobayashi 2007）

な場所として知られています。台風の右側は、台風の渦による風速に加えて、進行速度が加わるために風速が増えます。また、気流が収束するために三角波*などが発生し、船舶は決して近づいてはいけない水域とされています。大気も同様であり、気流の収束により渦が形成されやすいと考えられます。

台風のレインバンドを構成する個々の積乱雲内で、メソサイクロンが形成されやすくなると、多くの積乱雲が竜巻を生む可能性を有するスーパーセルが列をなします。レインバンドが進入する地域では、次々とスーパーセルの性格を持った積乱雲が進入してきて、竜巻が発生しやすい状況が続くことになります。延岡竜巻では、甚大な被害が生じましたが、10個近い竜巻がその前後に九州各地から四国にかけて発生しています（図7・15）。これは、台風が九州西方に存在し、北東に進みながら、レインバンドも北にシフトしながら次々とスーパーセルが上陸した結果です。また、２０１３年９月15日から16日にかけては、台風18号の接近に伴い、高知県、和歌山県、三重県、栃木県、群馬県、埼玉県で合計10個の竜巻が発生しました。この時は、いくつかのレインバンドが異なった場所で発生したために、離れた場所で時間差をもって竜巻が生まれたといえます。

では、なぜ台風に伴う竜巻は離れた場所で発生し、台風の中心では竜巻が発生しにくいのかを考えてみましょう。台風の眼には、弱い下降流が存在するため積乱雲や竜巻は発生しにくいというのがひとつの答えになります。ただし、台風

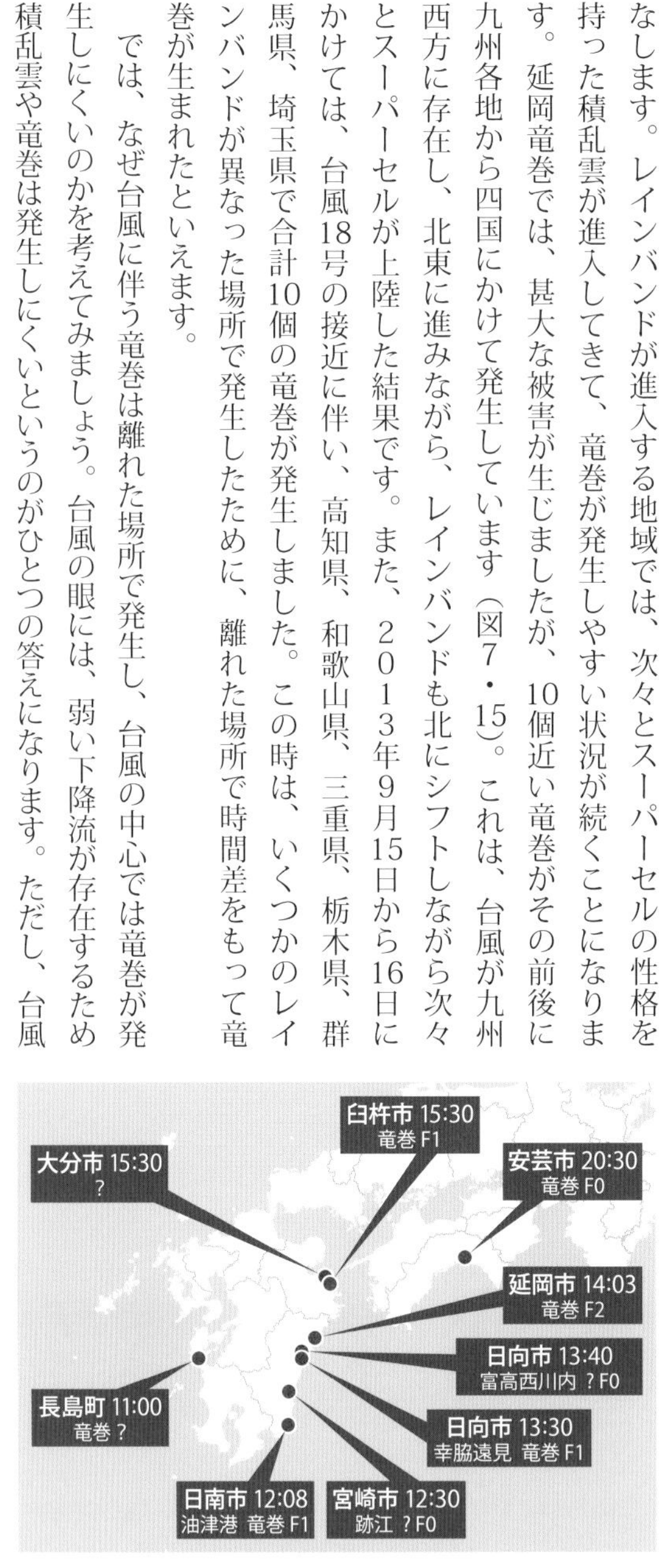

図7.15　台風13号に伴う竜巻
約10時間に複数の竜巻が各地で発生.

＊２０１９年の台風17号に伴う竜巻
延岡市内で発生した竜巻は、負傷者18名の被害をもたらし、最大風速55ｍ／ｓ（ＪＥＦ２）と推定された。

＊三角波
伝搬方向の異なる波が重なりあった巨大な波。

の眼の周囲にできる台風の壁雲*といわれる最も発達した積乱雲で、本当に竜巻が発生しないのかはよくわかっていません。2004年10月に台風22号*が伊豆半島に上陸し、東京湾を北上した際、横浜市金沢区で駐車してあったトラックなど数十台が横転し積み重なるような被害が発生しました（図7・16）。事故発生時刻は、台風の中心が通過した時刻でもあり、台風中心付近の強風や気圧が原因なのか、局所的な竜巻が原因なのか、あるいはダウンバーストなのか今でも不明のままです。台風のような激しい現象では、台風本体の風と台風に内在する積乱雲による風を区別するのは難しく、この事例に関しても、現地調査を行いましたが、被害は当該駐車場周辺のごく限られた場所に集中し、竜巻の渦パターンや経路の痕跡はわからず、原因を特定するには至りませんでした。

台風に伴う竜巻は、台風からはるか離れた場所、台風の暴風域に入る半日前や1日前に、まだ晴れ間が見える時に発生するために、人的な被害が拡大しやすい傾向があります。延岡竜巻でも、まだ風もそれほど強くなく晴れ間が見えている午後、台風に備えて片付けや買い物をしようとしていた時に竜巻が市街地を襲いました。人的被害の生じた竜巻の中で、台風に伴う竜巻は全体の半数以上に当たり、9月に多く見られます（図7・17）。台風に伴う竜巻で人的被害が多い理由は、次の4点に要約されます。

① Ｆ2クラスなど比較的強い竜巻が多い。
② 一度に多くの竜巻が発生する。

＊**台風の壁雲**
台風の眼を取り囲む発達した積乱雲。

＊**2004年の台風22号**
伊豆半島に大きな被害をもたらした後、関東に上陸した。

図7.16　台風22号に伴うトラック被害

③　台風の中心付近や暴風域から離れたレインバンドで生じる。
④　そのため晴れ間が見え台風に備えて買い物や家の補強中に不意を突かれる。

7.4 冬の竜巻（winter tornado）

冬に日本海上で発生する雪雲は、飛行機の窓から見た場合、背の低いモクモクした雲が辺り一面に広がり、雲頂高度は３～５㎞と背も低く、水平スケールも小さいものの、れっきとした積乱雲なのです。北西の季節風（西高東低の気圧配置）が日本海を渡るうちに、水蒸気の補給を受けて雲が発達します*。冬型時の気象衛星写真をみると、筋状に積乱雲の列がいくつも形成されているのがわかります。冬の日本海沿岸は対馬暖流が流れているために海水温度が高く*、海岸に近づくほど雲が発達します。雪雲は海岸付近で急速に発達し、上陸とともに霰（雪霰）を降らせ、強い下降気流をもたらし、また、上昇気流が強いため、積乱雲が急速に発達する際、霰が形成され、結果として雷、竜巻が発生します。雪雲からの落雷は、冬季雷*として知られています。世界の高緯度地域では降雪が観測されますが、相対的に低緯度の北陸における日本海上に大量の水蒸気を含んだ湿った雪は、世界的にも珍しく、冬季雷は日本海が最も活発な場所といえます。

最初に北陸で竜巻に遭遇したのは、１９９１年12月11日に石川県金沢市で発生した突風被害でした。現地調査を行いましたが、金沢市内北西部で、重傷を含む人的被害、２００棟を超える住家被害、30台を超える車両被害が発生していました。こ

＊冬の日本海
寒冷・乾燥したシベリア気団の空気が日本海を渡るうちに水蒸気を得て雪雲が発生し、日本海側に雪を降らせ乾燥から湿潤へ気団の性質が変わることから、「気団の変質」という。

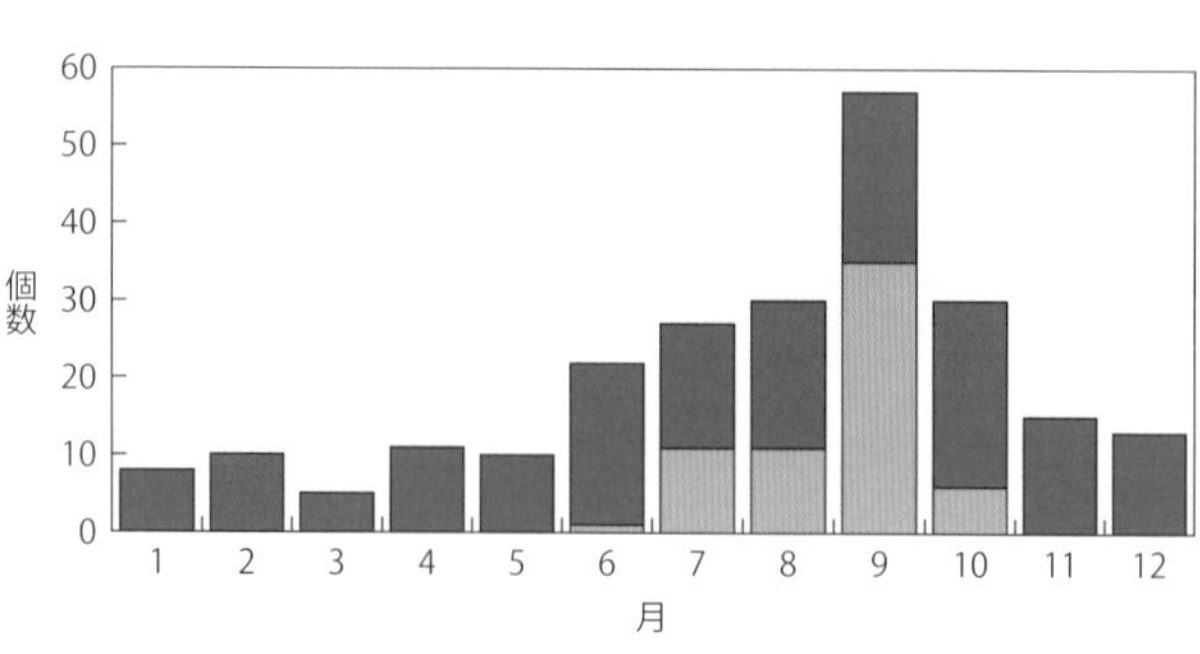

図7.17　人的被害が生じた竜巻の月別発生数（■は台風に伴う竜巻数）

の竜巻は、日本海上で形成された渦状エコー*に伴って発生しました（図7・18）。直径100km程度のスパイラル状のエコーの中心付近にフックエコーが形成され、そこから竜巻が生まれたと考えられます。

北陸沿岸の観測では、想像以上に冬の日本海側で竜巻が発生していることがわかりましたから、羽越線事故の時も真っ先に竜巻が頭をよぎりました（図7・19、7・20、7・21）。当時の気象状況は、2005年12月25日から26日にかけて、寒気の南下に伴い日本海上で低気圧が急速に発達しました。25日21時の天気図をみると中心示度990hPaの低気圧から寒冷前線が山陰にまで延びていたことがわかります（図7・22）。この低気圧は1日で約20hPaの気圧降下を示し、日本海上で急速に発達しました。爆弾低気圧とよんでもいい急発達です。低気圧から延びる寒冷前線付近の対流活動は活発であり、気象衛星画像をみても前線帯に沿う帯状の雲が認められ、山形県酒田市の突風被害（25日19時10分頃）は寒冷前線の南側で形成された積乱雲列（プレフロンタルライン）*に対応して、発達したライン状のレーダーエコーが上空に存在していました（図7・23）。一方、羽越本線事故の翌12月26日には、秋田県峰浜村で竜巻による建物被害*が発生しました。秋田の突風被害（26日11時10分頃）は寒冷前線が通過した後、低気圧後面の北西季節風場で発生しました。衛星画像から突風災害地域上空には、他の筋状雲と区別できる雲頂の高い塊状の雲が認められます。このように、酒田と

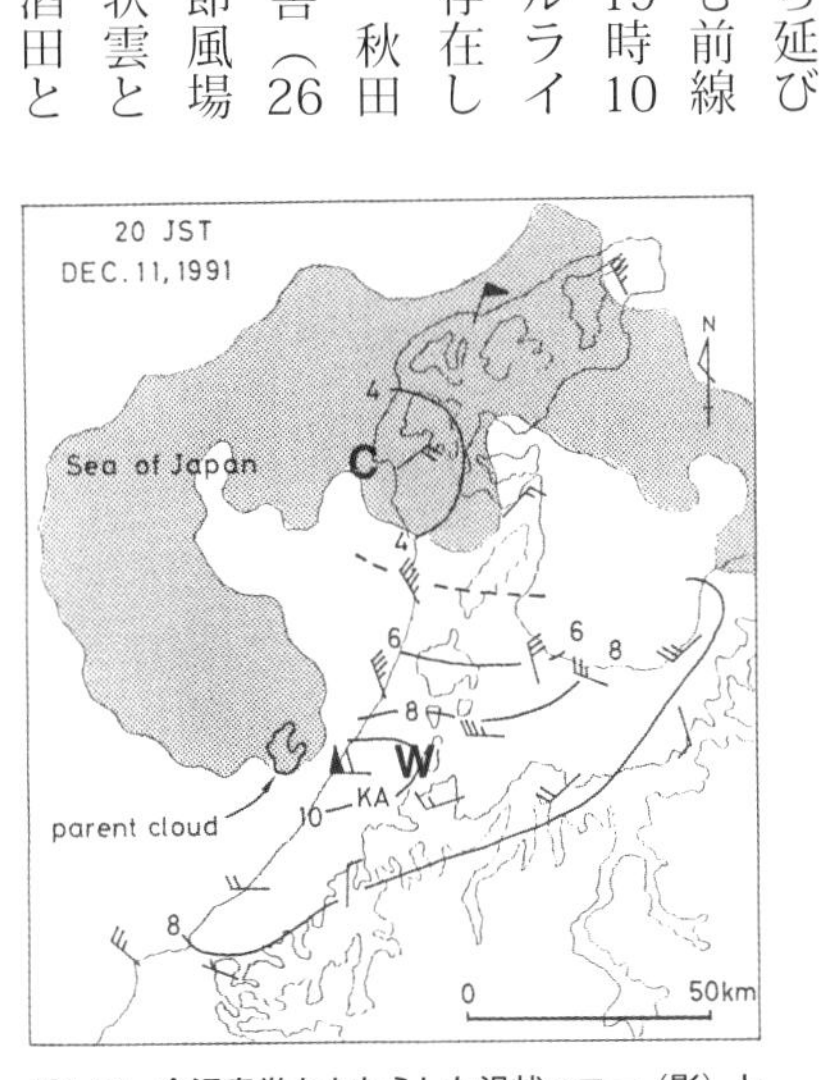

図7.18　金沢竜巻をもたらした渦状エコー（影）と地上気温（等値線）・風向風速（矢羽根）（小林ほか 1992）

＊冬の日本海の海水温度
北陸沖で真冬でも5℃程度はあり、上空5km（500hPa）に第1級の寒気（-36℃以下）が来れば、温度差は40℃を超え、不安定になる。

＊冬季雷
雲頂、雲底高度とも低く、正極性落雷の割合が高い。"一発雷"ともよばれる。

＊渦状エコー
小低気圧、渦状擾乱、メソローなどとよばれる。

秋田の竜巻は気象学的にみると、発達した低気圧の寒冷前線通過時（酒田）と北西季節風下（秋田）という、環境場に大きな違いがありました。また、酒田の突風被害上空のエコーは、寒冷前線の南側でエコー頂が８㎞を超え、冬季としては発達した積乱雲であり、翌日は北西季節風下の雪雲というさらにスケールの小さな積乱雲からもたらされ、積乱雲にも大きな違いがありました。同じ冬でも、気象学的にみるとさまざまなステージで竜巻が発生しているのです。

庄内平野では、その後、観測研究が続けられていますが、ドップラーレーダーで

＊プレフロンタルライン
寒冷前線前面の暖域に形成されたライン状の積乱雲群。

＊秋田県峰浜村竜巻
11時過ぎに発生し、北西から南東方向に約5㎞にわたり被害が点在した。木造2階建て事務所の倒壊をはじめ屋根の飛散などの被害が生じた。

図7.19　北陸沿岸で豪雪時に観測中のレーダー

図7.20　福井県三国町で観測された竜巻

図7.21　北陸沿岸で観測された海上竜巻

多くの渦が観測されています。このような渦は、北海道から九州まで冬の日本海側では、竜巻も含めてものすごい数の渦が発生している可能性もあります。〝冬の竜巻〟も〝冬季雷〟同様に、日本独特の現象になるかもしれません。

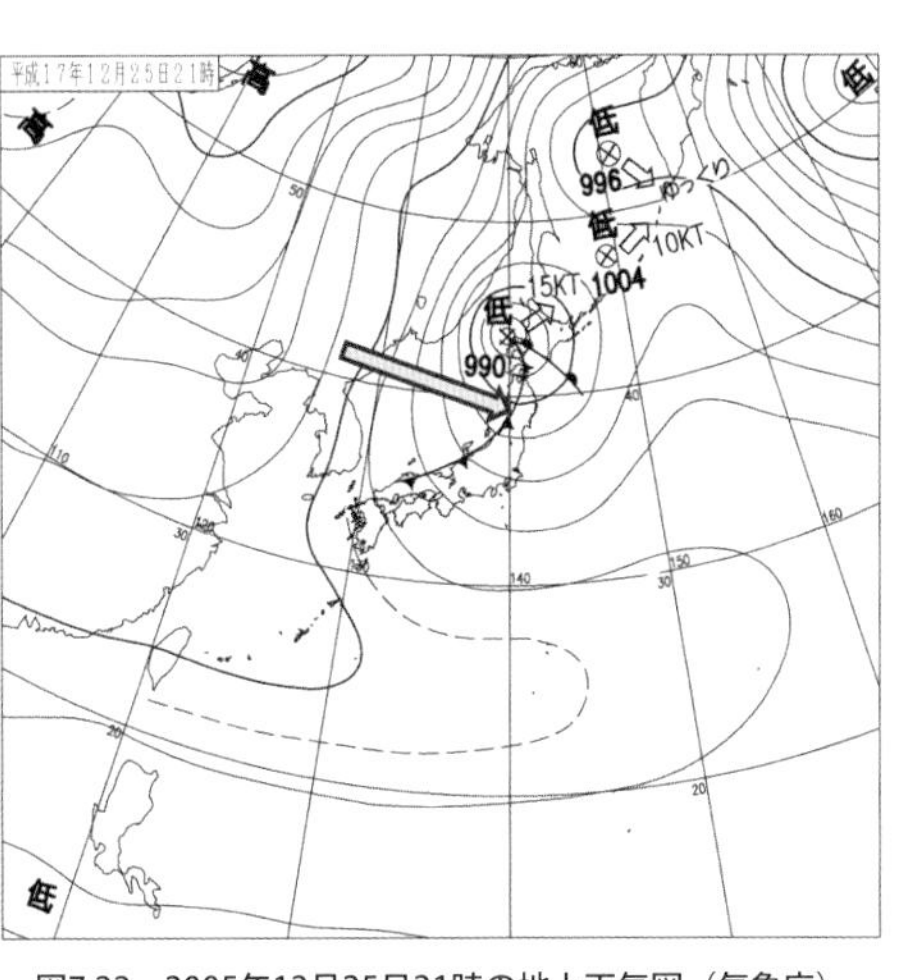

図7.22　2005年12月25日21時の地上天気図（気象庁）
矢印は被害域を示す．（小林ほか 2006）

ポーラーロウに伴う竜巻

冬季日本海上の降雪雲から発生する竜巻（winter tornado）の実態は、未だ十分に理解されているとはいえません。渦状エコーに伴うもの、寒冷前線やシアーライン上で発生するもの、一様な季節風下で発生するものなどの多様性がみられるからです。ポーラーロウ*（polar low）とは、寒気内で発生する低気圧のことで、衛星画像をみるとあたかも台風のように見えます（図7・24）。直径数十km～数百kmのポーラーロウに伴い、しばしば竜巻も発生します。ポーラーロウに伴う竜巻の発生場所をみると、F1スケール以上の主な竜巻は、ポーラーロウ

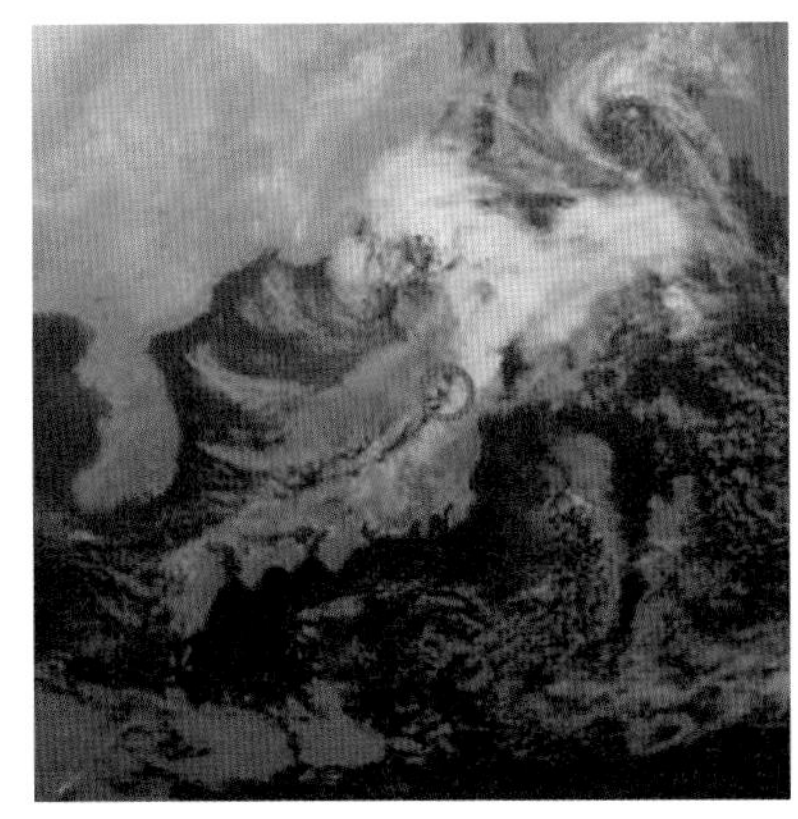
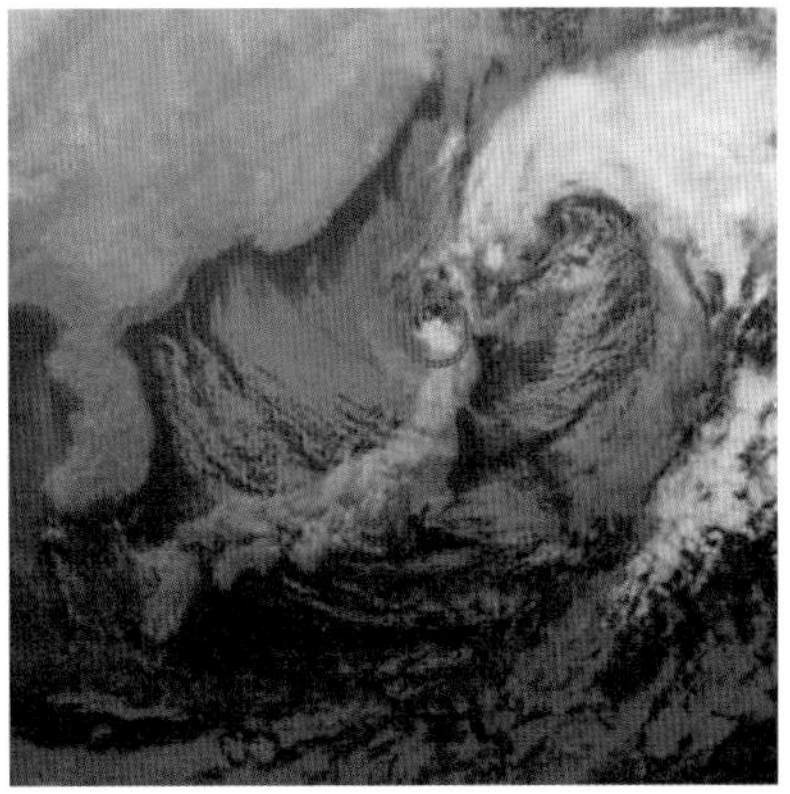
図7.23　気象衛星赤外画像（左：2005年12月25日19時，右：26日12時）（気象庁）
それぞれの円は被害発生域を示す．（小林ほか 2006）

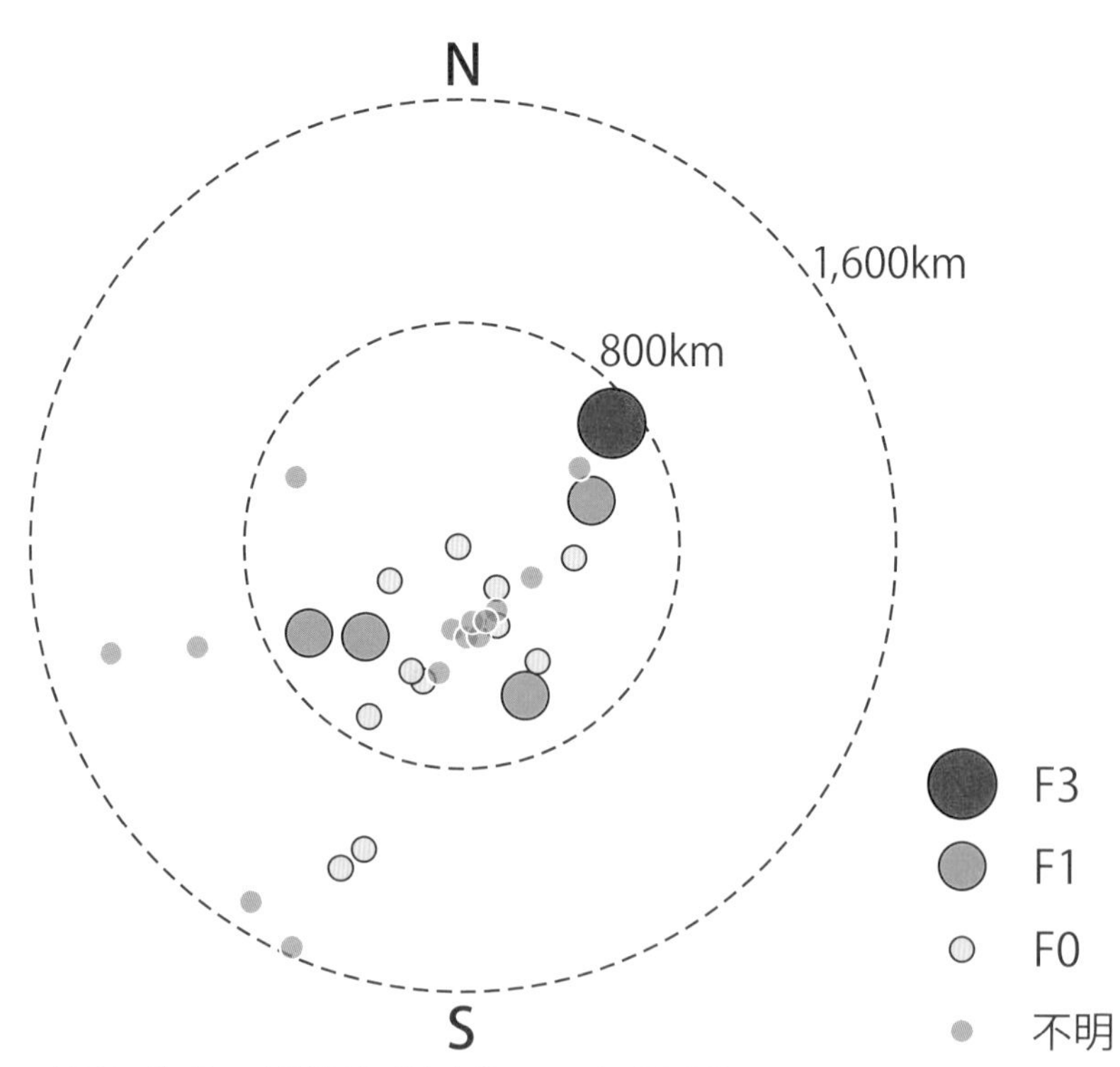

図7.24　ポーラーロウ衛星画像（上）とポーラーロウに伴う竜巻のＦスケール別の発生場所（下）

中心から８００㎞以内の北東～南西領域で発生していたことがわかります。

*ポーラーロウ
極気団内に形成される低気圧を指し、前線を持たないことが多い。極低気圧。

7.5 海上竜巻（waterspout）

ウォータースパウト（非スーパーセル竜巻）

アメリカでは、ときどきフロリダ半島沖の海上で発生した竜巻の映像がニュースで流れますが、中西部で発生するトルネードに比べて見るからに漏斗雲は細く弱そうに見えます。一般に、トルネードに対して、弱い竜巻はスパウトとよび区別され、海上で発生する竜巻は、ウォータースパウト（waterspout）とよばれます（図７・25）。ウォータースパウトは、漏斗雲の直径が海面から雲底までほぼ一定で、１本の細い渦に見え、トルネードに比較して明らかに弱い渦であることがわかります。どうして一様な海上で竜巻が発生するのでしょうか。ウォータースパウトのメカニズムは次のように考えられています。

海上では多くの積雲、積乱雲が発生します。いくつかの積乱雲からの下降流は、海面を広がる際、お互いにぶつかりシアーラインが形成されます。シアーライン上で発生した、あるいは通過した発達中の積雲・積乱雲の上昇流が、海面付近の渦と一致し、その渦を引き伸ばすことで竜巻が形成されます。陸上で発生する非スーパーセル竜巻*とは、シアーラインの原因が異なるだけ*で、竜巻発生のメカニズムは同じと考えられます。スーパーセルのような巨大な積乱雲でなくてもよく、発達中の積雲あるいは積乱雲からもウォータースパウトは形成されます。

*陸上で発生する非スーパーセル竜巻
ランドスパウト（landspout）。

*シアーラインの原因
陸上のシアーラインは、地形の影響で形成されることが多い。

ウォータースパウトはトルネードに比べて弱い渦なので、中心の気圧降下量が小さく、回転速度も遅いことになり、水蒸気の凝結が少なく漏斗雲ができないこともあります。海面付近で確認されるのは、吸い上げられた海水によるもので、海面のシアーラインや海面付近の渦がサインになります。海面のシアーラインと渦は、上空から観測すると黒っぽく見えるため、それぞれ〝ダークシアーゾーン〟、〝ダークスポット〟とよばれて、ウォータースパウト発見の目安となります。ウォータースパウトは、条件が整えば同時に複数本の竜巻が発生することも珍しくありません。シアーラインでは複数の渦が形成され、上空には数多くの積雲・積乱雲が存在するので、竜巻も複数発生する可能性があります。日本でも、同時に3本、5本の竜巻が観測された事例が報告されています。

ウォータースパウトは、たまたま海岸線付近で発生したものに気づくわけですが、もっと遠くの海ではどうでしょうか。人が海岸線から目視で観察できる距離は、だいたい10㎞くらいですから、太平洋など海洋上でいったいどのくらいの竜巻が発生しているのか、その実態は不明です。沿岸や遠洋を航海する船舶から、竜巻を見たという報告は案外多いものです。もしかすると、海上では私たちの想像以上に竜巻が発生しているかもしれません。* 統計的に、日本で観測される竜巻の約6割は海岸線で発生しており、その内の半数は海上で発生しています。海上で発生する竜巻の報告数は、2007年以降急増し、2013年までに報告された竜巻のうち、海上で発生した竜巻は全体の約2/3にも達しました。海上で発生する竜巻が、すべ

＊海上の竜巻観測
今のところ、海上の竜巻を観測する手段はない。同様の議論は昔、海上の落雷でも行われたが、今では全国に展開された落雷位置評定システムにより、沿岸から数百㎞の日本海、太平洋上の落雷分布が観測できるようになった。

てウォータースパウト的な構造をしているかというとそうではありません。日本では、さまざまなタイプの竜巻が年間を通じて発生しています。寒冷前線に伴う竜巻、台風に伴う竜巻、冬の竜巻なども、多くは海上で発生します。これらの竜巻は、とてもウォータースパウトとは思えない形態を有しているものもあります。日本の場合、海上で発生する竜巻もスーパーセル的な構造とウォータースパウト的な構造の両者が存在すると考えられます。そのため、上陸して被害をもたらす竜巻と、比較的穏やかで海上で消滅する竜巻が存在するのです。

同じ海上で発生する竜巻でも、ウォータースパウトとトルネードのような竜巻とは見た目にも違いがあります。ウォータースパウトは、漏斗雲が細く、海面から雲底まで直線的に伸びているのが特徴です。また、比較的安定した日に局所的な積雲・積乱雲に伴い発生するため、移動速度は小さく、親雲のスケールも相対的に小さいといえます。それに対して、トルネードのような竜巻は、発達した低気圧・寒冷前線・台風に伴い発生することが多いので、天気予報での判断が可能です。漏斗雲は太く、特に雲底にかけて直径が大きくなり、海面の水しぶきが顕著になります。積乱雲自体も発達し近傍では強雨も観測され、移動速度が速いため上陸の可能性も高く、避難が必要となります（図7・26）。

海上竜巻は、目視やレーダーが届かないため実態がほとんど理解されていないのです。２０１５年9月1日に対馬沖でイカ釣り漁船が5隻転覆して4名が死亡する事故が発生しました。夜間に漁を行うため、近傍で急速に発生した竜巻に気付く暇もなく巻き込まれたものと推測されています。船舶に対する突風対策も喫緊の課題です。

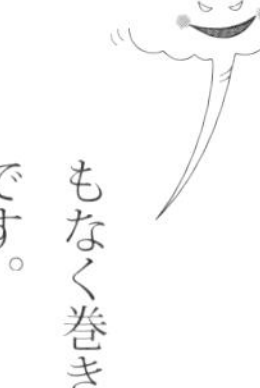

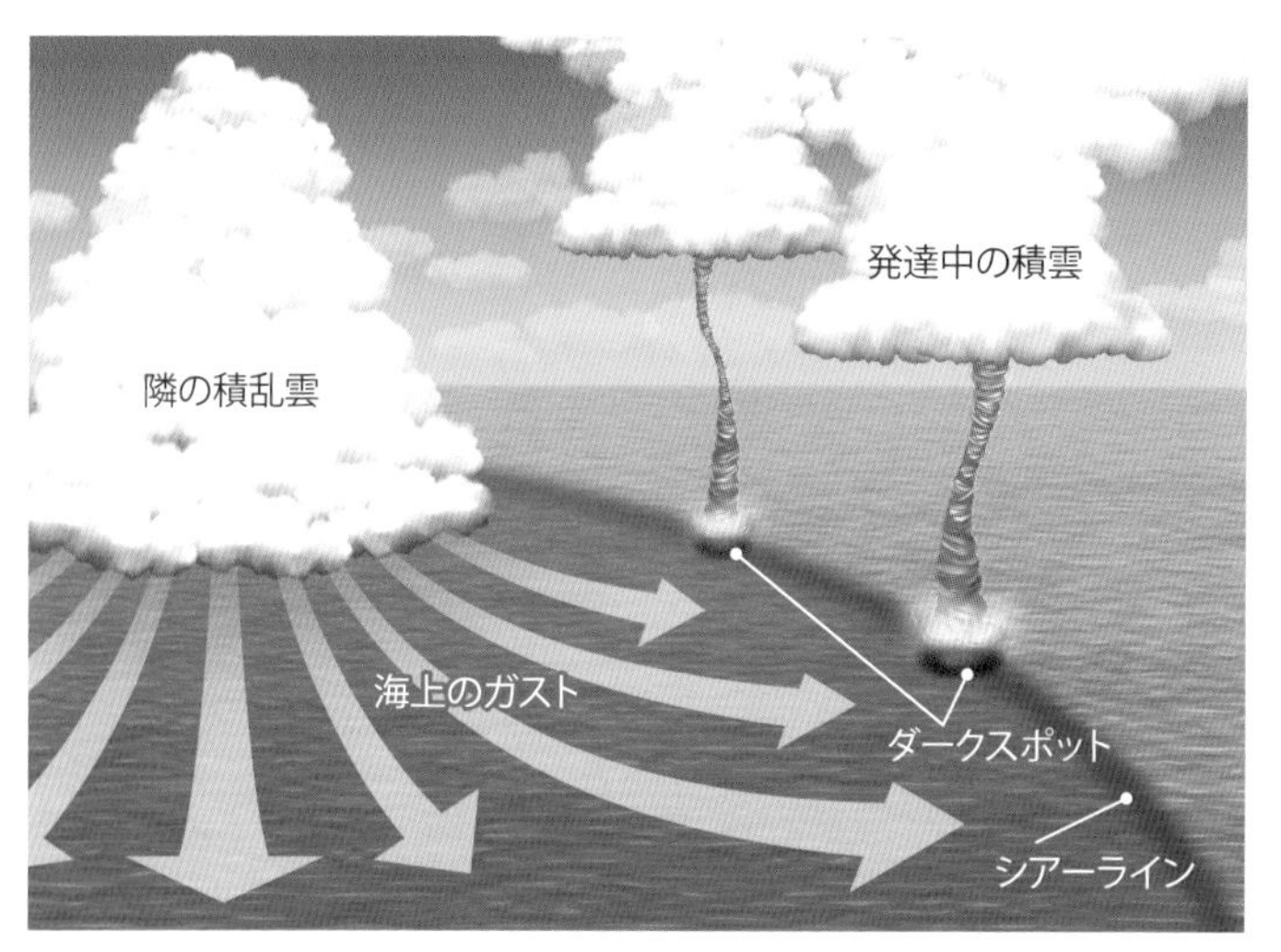

図7.25　ウォータースパウトの模式図

海上竜巻の見分け方

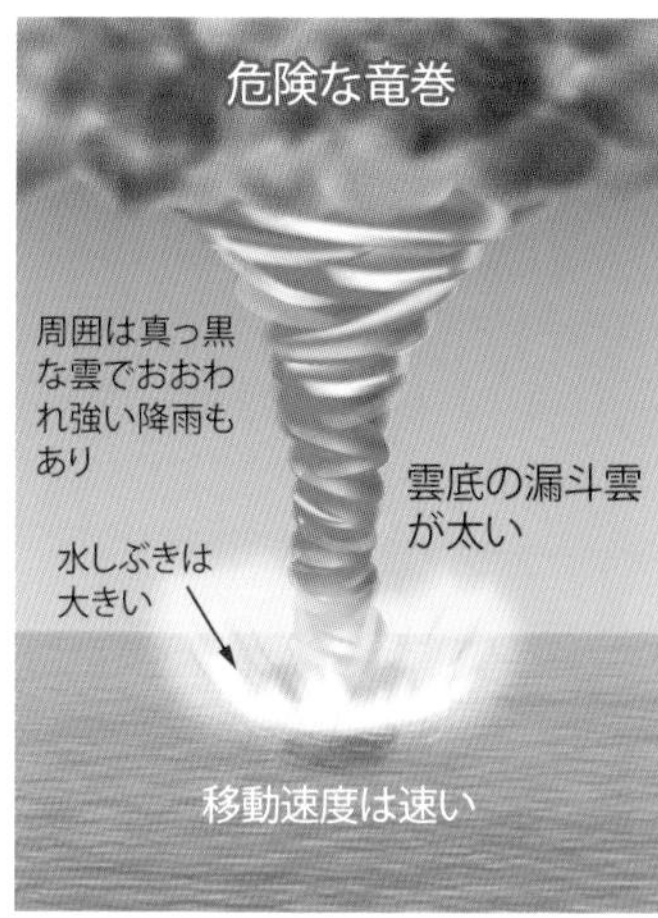

図7.26　比較的静穏なウォータースパウトと発達した竜巻との違い

おわりに

筆者が竜巻やダウンバーストなど積乱雲の観測を始めて40年になります。今でも毎日研究室の屋上でレーダーを回し、雲を観て過ごしています。改めて全国各地に足を運んだ現地調査のこと、レーダー観測研究、最前線の研究成果をまとめながら、全面改訂の筆を進めました。

レーダー観測では、共同研究者、学生の皆さんのお世話になりました。現地調査では、被害に遭われた方、目撃者、自治体の方、マスコミ関係者など、多くの方々のお世話になりました。また、写真、動画、情報などを提供して頂きました。日本無線株式会社、明星電気株式会社、猪野晏幸氏、井上武久氏、岩下久人氏、小畑勝志氏、小山孝則氏、鷹野敏明氏、高間裕一氏、深田元司氏、諸富和臣氏、山根修一氏の皆さまに謝意を表します。当研究室の本科、研究科学生の皆さんには、観測、調査でお世話になりました。

改訂にあたって、図面やイラストをカラー化し、新たな写真、動画も加えて頂きました。本稿を上梓するにあたり、成山堂書店の小川典子社長をはじめスタッフの皆さんのお世話になりました。紙面を借りてお礼申し上げます。

２０２１年10月　著者

参考文献

Charba, J., 1974: Application of gravity-current model to analysis of squall-line gust front, Mon. Wea. Rev., 102, 140-156.

Fujita, T.T., 1981: Tornadoes and downbursts in the context of generalized planetary scales, J. Atmos. Sci., 38, 1511-1534, 1981.

Fujita, T.T., 1985: DFW microburst on August 2, 1985, The Univ. of Chicago, 154pp.

藤田哲也，2001：ある気象学者の一生，114pp.

Fujita, T.T., and H.R. Byers, 1977: Spearhead echo and downburst in the crash of an airliner, Mon. Wea. Rev., 105, 129-146.

Fujita, T.T., and R.M. Wakimoto, 1981: Five scales of airflow associated with a series of downbursts on 16 July 1980, Mon. Wea. Rev., 109, 1438-1456.

Hjelmfelt, M.R., 1988: Structure and life cycle of microbursts outflows observed in Colorado, J. Appl. Meteor., 27, 900-927.

Houze, R.A., 1993: Cloud Dynamics, Academic Press, 537pp.

Iwashita, H., and F. Kobayashi, 2019: Transition of meteorological variables while downburst occurrence by a high density ground surface observation network, Journal of Wind Engineering & Industrial Aerodynamics, 184, 153-161.

小林文明，1999：1994年9月17日横須賀で見られたガストフロント，気象研究ノート，193，95-99.

小林文明，2000：突風前線（ガストフロント）上のアーク雲，日本風工学会誌，85，カラーページ.

小林文明，2004：スノーバースト，日本風工学会誌，99，カラーページ.

小林文明，2014：竜巻　メカニズム・被害・身の守り方，成山堂書店，151pp.

小林文明，2015：ファーストエコー，天気，62，539-540.

小林文明（監訳），2015：スーパーセル，国書刊行会，192pp.

小林文明，2016：ダウンバースト　発見・メカニズム・予測，成山堂書店，135pp.

小林文明，2018：積乱雲　都市型豪雨はなぜ発生する？，成山堂書店，148pp.

小林文明，2020：雷，成山堂書店，125pp.

小林文明，2020：マイソサイクロン，天気，67，687-688.

小林文明，NHKそなえる防災HP「落雷・突風」

Kobayashi, F., 2002: Tornadoes with Snowclouds, Proceedings of International Conference on Mesoscale Convective Systems and Heavy Rainfall/Snowfall in East Asia, 411-415.

Kobayashi, F., 2003: Doppler Radar Observation of Winter Tornadoes over the Japan Sea, Proceedings of 31st Inter- national Conference on Radar Meteorology, 613-616.

Kobayashi, F., 2007: Structures of Tornadoes and Gust Fronts observed by a Doppler Radar Proceedings of International Conference on X-band Radar Network, 37-42.

Kobayashi, F., 2012: Gust phenomena in urban area, Proceedings of the International Symposium on Extreme Weather and Cities, 66-67.

小林文明，千葉修，松村哲，1997：1994年10月4日土佐湾海上で発生した竜巻群の形態と構造，天気，44，19-34.

小林文明，藤田博之，野村卓史，田村幸雄，松井正宏，山田正，土屋修一，2007：2002年10月7日横須賀で発生した竜巻―10月6日から7日にかけて各地で発生した突風災害に関連して―，天気，54，11-22.

Kobayashi, F., and N. Inatomi, 2003: First Radar Echo Formation of Summer Thunderclouds in Southern Kanto, Japan, J. Atmos. Electr., 23, 9-19.

Kobayashi, F., A. Katsura, Y. Saito, T. Takamura, T. Takano and D. Abe, 2012: Growing speed of cumulonimbus turrets, J. Atmos. Electr., 32, 13-23.

Kobayashi, F., A. Katsura and T. Ookubo, 2019: Relationship between growing speed and turret development, J. Atmos. Electr., 38, 1-9.

小林文明，河合克仁，林泰一，佐々浩司，保野聡裕，2012：冬季庄内平野における突風の発生頻度と環境特性，日本風工学会論文集，37，1-10.

Kobayashi, F., and K. Kikuchi, 1989: A Microburst Phenomenon in Kita Village, Hokkaido on September 23, 1986. J. Meteor. Soc. Japan, 67, 925-936.

Kobayashi, F., K. Kikuchi and H. Uyeda, 1996: Life cycle of the Chitose tornado of September 22, 1988. J. Meteor. Soc. Japan, 74, 125-140.

小林文明，呉宏堯，森田敏明，2014：竜巻・ダウンバーストの地上稠密観測―気圧分布で何がわかるか？―，大気電気学会誌，8，43.

小林文明，松井正宏，田村幸雄，2006：2005年12月25日から26日にかけて北日本で発生した突風災害，日本風工学会誌，107，137-144.

小林文明，松井正宏，吉田昭仁，岡田玲，2016：2015年2月13日厚木市で発生した突風被害―ガストフロントに伴う渦―，第24回風工学シンポジウム論文集，115-120.

小林文明，内藤玄一，道本光一郎，1992：冬季日本海上の降雪雲に伴って発生した竜巻－1991年12月11日金沢市の突風災害－，第12回風工学シンポジウム論文集，55-60.

小林文明，野呂瀬敬子，2012：日本の竜巻に伴う人的被害の特徴，第22回風工学シンポジウム論文集，79-84.

小林文明，野呂瀬敬子，木村孝承，2014：日本沿岸の海上で発生した竜巻の特徴とその評価，第23回風工学シンポジウム論文集，169-174.

小林文明，大窪拓未，山路実加，桂啓仁，鷹野敏明，柏柳太郎，高村民雄，2013：房総半島における積雲・積乱雲発生の集中観測，日本大気電気学会誌，82，114-115.

小林文明，白岩馨，上野洋介，2008：降雪雲に伴う突風の統計的特徴―北陸沿岸における観測―，天気，55，651-660.

小林文明，曹曙陽，吉田昭仁，2007：空撮による被害域把握と被害特性，北海道佐呂間町で発生した竜巻による甚大な災害に関する調査研究，平成18年度科学研究費研究成果報告書，98-105.

Kobayashi, F., H. Sugawara, Y. Ogawa, M. Kanda and K. Ishii, 2007: Cumulonimbus Generation in Tokyo Metropolitan Area during mid-summer days, J. Atmos. Electr., 27, 41-52.

Kobayashi, F., and Y. Sugawara, 2009: Cloud-to-Ground Lightning Characteristics of the Tornadic Storm over Hokkaido on November 7, 2006, J. Atmos. Electr., 29, 1-12.

小林文明，菅原祐也，2008：2007年5月31日東京湾で発生した竜巻とマイソサイクロンの関係，第20回風工学シンポジウム論文集，151-156.

小林文明，菅原祐也，今井真希，前坂剛，2008：2007年5月31日に千葉県富津沖で発生した竜巻の風速分布，日本風工学会論文集，33，45-50.

Kobayashi, F., Y. Sugawara, M. Imai, M. Matsui, A. Yoshida and Y. Tamura, 2007: Tornado generation in a narrow cold frontal rainband -Fujisawa tornado on April 20, 2006-, SOLA, 3, 21-24.

小林文明，菅原祐也，今井真希，松井正宏，吉田昭仁，田村幸雄，2007：2006年4月20日に発生した藤沢竜巻の被害特性，日本風工学会誌，32，265-272.

小林文明，菅原祐也，松井正宏，2007：最近10年間のわが国における竜巻の統計的特徴，日本風工学会誌，32，155-156.

Kobayashi, F., Y. Sugimoto, T. Suzuki, T. Maesaka and Q. Moteki, 2007: Doppler radar observation of a tornado generated over the Japan Sea coast during a cold air outbreak, J. Meteor. Soc. Japan, 85, 321-334.

小林文明，鈴木菊男，菅原広史，前田直樹，中藤誠二，2007：ガストフロントの突風構造，日本風工学会論文集，32，21-28.

Kobayashi, F., T. Takano and T. Takamura, 2011: Isolated cumulonimbus initiation observed by

95-GHz FM-CW radar, X-band radar, and photogrammetry in the Kanto region, Japan, SOLA, 7, 125-128.
Kobayashi, F. and M. Yamaji, 2013: Cloud-to-Ground Lightning Features of Tornadic Storms Occurred in Kanto, Japan, on May 6, 2012, Journal of Disaster Research, 8, 1071-1077.
Morotomi, K., S. Shimamura, F. Kobayashi, T. Takamura, T. Takano, A. Higuchi and H. Iwashita, 2020: Evolution of a tornado and debris ball associated with super typhoon Hagibis 2019 observed by X-band phased array weather radar in Japan, Geophysical Research Letters, 47, e2020GL091061. https://doi.org/10.1029/2020GL091061
中村一，1997：下館市周辺で発生したダウンバースト，気象，41，14-19.
野呂瀬敬子，小林文明，呉宏堯，森田敏明，2014：2013年8月11日に群馬県高崎市・前橋市で発生した突風現象の観測結果，大気電気学会誌，8，46-47.
Norose, K., F. Kobayashi, H. Kure, T. Yada and H. Iwasaki, 2016: Observation of downburst event in Gunma prefecture on August 11, 2013 using a surface dense observation network, J. Atmos. Electr., 35, 31-41.
大窪拓未，小林文明，山路実加，野呂瀬敬子，鷹野敏明，柏柳太郎，高村民雄，2014：夏季房総半島で発生した積乱雲turretの観測的研究，日本大気電気学会誌，84，51-52.
大野久雄，鈴木修，楠研一，1996：日本におけるダウンバースト発生の実態，天気，43，101-112.
Ohno, H., O. Suzuki, K. Kusunoki, H. Nirasawa and K. Nakai, 1994: Okayama downburst on 27 June 1991: Downburst identifications and environmental conditions, J. Meteor. Soc. Japan, 72, 197-222.
齊藤洋一，小林文明，桂啓仁，高村民雄，鷹野敏明，操野年之，2013：衛星（MTSAT-1R）ラピッドスキャンデータでみた孤立積乱雲の一生，天気，60，247-260.
Shirooka, R., and H. Uyeda, 1990: Morphological structure of snowburst in the winter monsoon surges, J. Meteor. Soc. Japan, 68, 677-686.
Sugawara, Y. and F. Kobayashi, 2008: Structure of a waterspout occurred over Tokyo Bay on May 31, 2007, SOLA, 4, 1-4.
Sugawara, Y. and F. Kobayashi, 2009: Vertical structure of misocyclones along a Narrow Cold Frontal Rainband. J. Meteor. Soc. Japan, 87, 497-503.
鈴木真一，前坂剛，岩波越，木枝香織，真木雅之，三隅良平，清水慎吾，加藤敦，2009：2008年7月12日に東京都で突風被害を発生させた積乱雲の構造，第55回風に関するシンポジウム.

索引

欧文

あ行

か行

さ行

た行

ま行

や・ら行

著者略歴

小林 文明　こばやし ふみあき

生年月日：1961年11月3日

最終学歴：北海道大学大学院理学研究科地球物理学専攻博士後期課程修了

学位：理学博士

経歴：
防衛大学校地球科学科助手、同講師、同准教授を経て現在、防衛大学校地球海洋学科教授
千葉大学環境リモートセンシング研究センター客員教授（H23～H24）
日本大気電気学会会長（H25～H26）、日本風工学会理事

専門：
メソ気象学、レーダー気象学、大気電気学、研究対象は積乱雲および積乱雲に伴う雨、風、雷

著書：
『Environment Disaster Linkages』（EMERALD GROUP PUB）、『大気電気学概論』（コロナ社）、『竜巻―メカニズム・被害・身の守り方―』（成山堂書店）、『スーパーセル』（監訳、国書刊行会）、『ダウンバースト―発見・メカニズム・予測―』（成山堂書店）、『レーダの基礎』（コロナ社）、『積乱雲―都市型豪雨はなぜ発生する？―』（成山堂書店）、『雷』（成山堂書店）

新訂 竜巻（しんてい たつまき）　メカニズム・被害・身の守り方　　定価はカバーに表示してあります。

2014年 8 月28日　初版発行
2021年11月18日　新訂初版発行

著　者　小林　文明
発行者　小川　典子
印　刷　勝美印刷株式会社
製　本　東京美術紙工協業組合

発行所 株式会社 **成山堂書店**
〒160-0012　東京都新宿区南元町4番51　成山堂ビル
TEL：03(3357)5861　　Fax：03(3357)5867
URL　http://www.seizando.co.jp
落丁・乱丁本はお取り換えいたしますので、小社営業チーム宛にお送りください。

Printed in Japan　　ISBN978-4-425-51382-6